普通高等教育“十四五”规划教材

无机与分析化学实验

主　编　陈秋娟
副主编　孙家勤　胡月芳　钟小英　梁力勃

北　京
冶　金　工　业　出　版　社
2025

内容提要

本书共有6个项目，分别是无机与分析化学实验的认知与学习准备、无机与分析化学实验的基本操作、无机化学实验品制备流程、化学反应基本原理的验证、分析检测职业能力的综合培养和科研创新力与横向拓展力的培养，由几十个实验组成，注重培养学生的职业操作能力、科研创新意识，以及与之相适应的科研素养和科研品格。该书为校企协同、产教融合的新形态教材。

本书可作为高等院校化工、材料、农林、食品、生物等专业的无机与分析化学实验教材，也可作为从事相关行业的实验技术人员的参考书。

图书在版编目（CIP）数据

无机与分析化学实验 / 陈秋娟主编. -- 北京 : 冶金工业出版社, 2025. 3. -- (普通高等教育“十四五”规划教材). -- ISBN 978-7-5240-0054-9

Ⅰ. O61-33; O652.1

中国国家版本馆 CIP 数据核字第 2024D15Z60 号

无机与分析化学实验

出版发行 冶金工业出版社　**电　话** (010)64027926
地　址 北京市东城区嵩祝院北巷39号　**邮　编** 100009
网　址 www.mip1953.com　**电子信箱** service@mip1953.com

责任编辑　杨盈园　美术编辑　彭子赫　版式设计　郑小利
责任校对　王永欣　责任印制　范天娇
三河市双峰印刷装订有限公司印刷
2025年3月第1版，2025年3月第1次印刷
787mm×1092mm　1/16；15.25印张；365千字；229页
定价 49.00 元

投稿电话　(010)64027932　投稿信箱　tougao@cnmip.com.cn
营销中心电话　(010)64044283
冶金工业出版社天猫旗舰店　yjgycbs.tmall.com
（本书如有印装质量问题，本社营销中心负责退换）

前　言

本书按照《国家中长期教育改革和发展规划纲要（2010—2020年）》的基本精神、工程教育认证和国家职业标准的基本要求，依据现行国家标准、行业标准和《中华人民共和国药典》(2020年版）编写而成，对应用型本科教育具有针对性和实用性。

无机与分析化学实验是化工、材料、食品、生物等专业的基础课，也是化学化工、材料、食品生物类工程技术人才必备的知识结构的重要组成部分。学习无机与分析化学实验课程，目的是加深学生对无机与分析化学的基本理论、无机化合物的性质及反应性能的理解，熟悉一般无机物制备、分离和分析方法，掌握无机与分析化学的基本实验方法和操作技能，同时也为后续课程的学习提供扎实的实验技能基础，使学生具备初步的科学研究能力。在本书编写时，作者十分注重本书内容对学生职业能力和科研意识的培养，如培养学生形成严格、认真和实事求是的科学态度，拥有精确、细致的科学实验技能，养成观察、分析和判断问题的能力等，这些是提高学生的科研能力与职业能力必不可少的环节。

本书落实教育部有关新型融媒体教材的作者队伍要有高校、产业企业结合的要求，参加本书编写的有贺州学院陈秋娟、孙家勤、胡月芳、钟小英、画莉，广西利升石业有限公司罗阳林，广西贺州市桂东电子科技有限公司梁力勃，广西贺州市科隆粉体有限公司贝进国，贺州学院王纪伟参与了微课视频的拍摄。全书由陈三明教授统一组织，陈秋娟策划、修改和统稿。

在本书编写过程中，得到贺州学院材料与化学工程学院院长陈珍明教授、副院长张辉军教授的大力支持与帮助，同时参考了有关院校的教材及相关文献资料，在此向有关领导专家和老师以及有关文献资料作者表示谢意！

由于编者水平所限，书中不妥之处，敬请读者批评指正。

编　者

2024年5月

目　录

项目1　无机与分析化学实验的认知与学习准备

【项目目标】让学生了解化学实验的学习方法与常见玻璃仪器的洗涤干燥方法。

【项目描述】项目分为两个子任务，子任务一是让学生认识什么是无机及分析化学实验，为什么要做这些实验；子任务二是学习玻璃仪器的洗涤和干燥方法。这两个任务是化学实验开始前学生必须了解与掌握的内容。

任务1.1　认识无机及分析化学实验

【A】任务提出

化学是一门实践性很强的自然学科。直至目前，化学方面的进步和成果绝大多数都是需要通过实验来取得。但是，化学实验也常常涉及危险、风险和安全问题，如果不遵守实验室安全规定或者操作不当，会对个人健康和实验室周围的环境造成伤害。

【B】知识准备

1.1.1　无机与分析化学实验课程的性质与作用

《无机与分析化学实验》是化学及相关专业必修的基础课程。通过实验课程的学习与实践，不仅可以培养学生的实验操作技能和实事求是、严谨认真的科学态度，而且可以培养学生初步掌握开展科学研究与创新的方法，提高学生的科学素养。

（1）通过实验课程的教学，学生系统规范地掌握化学实验的基本操作和基本技能。化学实验的基本技能包括：规范基本操作，正确使用仪器；正确记录、处理数据、表达实验结果；认真观察实验现象，科学推断、逻辑推理，得出正确结论；学习查阅手册及参考资料，正确设计实验；手脑并用地分析和解决问题。因此，化学实验中基本操作的训练具有极其重要的意义，是培养学生逐步掌握科学研究方法的基础。

（2）通过实验课程的教学，学生应进一步加深对化学基础理论和基本知识的了解，对应用化学理论解释化学实验现象的观察，对实现理论与实践的结合的认知，从而提高对化学基础理论和基本知识的认识和理解。

（3）通过实验课程的教学，培养学生严谨的科学态度和良好的实验习惯，以及求真、存疑、勇于探索的科学精神，加强对实验安全和环境保护的认识，从而提高学生的综合素质，培养科学实验和科学研究的基本素养。

1.1.2　无机与分析化学实验的学习方法

化学实验是化学及相关学科科学研究的重要手段，特别是在培养学生的动手能力、观察能力方面，显得更为重要。为了做好实验，应当充分预习、认真操作、细心观察、如实记录，经归纳整理，写好实验报告。要达到实验目的，必须有正确的学习态度和学习方法。化学实验的学习方法大致可分为三个步骤。

1.1.2.1 实验前认真预习

预习是做好实验的前提和保证，预习工作可归纳为“看、查、写”。预习应达到下列要求。

（1）看：仔细阅读实验教材和复习理论课上学到的相关知识，明确实验目的，熟悉实验内容、实验原理、主要操作步骤、数据处理方法。有关基本操作和仪器的使用，了解实验中的注意事项（尤其是安全事项）和做好实验的关键所在，初步估计每一个反应或步骤的预期结果，回答实验思考题。对实验内容要做到胸有成竹，避免盲目地“照方抓药”，合理分配时间。学生预习不充分，教师可停止学生实验。

（2）查：从手册或资料中查出实验中所需的数据或常数。对设计实验，要认真阅读实验教材中的以及近期有关的参考文献，制订出切实可行的详细实验方案。

（3）写：书写预习报告，预习报告内容包括：实验目的、实验原理（用自己的话扼要写出）、实验步骤（简明扼要）和注意事项，设计好记录实验现象或数据的表格，写出定量分析实验的计算公式等。预习报告写在实验预习报告纸上。

1.1.2.2 认真、细心做好实验

实验过程中，学生应严格遵守实验室规则，接受教师指导，在充分预习的基础上，根据实验教材中所规定的方法、步骤、试剂用量进行操作，并应做到以下几点。

（1）“做”：在预习的基础上，自己动手认真独立完成实验，掌握正确规范的操作，注意实验安全。

（2）“看”：仔细观察实验现象，包括物质的状态和颜色的变化，沉淀的生成和溶解，气体的发生等。

（3）“想”：手脑并用，对实验过程中产生的现象勤于思考、仔细分析，尽量自己解决问题。

（4）“记”：及时如实、详细地记录实验现象和数据，养成规范记录和正确表达实验数据的习惯。原始数据不得涂改，如有记错的情况可在原始数据上划一道杠，再在旁边写上正确值。

（5）“论”：善于对实验中产生的现象进行理论讨论，提倡师生和同学间的讨论。

（6）“洁”：实验过程中台面整洁，仪器装置和试剂摆放整齐，实验结束时洗净玻璃仪器，整理台面，废液废物分类处理。

（7）如果发现实验现象和理论不符，应认真分析、检查其原因，并细心地重做实验。也可以做对照实验、空白实验或自行设计的实验进行验证，从中得到有益的科学结论和学习科学思维的方法。

（8）在实验过程中应保持肃静，严格遵守实验室工作规则。

（9）做完实验，把实验记录交指导教师审阅签字后，方能离开实验室。

1.1.2.3 正确、及时写好实验报告

实验报告是实验的总结，是将感性认识上升为理性认识的过程，应解释实验现象，并得出结论，或根据实验数据进行有关计算。实验报告是培养学生思维能力、书写能力和总结能力的有效方法。实验报告要求字迹端正、简明扼要、语句通顺、格式规范、整齐

清洁。

每个学生在做完实验后都必须及时、独立、认真地完成实验报告，按规定时间交指导教师批阅。若有实验现象、解释、结论、数据、计算等不符合要求，或实验报告写得潦草，应重做实验或重写报告。

实验报告一般包括以下部分。

（1）实验报告标题：包含实验名称、实验日期、班级、姓名、学号等，物理量测定实验还应包括实验时的室温、压力等。

（2）实验目的：写明实验的要求。只有明确实验目的和具体要求，才能更好地理解实验操作及依据，达到预期的实验效果。

（3）实验原理：简述基础理论和基本原理，写出反应方程式和相关计算公式，对有特殊装置的实验装置，应画出实验装置图。

（4）实验药品及仪器：写出实际实验使用的药品与仪器。

（5）实验步骤：用流程图、框图或表格形式简洁明了地表达实验步骤。

（6）实验结果与数据处理：用文字、表格、图形等将实验现象及数据表示出来，列出有关计算公式，并进行计算，将计算结果一并列入表格中。有的实验需要根据实验现象和结果写出实验结论。

（7）结果与讨论。分两部分：一是对实验中的现象、结果或产生的误差等进行分析和讨论，尽可能做到理论联系实际；二是写下自己对本次实验的心得和体会，即在理论和实验操作上有哪些收获，对实验操作和仪器装置等的改进建议以及实验中的疑难问题分析、实验注意事项、实验教学法探讨等。

（8）思考题。解答课本上思考题。

1.1.3 化学实验报告的书写规范

按照上节介绍的实验报告撰写项目要求，下面以无机制备实验类、物理量测定实验类、定量分析实验类等实验为例，给出实验报告的模板，供学生参考。

1.1.3.1 无机制备实验类

[实验报告标题]

二级学院____________ 专业________ 班　级________

实验时间____年___月___日 姓名________ 学　号________

实验名称______氯化钠的提纯______ 同组人姓名________

[实验目的]

（1）学习提纯 NaCl 的原理和方法；

（2）掌握溶解、沉淀、常压过滤、减压过滤、蒸发浓缩、结晶和烘干等基本操作；

（3）了解 Ca^{2+}、Mg^{2+}、SO_4^{2-} 等离子的定性鉴定。

[实验原理]

$$Ba^{2+} + SO_4^{2-} = BaSO_4 \downarrow$$

$$Mg^{2+} + 2OH^- = Mg(OH)_2 \downarrow$$

$$Ca^{2+} + CO_3^{2-} = CaCO_3 \downarrow$$

$Ba^{2+} + CO_3^{2-} \xlongequal{} BaCO_3 \downarrow$

$2H^{+} + CO_3^{2-} \xlongequal{} CO_2 \uparrow + H_2O$

蒸发浓缩溶液时，NaCl 结晶析出，KCl 留在母液中，通过过滤分离。

［实验药品及仪器］

6 mol·L^{-1} HCl 溶液，2 mol·L^{-1} H_2SO_4 溶液，2 mol·L^{-1} HAc 溶液，6 mol·L^{-1} NaOH 溶液，1 mol·L^{-1} $BaCl_2$ 溶液，饱和 Na_2CO_3 溶液，饱和 $(NH_4)_2C_2O_4$ 溶液，镁试剂Ⅰ溶液，pH 值试纸，粗食盐。

［实验步骤］

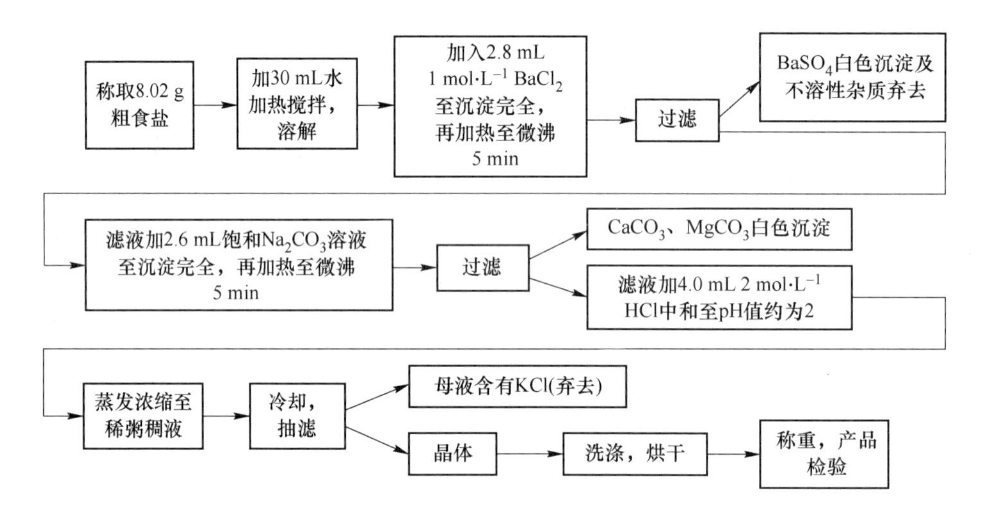

［实验原始数据记录与处理过程（供参考）］

（1）颜色状态：纯 NaCl <u>白色晶体</u>　粗盐：<u>淡黄色晶体</u>

（2）纯 NaCl 产量 <u>6.50 g</u>　NaCl 产率 <u>81%</u>

（3）计算过程

$$产率=\frac{粗盐产量}{粗食盐质量}\times100\% =\frac{6.50}{8.02}\times100\% =81\%$$

（4）产品验纯检验表（表 1-1）

表 1-1　产品验纯检验表

检验项目	SO_4^{2-}	Ca^{2+}	Mg^{2+}	Fe^{3+}	K^{+}
产品	无色澄清	无色澄清	红紫色溶液	无色	无黄色沉淀
粗盐	白色沉淀	白色沉淀	天蓝色沉淀	无色	黄色沉淀
结论	粗食盐含有 SO_4^{2-}，产品不含 SO_4^{2-}	粗食盐含有 Ca^{2+}，产品不含 Ca^{2+}	粗食盐含有 Mg^{2+}，产品不含 Mg^{2+}	粗盐和产品中均不含 Fe^{3+}	粗食盐含有 K^{+}，产品不含 K^{+}

有关的离子反应方程式：

（1）$Ba^{2+} + SO_4^{2-} \xlongequal{} BaSO_4 \downarrow$　（白色）

（2） $Ca^{2+} + C_2O_4^{2-} = CaC_2O_4\downarrow$　（白色）

（3） $Mg^{2+} + 2OH^- = Mg(OH)_2\downarrow$　（白色）

$Mg(OH)_2$ + 镁试剂 ⟶ 镁试剂 · $Mg(OH)_2$

（红紫色）　　　　（天蓝色）

［结果与讨论（供参考）］

（1）用水洗涤玻璃棒和烧杯时用量过多，使蒸发时间较长，应少量多次。

（2）$NaHCO_3$ 溶液有缓冲作用，Na_2CO_3 溶液过量越多，缓冲容量越大，会出现加酸后 pH 值变化不大的现象。因此加入的 Na_2CO_3 溶液稍稍过量即可。

（3）蒸发皿可直接加热，但不能骤冷，溶液体积应少于其容积的2/3，在蒸发过程中要用玻璃棒搅拌蒸发液，防止局部受热。

（4）最后在蒸发浓缩时不可以将溶液蒸干，稀糊状即可，否则带入 K^+（KCl 溶解度较大，且浓度低，留在母液中）。

（5）产品食盐尽量抽干。

［思考题］（略）

1.1.3.2　物理量测定实验类

［实验报告标题］

二级学院____________　专业__________　班　级__________

实验时间____年____月____日　姓名__________　学　号__________

实验名称＿醋酸标准解离常数和解离度的测定＿　同组人姓名__________

［实验目的］

（1）测定醋酸的标准解离常数和解离度，加深对标准解离常数和解离度的理解；

（2）学习使用 pH 计。

［实验原理（写出有关的化学方程式、计算公式）］

醋酸（CH_3COOH 或简写为 HAc）是弱电解质，在水溶液中存在下列质子解离平衡：

$$HAc + H_2O = H_3O^+ + Ac^-$$

$$Ka = \frac{[H_3O^+][Ac^-]}{[HAc]} \text{ 或简写为 } Ka = \frac{[H^+][Ac^-]}{[HAc]}$$

溶液中 $[H_3O^+] \approx [Ac^-]$，可通过测定溶液的 pH 值，根据 $pH = -\lg[H_3O^+]$ 计算出来。$[HAc] = C_{HAc} - [H_3O^+]$，而 C_{HAc} 可以用 NaOH 标准溶液通过滴定测得。这样，便可计算出该温度下的 Ka，进而也可求得醋酸的解离度 α。

$$\alpha = \frac{[H_3O^+]}{c(HAc)} \times 100\%$$

［实验药品及仪器］

0.1 $mol \cdot L^{-1}$ HAc 溶液（准确浓度已标定），0.10 $mol \cdot L^{-1}$ NaAc 溶液，0.1 $mol \cdot L^{-1}$ NaOH 溶液，ω 为 0.01 酚酞指示剂。

［实验步骤］

醋酸标准解离常数和解离度的测定。

(1) 配制不同浓度的醋酸溶液。

用滴定管分别放出5.00 mL、10.00 mL、25.00 mL已知浓度的HAc溶液于50 mL容量瓶中，分别编号为1、2、3；未稀释的HAc溶液，编号为4；用滴定管分别放出25.00 mL已知浓度的HAc溶液于50 mL容量瓶中，再加5.00 mL 0.10 mol·L^{-1} NaAc溶液，用蒸馏水稀释至刻度线，摇匀，编号为5。

(2) 由稀到浓依次测定HAc溶液的pH值。

[实验原始数据记录与处理过程]

实验室提供的HAc溶液浓度为________ mol·L^{-1}，测定时温度________℃。

醋酸解离常数和解离度实验数据处理见表1-2。

表1-2　醋酸解离常数和解离度实验数据处理

HAc溶液编号	1	2	3	4	5
加入HAc溶液的体积/mL	5.00	10.00	25.00	50.00	25.00
加入NaAc溶液的体积/mL	0.00	0.00	0.00	0.00	5.00
稀释后HAc溶液的浓度/mol·L^{-1}					
pH值					
$[H^+]$/mol·L^{-1}					
$[Ac^-]$/mol·L^{-1}					
$Ka^{\ominus}$					
α					
$\overline{Ka}^{\ominus}$					
相对误差					

计算过程：

(略)

[结果与讨论]

(1) HAc浓度对HAc电离度的影响及其原因；

(2) 实验结果的相对误差及其产生的原因；

(3) 谈学习实验的收获、体会和意见。

[思考题] (略)

1.1.3.3　定量分析实验类

[实验报告标题]

二级学院________________　专业____________　班　　级____________

实验时间______年____月____日　姓名____________　学　　号____________

实验名称______NaOH溶液的配制与标定______　同组人姓名____________

[实验目的]

(1) 掌握用邻苯二甲酸氢钾基准物质标定NaOH标准溶液的原理和操作方法；

(2) 练习碱式滴定管的洗涤和使用；

（3）掌握酸碱指示剂的选择方法，熟悉酚酞指示剂的使用和滴定终点的正确判断。

［实验原理（写出有关的化学方程式、计算公式，需有必要的文字说明）］

本实验用邻苯二甲酸氢钾标定 NaOH 溶液的浓度，反应方程式如下：

$$KHC_8H_4O_4 + NaOH = KNaC_8H_4O_4 + H_2O$$

化学计量点时，溶液的 pH 值约为 9，可选用酚酞作指示剂。按下式计算出 NaOH 溶液的浓度：

$$c(NaOH) = \frac{m(KHC_8H_4O_4)}{M(KHC_8H_4O_4) \times \frac{V(NaOH)}{1000}} = \frac{1000m(KHC_8H_4O_4)}{204.22V(NaOH)}$$

［实验药品及仪器］

分析天平（型号：________），邻苯二甲酸氢钾基准物质，酚酞指示剂。

［实验步骤］

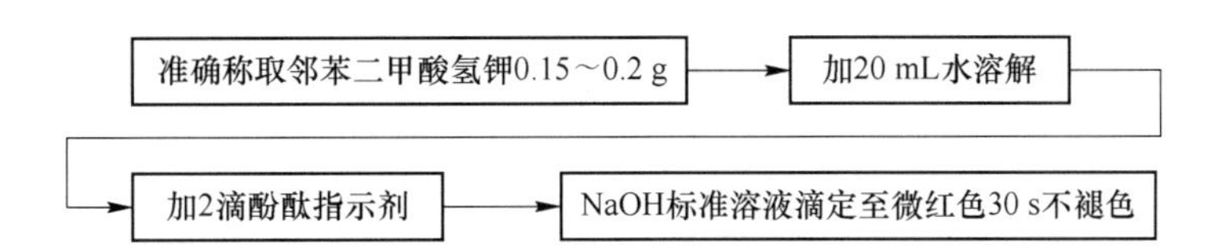

［实验原始数据记录与处理过程］

NaOH 标准溶液的标定见表 1-3。

表 1-3　NaOH 标准溶液的标定

项目		序号		
		1	2	3
邻苯二甲酸氢钾	m(称量瓶)$_{倒出前}$/g			
	m(称量瓶)$_{倒出后}$/g			
	m(邻苯二甲酸氢钾)/g			
NaOH 溶液	终读数/mL			
	初读数/mL			
	净用量/mL			
NaOH 溶液的浓度/mol·L^{-1}				
NaOH 溶液的平均浓度/mol·L^{-1}				
相对平均偏差				

计算过程：

（略）

［结果与讨论（供参考）］

（1）作为基准物，要求纯度高、稳定性好、组成与化学式完全吻合，并尽可能有大的摩尔质量。用邻苯二甲酸氢钾作为基准物时，应在 105～110 ℃烘过 1 h 以上，但干燥温度不能过高，否则会转变为酸酐，标定时相同质量的基准物质将消耗更多的 NaOH 溶液，从而使标定的 NaOH 溶液浓度偏低。

（2）滴定管在转入标准溶液前必须用操作溶液润洗三次，否则溶液的浓度会发生改变。用于滴定的锥形瓶不需要干燥，因为加入溶解基准物质或试样的水量不用精确，同时也不能用标准溶液润洗锥形瓶。

（3）平行测定时，每次滴定前都要把滴定管装到“0”刻度，即初读数应为 0.00 mL，或稍下的位置，从而消除因滴定管每段刻度不准确而带来的系统误差。为使滴定管的读数误差符合滴定分析的要求，每次滴定消耗的 NaOH 溶液体积应控制在 20 mL 左右，因此要控制好基准物质的称量，以免消耗 NaOH 溶液的体积过多或过少。

（4）酸碱指示剂为有机弱酸或弱碱，可与待测液反应，多用会导致结果不准确。同时在高温下指示剂的变色范围会发生移动，将导致滴定终点不准确，因此滴定一般在室温下进行。

［思考题］（略）

1.1.4 化学实验安全守则与意外事故处置预案

1.1.4.1 化学实验室学生守则

（1）实验前要认真预习，明确实验目的和要求，弄懂实验原理，了解实验方法，熟悉实验步骤和安全注意事项，写好预习报告并交指导教师检查，否则不得进入实验室。

（2）进入实验室必须严格遵守实验室各种规章制度，不得迟到、早退和无故缺席。病假、事假应事先请假。实验室应保持安静，不得大声喧哗。

（3）实验前要认真清点仪器和化学药品，如有破损或缺少，应立即报告指导老师，按规定手续补领。实验时如有仪器损坏，应立即主动报告指导老师，进行登记，换取新仪器，不得擅自拿其他位置上的仪器使用。

（4）在教师指导下，根据实验内容和操作规程独立完成实验。实验中应认真操作，仔细观察，积极思考，准确、如实地将实验现象和数据记录在实验预习和原始数据记录本上。

（5）实验中应注意安全，如发生问题应立即向老师如实报告。进入实验室必须穿白大褂，戴防护眼镜和手套，严禁将食物带入实验室，手机等非实验用品不得带入实验室。

（6）爱护实验室仪器设备，严格遵守实验室水、电、煤气、易燃、易爆及有毒有害药品的安全使用规则，节约水、电、燃气和试剂药品，严禁将实验室中的一切物品带出室外。

（7）实验中应注意实验桌面的干净整洁，注意“三废”处理，实验室的废液等应倒入废液缸内，严禁倒入水槽；废渣应回收到固定容器；废玻璃应放入废玻璃回收箱内；废橡胶手套等回收到固定容器；废纸等应倒入垃圾箱内，以防水槽和水管堵塞或腐蚀。

（8）实验结束后，应请指导教师检查实验数据，签字认可。然后洗净玻璃仪器，放回原处。整理实验仪器设备，清理实验桌面，最后检查燃气、水、电是否关好，得到指导教师许可后才能离开实验室。

（9）实验结束后，由学生轮流值日。负责打扫和整理实验室，关闭实验室的水、电、气总闸，关闭实验室门窗等。

（10）每次做完实验后，理论联系实际，认真处理实验，分析问题，认真地完成实验报告，及时交给指导教师批阅。

附：值日生职责

（1）进实验室后，打开窗户通风；光线不足时，打开电灯照明。

（2）待（全班同学）实验结束，整理并清洁实验室。

1）擦净黑板。

2）整理并清洁公用仪器、药品，归类摆齐各试剂架上的试剂。

3）清洗水池，不能留有纸屑及其他杂物。

4）清洁实验、公共台面，通风柜和窗台。

5）打扫并拖洗地板，及时将垃圾倒入指定的垃圾桶中。

6）关好水龙头、窗户和电灯。

（3）请指导教师检查，经同意后方可离开实验室。

1.1.4.2　实验室安全守则

进入化学类实验室，学生必须遵守实验室的安全规定，主要包括以下几个方面。

（1）着装规定：进入实验室必须穿工作服，戴防护眼镜和防护手套，不能穿背心、短裤、裙子等暴露面积较大的衣物进入实验室做实验；不能穿拖鞋、凉鞋、高跟鞋；长发必须束起，不得披散长发，禁止佩戴隐形眼镜。离开实验室须换掉工作服、防护眼镜和防护手套。

（2）饮食规定：实验室中严禁饮食和吸烟，食物和水等不得带入实验室，食品不得存放在有化学药品的冰箱和储藏柜里。任何化学药品不得入口或接触伤口，实验完毕后应洗净双手。

（3）环境卫生规定：实验过程中应注意环境卫生，保持实验桌面的整洁，垃圾、废液、废玻璃等分类处理，玻璃仪器保持干净，仪器设备整齐排列。

（4）用电规定：实验室内电器设备的使用必须按操作规程进行，电器设备功率不得超过电源负荷，使用电器时，外壳应接地，湿手切勿接触电器设备等。

如果发现仪器有故障时，应立即停止使用，报告指定老师，及时排除故障。

（5）安全规定：不得独自一人在化学实验室做任何实验，进入实验室前必须进行实验室安全教育，应了解实验室安全用具的使用方法和存放地点等，如水、电、气的阀门，消防用品、喷淋装置、洗眼器、急救箱等。

实验进行时，不得擅自离开岗位，确需短时间离开，应交代他人照管并说明注意事项；若实验中发生意外，应迅速停止实验，按处置预案设法制止事态的扩大，同时立即报告指导老师。实验结束时，必须关好水、燃气、电源开关和门窗。

使用挥发性、腐蚀性强或有毒物质时，必须穿戴防护工具，如防护面罩、防护手套、防护眼镜等，并在通风橱中进行。高温实验操作时必须戴高温手套。

（6）试剂取用规定：必须按操作规程取用化学试剂和药品，切记不能随意混合化学药品，以免发生事故。试剂取用时需要注意以下几方面。

1）试剂应按教材规定用量使用，如无规定用量，应适量取用，注意节约。

2）公用试剂瓶或试剂架上的试剂瓶用过后，应立即盖上原来的瓶盖，并放回原处。公用试剂不得拿走为己所用。试剂架上的试剂应保持洁净，放置有序。

3）取用固体试剂时，注意勿使其洒落在实验台上。

4）试剂从瓶中取出后，不应倒回原瓶中。滴管未经洗净时，不准在试剂瓶中吸取溶液，以免带入杂质使瓶中试剂变质。

5）倾倒试剂和加热溶液时，不可俯视，以防溶液溅出伤人。

6）不要俯身直接嗅闻试剂药品的气味，应用手将试剂药品的气流慢慢扇向自己的鼻孔。

7）使用浓酸、浓碱、溴等有强腐蚀性试剂时，要使用胶皮手套，注意切勿溅在皮肤和衣服上。严禁用嘴直接吸取化学试剂和溶液，应用洗耳球吸取。稀释浓硫酸时，要把酸注入水中，而不可将水注入酸中，以免溅出烧伤。

8）一切涉及有刺激性气体或有毒气体的实验必须在通风橱中进行；涉及易挥发和易燃物质的实验都必须在远离火源的地方进行，并尽可能在通风橱中进行。

9）一切有毒药品必须妥善保管，按照实验规则取用。有毒废液不可倒入下水道中，应集中存放，并及时加以处理。

10）实验室不允许存放大量易燃物品。某些容易爆炸的试剂，如浓高氯酸、有机过氧化物等要防止受热和敲击。

11）在实验中，仪器使用和实验操作必须正确，以免引起爆炸。

化学实验室安全守则是人们长期从事化学实验工作的经验总结，是保持良好的工作环境和工作秩序，防止意外事故发生，保证实验安全顺利完成的前提，人人都应严格遵守。

1.1.4.3 危险品的分类

在不确定所用物质是否有无毒性时，均认为有毒。

根据危险品的分类，常用的一些化学药品可大致分为易爆、易燃和有毒三大类。

（1）易爆化学药品。H_2、C_2H_2、CS_2、乙醚及汽油的蒸气与空气或 O_2 混合，皆可因火花导致爆炸。

单独可爆炸的有硝酸铵、雷酸铵、雷酸汞、高氯酸铵、三硝基甲苯、硝化纤维、苦味酸等。

混合发生爆炸的有：高氯酸加酒精或其他有机物、C_2H_5OH 加浓 HNO_3、$KMnO_4$ 加甘油或其他有机物、$KMnO_4$ 加 S、HNO_3 加 Mg 或 HI、NH_4NO_3 加酯类或其他有机物、HNO_3 加锌粉和水滴、硝酸盐加 $SnCl_2$、H_2O_2 加 Al 和 H_2O、S 和 HgO、Na 或 K 与 H_2O 等。

氧化剂与有机化合物接触，极易引起爆炸，所以在使用 HNO_3、$HClO_4$、H_2O_2 等时必须注意。

（2）易燃化学药品。

1）可燃气体有 NH_3、$CH_3CH_2NH_2$、Cl_2、CH_3CH_2Cl、C_2H_2、H_2、H_2S、CH_4、CH_3Cl、SO_2 和煤气等。

2）易燃液体有丙酮、乙醛、乙醚、汽油、二硫化碳、苯、环氧丙烷、环氧乙烷、甲醇、乙醇、吡啶、甲苯、二甲苯、正丙烷、异丙醇、二氯乙醇、丙酸乙酯、乙酸乙酯、煤油、松节油等。

3）易燃固体可分为无机类（如红磷、硫黄、P_2S_3、镁粉和铝粉）、有机物类及硝化纤维等。

4）自燃物质，如白磷。

5）遇水燃烧的物品有 K、Na、CaC_2 等。

（3）有毒化学药品。日常接触的化学药品，有的是剧毒，使用时必须十分小心。有的药品长期接触或接触过多，也会引起急性或慢性中毒，影响健康。但只要掌握有毒化学药品的特性并且加以防护，就可避免中毒或把中毒概率降到最低。

1）有毒化学药品通常由下列途径侵入人体。

由呼吸道侵入。故有毒实验必须在通风橱内进行，并注意保持室内空气流畅。

由皮肤黏膜侵入。眼睛的角膜对化学药品非常敏感，故进行实验时，必须戴防护眼镜，进行实验操作时，勿使药品直接接触皮肤，手或皮肤有伤口时须特别小心。

由消化道侵入。这种情况不多。为防止中毒，任何药品不得用口尝味，严禁在实验室进食，实验结束时必须洗手。

2）常见的有毒化学药品如下。

有毒气体有 Br_2、Cl_2、F_2、HBr、HCl、HF、SO_2、H_2S、$COCl_2$、NH_3、NO_2、PH_3、HCN、CO、O_3、BF_3 等，具有窒息性或刺激性。

强酸、强碱均会刺激皮肤，有腐蚀作用，会造成化学烧伤。

高毒性固体有无机氰化物、As_2O_3 等砷化物、$HgCl_2$ 等可溶性汞化物、铊盐、Se 及其化合物、V_2O_5 等。

有毒的有机物有苯、甲醇、CS_2 等有机溶剂，芳香硝基化合物、苯酚、硫酸二甲酯、苯胺及其衍生物等。

已知的危险致癌物质有联苯胺及其衍生物、N-四甲基-N-亚硝基苯胺、N-亚硝基二甲胺、N-甲基-N-亚硝基脲、N-亚甲基氢化吡啶等N-亚硝基化合物，双（氯甲基）醚、氯甲基甲醚、碘甲烷、β-羟基丙酸丙酯等烷基化试剂，稠环芳烃，硫代乙酰胺等含硫有机物，石棉粉尘等。

具有长期积累效应的毒物有苯、铅化合物，特别是有机铅化合物；汞、二价汞盐和液态有机汞化合物等。

1.1.4.4　危险化学品的使用规则

A　易燃、易爆和腐蚀性药品的使用规则

（1）不允许把各种化学药品任意混合，以免发生意外事故。

（2）使用氢气时，要严禁烟火，点燃前必须检查其纯度。进行有大量氢气产生的实验时，应把废气通到室外，并注意室内的通风。

（3）可燃性试剂不能用明火加热，必须用水浴、砂浴、油浴或电热套。钾、钠和白磷等暴露在空气中易燃烧，所以钾、钠应保存在煤油中，白磷保存在水中，取用时用镊子夹取。

（4）取用酸、碱等腐蚀性试剂时，应特别小心，不要洒出。废酸应倒入废液缸，但不能往废酸中倒废碱液，以免酸碱中和放出大量的热而发生危险。浓氨水具有强烈的刺激性，一旦吸入较多氨气，可能导致头晕或昏倒。氨水溅入眼中严重时可能造成失明。因此，在热天取用浓氨水时，最好先用冷水浸泡氨水瓶，使其降温后再开盖取用。

（5）对某些强氧化剂（如 $KClO_3$、KNO_3、$KMnO_4$ 等）或其混合物，不能研磨，否则将引起爆炸；银氨溶液不能留存，因其久置后会变成 Ag_3N 而容易发生爆炸。

B　有毒、有害药品的使用规则

（1）有毒药品（如铅盐、砷的化合物、汞的化合物、氰化物和 $K_2Cr_2O_7$ 等）不得进入口内或接触伤口，也不能随便倒入下水道。

（2）金属汞易挥发，并能通过呼吸道进入人体内，会逐渐积累而造成慢性中毒，所

以取用时要特别小心，不得把汞洒落在桌面或地上，一旦洒落可以用毛刷轻轻扫动集中，然后用铁铲或者硬纸铲起收集在密封的水瓶里，必须尽可能地将汞珠收集起来。并用硫黄粉盖在洒落汞的地方，使其转化为不挥发的 HgS，然后清除。

（3）制备和使用具有刺激性、恶臭和有害的气体（如 H_2S、Cl_2、$COCl_2$、CO、SO_2、Br_2 等）及加热蒸发浓 HCl、HNO_3、H_2SO_4 等时，应在通风橱内进行。

（4）对一些有机溶剂，如苯、甲醇、硫酸二甲酯等，使用时应特别注意，因这些有机溶剂均为脂溶性液体，不仅对皮肤及黏膜有刺激性作用，而且对神经系统也有损害。生物碱大多具有强烈毒性，皮肤也可吸收，少量即可导致中毒甚至死亡。因此，使用这些试剂时需穿工作服、戴手套和口罩。

（5）必须了解哪些化学药品具有致癌作用，取用时应特别注意，以免侵入体内。

1.1.4.5 化学实验室的意外事故与处置预案

A 应急处理所需物品

（1）急救药箱。一般物品：红药水、紫药水、碘酒、止血粉或止血带、烫伤膏、创可贴、医用双氧水（临时稀释）、医用酒精、医用纱布、棉花、棉签、绷带、医用镊子、剪刀。

（2）特殊物品：鱼肝油、凡士林、碳酸氢钠饱和溶液、30～50 $g \cdot L^{-1}$ $NaHCO_3$ 溶液、硼酸饱和溶液、200 $g \cdot L^{-1}$ $Na_2S_2O_3$ 溶液、$MgSO_4$ 饱和溶液、50 $g \cdot L^{-1}$ 硫酸铜溶液、50 $g \cdot L^{-1}$ $KMnO_4$ 溶液（试剂备好，现配）。

（3）紧急洗眼器、紧急洗眼冲淋器。

（4）灭火器材：酸碱式、泡沫式、二氧化碳、干粉等灭火器，以及消防沙箱、防火布等。

B 中毒、腐蚀与化学物质灼伤

a 原因

由于呼吸、皮肤接触与吸收或误吃误喝等原因出现中毒、腐蚀与化学物质灼伤。

b 防护

（1）室温较高，开启具有内塞的挥发性酸碱、有机溶剂试剂瓶时，需放在流水下直立冲淋 5～10 min 或直立在水中浸泡约 30 min，然后在通风橱内小心撬开内塞，当没有放气声后再完全打开内塞。

（2）禁止用手直接取用任何化学物品；用移液管或吸量管吸取有毒液体物品时必须用吸耳球；在嗅闻瓶或管中气体的气味时，鼻子不能直接对着瓶口（或管口），而应用手把少量气体轻轻扇向自己。

（3）制备和使用有毒、有刺激性、恶臭的气体，如氮氧化合物、Br_2、Cl_2、H_2S、SO_2、氢氰酸等，以及加热或蒸发 HCl、HNO_3 以及湿法消化试样时，均应在通风橱内进行。

（4）浓酸、强碱、铬酸洗液等具有强烈的腐蚀性，用时不要将其洒在衣服或皮肤上，以防灼伤；稀释浓硫酸时，应将浓硫酸慢慢地注入水中，并不断搅动；切勿将水注入浓硫酸中，以免产生局部过热，使浓硫酸溅出，引起烧伤；溴、氢氟酸等应特别小心防护，被溴、氢氟酸灼伤后的伤口难以痊愈。凡用溴时应预先配制好适量硫代硫酸钠溶液备用。

（5）汞化合物、砷化合物、氰化物等剧毒物，不得入口或接触到伤口上，氰化物不能加入酸，否则产生剧毒 HCN；这些有毒药品，包括重铬酸钾、钡盐、铅盐等不得倒入下水道，要回收或加以特殊处理。

（6）不得以实验用容器代替水杯、餐具使用，防止化学试剂入口。不得在实验区烧或烤食物；不得在实验区饮食。

c　应急

下述所指的应急是现场应急处理的预案，后续处理除说明外，由指导老师会同实验室管理人员根据事故的严重与否，与学院、学校相关部门，包括110或119、120等联系。较为严重的，后续处理均需送医院专业处置，并向医生提供伤者尽可能详细的受伤信息。

（1）化学物质灼伤：针对不同化学品，采取相应的处置措施；酸、碱，一般先采用大量水稀释并清洗；若衣物上浸渍了化学品，应及时脱去或剪开。

1）强酸灼伤：立即用大量水冲洗，然后用碳酸氢钠饱和溶液或稀氨水清洗或擦上碳酸氢钠油膏，再擦上凡士林；若酸溶液溅入眼中或鼻腔，先用大量水由内向外冲洗至少20 min，再用30～50 $g \cdot L^{-1}$ $NaHCO_3$ 溶液冲洗，最后用清水冲洗，湿纱布覆盖并立即就医。

2）浓碱灼伤：立即用大量水冲洗，然后用柠檬酸或硼酸或醋酸饱和溶液洗涤，再擦上凡士林；若碱溶液溅入眼中或鼻腔，先用大量水由内向外冲洗至少20 min，再用硼酸饱和溶液洗，最后用清水冲洗，湿纱布覆盖并立即就医。

3）溴灼伤：立即用200 $g \cdot L^{-1}$ $Na_2S_2O_3$ 溶液洗涤伤口，再用清水冲洗干净，并涂敷甘油。

4）氢氟酸灼伤：立即用大量水冲洗20 min以上，再用冰冷的 $MgSO_4$ 饱和溶液或医用酒精浸洗30 min以上；或用肥皂水或30～50 $g \cdot L^{-1}$ $NaHCO_3$ 溶液冲洗，并用该溶液浸过的湿纱布湿敷。

5）磷灼伤：立即用50 $g \cdot L^{-1}$ $CuSO_4$ 溶液或 $KMnO_4$ 溶液洗涤伤口，并用浸过 $CuSO_4$ 溶液的绷带包扎。

（2）眼内溅入其他化学品：立即请他人用紧急洗眼冲淋器或洗瓶，大量水由内向外小心、彻底冲洗至少20 min，再用湿纱布覆盖眼睛，紧急送医。

（3）毒物入口：若尚在嘴里，应立即吐掉并用大量水漱口；若已误食，确认毒物种类采取相应的应急措施；绝大部分毒物于4 h内会从胃转移到肠，因此处置的原则是：降低胃中毒物浓度，延缓毒物被人体吸收的速度并保护胃黏膜，紧急就医。

对于酸、碱，先大量饮水稀释；除水之外，牛奶、打溶的蛋、面粉及淀粉或土豆泥的悬浮液均可作为药物稀释剂与胃黏膜保护剂；对于致死量较低的毒物，应设法使中毒者呕吐。

重金属中毒者，喝一杯含几克的硫酸镁的溶液，立即就医；汞及汞化合物中毒者，立即就医。用作金属解毒剂的药物见表1-4。

表1-4　金属元素的解毒剂

金属元素	解毒剂	金属元素	解毒剂
铜	R-青霉胺	铊、锌	二苯硫腙
镍	二乙氨基二硫代甲酸钠	汞、镉、砷等	2,3-二巯丙醇
铍	金黄素三羧酸	铅、铀、钴、锌等	乙二胺四乙酸合钙酸钠

（4）吸入刺激性气体：处置原则是，将中毒者立即转移至空气清新且流通之处，解开衣领及纽扣，必要时实施人工呼吸（但不要口对口）并立即送医院治疗。应注意，Cl_2 或 Br_2 中毒时不可进行人工呼吸，CO中毒时不可使用兴奋剂。

（5）汞洒落：汞易挥发，应尽量收集干净并置于盛有水的厚壁广口瓶中，盖好瓶盖，然后在可能洒落汞的区域撒一些硫黄粉，最后清扫干净，并集中作固体废物处理，同时加强排风或通风。

C 着火与灭火常识

a 着火的主要原因

多数是加热或处置低沸点有机溶剂时操作不当；或是低闪点有机溶剂蒸气接触红热物体表面，如 CS_2 蒸气接触暖气散热片或热灯泡就会着火；或是一些物质，如白磷遇空气自燃；也可能是反应过程中冲料、渗漏、油浴着火；有时是用电不当，超负荷用电、电线老化、电器失控、水浴锅水烧干等。

b 着火防护

（1）严格遵守实验注意事项或操作规程是预防着火、触电很重要的方面。

（2）首先是试剂的存放应符合规定（见后述试剂的存放），特别是有机溶剂，应置于阴凉，带通风设施的铁皮柜中。闪点低的有机溶剂，即使放普通冰箱也能形成着火气氛，易引起爆燃。

（3）开启易挥发、易燃有机试剂瓶时，尤其是夏天，应远离明火；敞口体系不得用明火加热有机溶剂，而应在热浴中加热；含低沸点有机溶剂的反应体系应有尾气冷凝、吸收或排放装置，并尽可能在通风橱或通风良好的环境中进行；严禁将有机溶剂倒入敞口废液缸或下水道。

（4）不得在烘箱内存放、烘焙有机物；碱金属严禁与水接触；白磷等物质应避免暴露在空气中。

（5）物质在含氧25%大气中燃烧时所需温度降低，燃烧剧烈，故使用氧气钢瓶时，不要让氧气大量溢入实验室。

（6）若实验确实需要使用酒精灯，应随用随点，不用时盖上灯罩；不要用已点燃的酒精灯去点燃另外的酒精灯，以免酒精流出而失火。使用燃气灯时，应先点火，再开气；实验结束或燃气供应临时中断时，应立即关闭阀门。如遇燃气泄漏，应停止实验，进行检查。在点燃的火焰旁，不得放置各种易燃品（如抹布、毛巾以及易燃有机试剂等）。

（7）热浴设备、烘箱及其他干燥设备严禁开机过夜；无论是否采用插线板，均不得超负荷用电，以及乱接乱拉；严禁使用不匹配的插头、插座以及保险丝或采用铜丝替代。

c 着火应急

实验过程中万一不慎起火，切不可惊慌，首先判断起火的原因，立即采取灭火措施。

（1）应尽快切断电源或燃气源，停止通风，移走一切可燃物品（特别是有机溶剂和易燃易爆物质）。容器内局部小火，可用石棉板、表面皿等盖灭，绝不能用口吹；小范围着火时用湿抹布、防火布覆盖或消防沙灭火。

（2）当身上衣服着火时，切勿惊慌乱跑，应赶快脱下衣服，或就地卧倒翻滚，或用防火布覆盖着火处，若火势较大，可就近用水龙头扑灭。

（3）对于初期火灾：

1）非油类及切断电路的电器失火，可采用酸碱灭火器扑灭；

2）油类、苯、香蕉水等有机物燃烧，切勿用水灭火，可用灭火毯或沙子覆盖灭火，大火可用泡沫或干粉灭火器扑灭；

3）碱金属、电石、铝、镁等遇水燃烧的物质，只能采用干燥的消防沙覆盖扑灭，严禁用水或四氯化碳灭火器，也不能用干粉或二氧化碳灭火器；

4）精密仪器及图书、文件着火，应使用 CO_2 灭火器扑灭，但手不能握在喇叭筒上，避免手被冻伤，灭火后及时通风；

5）电器设备着火，可使用 CO_2、四氯化碳或干粉灭火器扑灭，绝不能用水或泡沫灭火器，以免触电；

6）可燃性气体燃烧，采用干粉灭火器扑灭。

（4）若火势较大，着火范围较广，在立即组织灭火的同时及时报警，请求救援。

总之，失火时，应根据起火的原因和火场周围的情况，采取不同的灭火方法。若采用灭火器灭火，则将灭火器的喷射口对准火焰根部，从火的四周开始向中心扑灭。在灭火过程中切勿犹豫。有关灭火器的常识见表 1-5。

表 1-5 常用灭火器种类及其适用范围

灭火器种类	药液主要成分	适 用 范 围
泡沫灭火器	硫酸铝、碳酸氢钠	用于一般失火及油类的灭火。此种灭火器是由溶液作用产生的氢氧化铝及二氧化碳泡沫包住燃烧物质，隔绝空气而灭火。因为泡沫能导电，所以不能用于扑灭电器设备着火，也不能用于易溶于水的有机溶剂（如丙酮、甲醇、乙醇等）的灭火
四氯化碳灭火器	液态四氯化碳	用于电器设备及小范围汽油、丙酮等有机溶剂的灭火。四氯化碳沸点低，相对密度大，不会被引燃，所以四氯化碳喷射到燃烧物的表面，四氯化碳液态迅速气化，覆盖在燃烧物上面而灭火。忌用于轻金属（如钠、钾、铝等）灭火，否则易发生爆炸；严禁用于扑救电石、乙炔、二硫化碳等失火，否则会产生剧毒的光气
1211 灭火器	二氟一氯一溴甲烷液化气	用于油类、有机溶剂、精密仪器、高压电器设备的灭火。此种灭火器灭火效果好
二氧化碳灭火器	液态二氧化碳	用于电器设备失火、小范围油类及忌水的物质的灭火，是实验室常用的灭火器，但不能用于轻金属（如钠、钾、铝等）灭火
干粉灭火器	主要为碳酸氢钠等物质和适量的润滑剂和防潮剂	用于电器设备、油类、可燃气体精密仪器、图书资料及遇水燃烧等物质的灭火。此种灭火器喷出的粉末能覆盖在燃烧物上，组成阻止燃烧的隔离层，同时它受热分解出二氧化碳，能起中断燃烧的作用，因此灭火速度快，但不能用于轻金属（如钠、钾、铝等）灭火

D 触电与安全用电

a 触电的主要原因

实验人员触电的主要原因是仪器设备漏电、带电操作与违反规程等。

b 触电防护

电对人体的伤害可分为电击和电伤两类。电击是指电流通过人体内部，破坏人体心脏、肺及神经系统等的正常功能。电伤也称电灼，是指由电流的热效应、化学效应或机械效应对人体造成的伤害。电伤常发生在人体的外部，例如电弧的灼伤、通电金属在大电流下熔化飞溅而使皮肤遭受伤害等。

为了安全用电，在实验中应注意如下几点。

（1）一切电器设备在使用前，应检查是否漏电，人体或手能接触到的导线、插头、接头等是否有裸露。

（2）不要乱接乱拉电线，以防触电或发生火灾。

（3）使用电器时，应先接好线路，再插上或接通电源，不能用潮湿的手接触电器；当仪器出现问题时，应先关闭开关，再拔去插头，然后再检修。不许带电修理或安装设备！不许用电笔试高压电！

（4）实验结束后，必须先切断电源，再拔下电源插头。插拔电源插头时，不要用力拉拽电线，以防止电线的绝缘层受损造成接触者触电。供电设施及用电设备出现故障时必须报修。

c 触电应急

遇人触电，施救者应先切断电源再行救助，以防止自身触电；若不能切断电源时，要用干木条、干布带或戴上绝缘手套等，将触电者拉离电源，并迅速转移到附近适当的地方，适当解开衣服，使其全身舒展。无论有无外伤，都要立即找医生处理，如果触电者处于休克状态，并且心脏停搏或停止呼吸，则要先进行人工呼吸或心肺复苏。

E 暴沸、爆溅与烫伤

a 暴沸、爆溅与烫伤的主要原因

（1）产生暴沸或爆溅的主要原因：

1）对高盐分、高浓度、高黏度溶液加热，特别是溶液量较大时；

2）被加热溶液受热不均、升温过快或加热过猛、没有搅拌、有沉淀物且没有搅拌时；

3）蒸发结晶后期突然搅动溶液。

（2）产生烫伤的可能原因：

1）烧熔和加工玻璃制品时；

2）触碰高温物体；

3）暴沸或爆溅出的高热液体或高热晶体浆料；

4）火焰或爆燃；

5）碰翻加热的液体。

b 暴沸、爆溅与烫伤防护

实验人员应严格遵守实验注意事项或操作规程是预防暴沸、爆溅很重要的方面。

（1）暴沸、爆溅防护：

1）适合于搅拌的反应体系应加强搅拌；

2）不适于搅拌的反应体系可放置沸石或小玻璃珠；

3）均匀加热（试管加热，空气浴、水浴、油浴等热浴）；

4）控制升温速率；结晶蒸发过程一般勿搅动，控制好火力。

（2）烫伤防护：

1）胆大心细，时刻提醒自己，不能开小差；

2）加热试管时，不要将试管口指向自己或别人，也不要俯视正在加热的液体；

3）装置、燃气灯以及加热的溶液不要太靠近实验台边缘。

c 暴沸、爆溅与烫伤应急

较为严重的暴沸、爆溅主要会造成化学灼伤以及烫伤，甚至可能附带割伤等综合性损伤。

若没有割伤，应急处置一般是用大量水冲洗10～20 min，稀释降温；不严重的话，可涂抹烫伤膏或鱼肝油；较为严重的，不得挑破水泡或撕去粘连的衣物以及涂抹或服用任何物品，应用冷水毛巾敷或纱布覆盖、包扎，并迅速送往医院处置。

若伴有割伤，按下述割伤处置方法处理。

F 爆炸与割伤、砸伤

a 爆炸与割伤、砸伤可能原因

（1）爆炸的可能原因：

1）某些化学品（氧化剂与还原剂，强氧化剂与有机物）混合；

2）密闭体系进行蒸馏、回流等加热操作；

3）加压或减压操作时，未使用耐压器具，或钢瓶减压阀失灵；

4）化学反应过于激烈失控；

5）易燃、易爆气体泄漏；

6）实验药剂本身属于易爆品（如高氯酸、苦味酸、有机过氧化物、三硝基苯等）。

（2）割伤、砸伤的可能原因：

1）切割玻璃管或向软木塞、橡皮塞中插入温度计、玻璃管时；

2）安装或拆卸装置或处置一些玻璃器具时；

3）打破玻璃器具时的玻璃碎片；

4）使用破损的玻璃器具；

5）爆炸时的锋利碎片或重物；

6）使用工具不慎。

b 爆炸与割伤、砸伤防护

实验人员应严格遵守实验注意事项或操作规程是预防爆炸很重要的方面；严禁在易爆区域使用明火加热，或吸烟。

（1）爆炸防护。

1）不得随便将两种物质混合，特别是取出的化学物品不得随意倒回储备瓶或倒入废物、废液缸；对一些物质的混合应注意安全，避免摩擦与发热；易爆气体的连接管、接口等注意用肥皂水检漏。

2）对于反应较为激烈的体系，应严格控制加料速度。若有气体产生，特别是易爆气体产生，且发热强烈，可以采取玻璃反应容器外壁用冷水强制冷却，同时缓慢、小心搅动，使体系迅速降温，反应减缓；在使用、制备易爆气体时，应在通风橱内进行，且不得在附近使用明火。

3）一些强氧化性物质遇有机物易发生爆炸，应特别小心。如浓、热的高氯酸遇有机物易发生爆炸；若试样为有机物，应先加浓硝酸将其破坏，再加入高氯酸则相对安全。

4）做高压或减压实验时，应使用防护屏或佩戴防护面罩；不得敲打、撞击以及随意更换钢瓶表头，不得让钢瓶在地上滚动；钢瓶应放置在钢瓶柜内，易燃、易爆气体钢瓶不得放置在实验室内。

5）对于危险性较大的实验，如高压反应、使用笑气为助燃气的某些实验，应在防爆实验室内进行。

（2）割伤、砸伤防护。

1）切割玻璃管时应戴双层棉纱手套；切割好的玻璃管口应在火焰中烧圆或烧圆后在耐火板上稍按平。

2）软木塞或橡皮塞打孔时，木塞的孔径与玻璃管或温度计直径粗细应吻合；安装时，玻璃管壁上可以沾些水或甘油，或肥皂水等润滑剂润湿，用布包着用力部位或戴双层棉纱手套，轻柔、小心地将温度计等旋入木塞。

3）破损的玻璃器具不要使用；处置玻璃器具，如遇到瓶盖打不开、连接口无法分开，或旋塞卡死等情况时，最好在指导老师或实验室老师的指导下，戴双层棉纱手套完成。

4）安装或拆卸装置时不要用力过猛，对连接口不是很圆滑的玻璃器皿更应注意；将橡皮管或乳胶管与玻璃连接时，同样可以采用水、甘油等润滑后再小心连接。

c 爆炸与割伤、砸伤应急

（1）爆炸应急：根据爆炸以及受伤严重程度的不同，可能需要清理表面、止血、包扎、固定等现场处理，相对来说需要较为专业的训练，具体的操作可以参阅或观看红十字会有关这方面的培训资料或视频（学驾驶的人员一般均有）。

处置的基本原则是，先救命后治伤，如同时出现大出血与骨折，应先止血，后紧急送医院进行其他处置。

当爆炸发生后，应迅速疏散未受伤人员，及时报警，并立即组织抢救。

（2）割伤、砸伤应急，基本处置原则是：清理伤口或受伤部位，止血或消肿，包扎或固定。

1）若割伤不是很严重，先取出伤口处的各种异物，用水清洗，挤出点血，用消毒棉签揩净，然后涂上红药水（或紫药水），必要时撒上消炎粉并包扎；若伤口较小，清理干净后直接贴上创可贴。

2）若割伤严重，伤口有较大的异物，应根据异物状况采用特殊包扎法包扎；若伤口大出血，应让伤者平躺并抬高出血部位，压住附近的动脉，使用止血粉或止血带或乳胶管（后两种止血方式注意每隔 50 min 放松 5 min），或用大于伤口且厚度足够的纱布压迫伤口，加压包扎并紧急送医。

3）若砸伤严重，有骨折，一般采用夹板包扎固定法，同时呼叫 120，送医救治。

4）若眼睛内进入异物，千万不要揉搓，由他人翻开眼睑，用棉签小心取出异物并滴入几滴鱼肝油；若是进入玻璃屑，尽量不要转动眼睛，绝不能揉搓，也不要请他人取出，用纱布轻轻包住并迅速送医院。

以上仅举出几种预防事故的措施和急救方法，如需更详尽地了解，可查阅有关的化学手册和文献。

1.1.5 化学实验室“三废”处理

化学实验室中常常会遇到各种有毒有害的废渣、废液和废气（简称“三废”），若不妥善处理，会造成环境污染，对人体健康有害。根据实验室“三废”排放的特点，本着减少污染、适当处理、回收利用的原则，处理实验室的“三废”。

1.1.5.1 废气的处理

每个实验室均需设有抽风排气系统，该系统可以将室内少量的有毒气体排到室外，利用室外大量的空气稀释废气。对有毒气产生的实验必须在通风橱中进行，对产生大量有害气体的实验，必须安装气体吸收装置吸收有害气体。对氮、硫、磷等酸性氧化物气体，可用导管通入碱液中，使其被吸收后排出。

1.1.5.2　废液的处理

实验过程中的废液，保护废有机溶剂，均不得随意倒入下水道。每个实验室须配备废液回收桶，酸碱废液、含重金属废液和有机溶剂废液必须分类回收处理。

（1）酸碱废液的处理：经过中和处理，使其 pH 值在 6 ~ 8 范围，用大量水稀释后排放。若有沉淀，须加以过滤后再稀释排放。

（2）含汞废液的处理：对于汞单质，为了减少其蒸发，可以覆盖化学液体，如甘油、5% Na_2S 溶液、水，其中甘油的效果相对最好。若是含汞废液，则采用硫化物共沉淀法，先将废液调至 pH 值为 8 ~ 10，然后加入过量的 Na_2S，使其生成 HgS 沉淀，并加入适量的 $FeSO_4$，使之与过量的 Na_2S 作用生成 FeS 沉淀，从而吸附 HgS 共沉淀。静置后过滤，清液含汞量降至 0.02 mg/L 以下时可以排放。少量残渣可埋于地下，大量残渣可用焙烧法回收汞，注意一定要在通风橱中进行。

（3）含铅、镉等废液的处理：可用碱或石灰乳将废液 pH 值调至 9，使废液中的 Pb^{2+}、Cd^{2+} 生成氢氧化物沉淀，加入硫酸亚铁作为共沉淀剂，沉淀物可与其他无机物混合进行烧结处理，清液可排放。

（4）含铬废液的处理：化学实验室中含铬废液主要是废铬酸洗液，可用 $KMnO_4$ 氧化使其再生，重复使用。方法如下：将废液在 110 ~ 130 ℃ 下加热搅拌浓缩，除去水分后，冷却至室温；一边缓慢加入固体 $KMnO_4$ 一边搅拌，直至溶液呈深褐色或微紫色（不要过量），然后加热至有 SO_3 产生，停止加热；稍冷后用玻璃砂芯漏斗过滤，除去沉淀；滤液冷却后析出红色 CrO_3 沉淀，再加入适量浓 H_2SO_4 使其溶解后即可使用。

少量的废铬酸洗液可采用还原剂（如铁粉、锌粉、亚硫酸钠、硫酸亚铁、二氧化硫或水合肼等），在酸性条件下将 Cr(Ⅵ) 还原为 Cr^{3+}，然后加入碱（如氢氧化钠、氢氧化钙、碳酸钠、石灰等），调节废液 pH 值为 6 ~ 8，生成低毒的 $Cr(OH)_3$ 沉淀，分离沉淀，清液可排放。

（5）含砷废液的处理：可利用硫化砷的难溶性，在含砷废液中通入 H_2S 或加入 Na_2S 除去含砷化合物。也可在含砷废液中加入铁盐，并加入石灰乳使溶液呈碱性，新生成的 $Fe(OH)_3$ 与难溶性的亚砷酸钙或砷酸钙发生共沉淀和吸附作用，从而除去砷。

（6）含氰废液的处理：氰化物是剧毒物质，含氰废液必须认真处理。实验室少量含氰废液可用 NaOH 调 pH 值大于 10，再加适量 $KMnO_4$ 将 CN^- 氧化分解。大量含氰废液可采用氯碱法，方法为：先用碱调 pH 值大于 10，再加入 Cl_2 或 NaClO，使 CN^- 氧化成氰酸盐，并进一步完全分解为 CO_2 和 N_2。

（7）有机溶剂废液的处理：对易氧化分解的废液，可加过氧化氢、高锰酸钾等氧化剂将其氧化分解。对易发生水解的废液，可加碱处理。对含有油脂、蛋白质等的废液，可采取生物化学处理法处理。

1.1.5.3　废渣的处理

实验室产生的有害固体废渣虽然不多，但是绝不能将其与生活垃圾混倒。实验过程中产生的废渣应统一收集，按其毒性、危害性的情况经回收、提取有用物质后，其残渣可以进行土地填埋，这是许多国家对固体废弃物最终处理的主要方法。要求被填埋的废弃物应是惰性物质或能被微生物分解的物质。填埋场应远离水源，场地底土不能透水，不能使废液渗入地下水层。

1.1.6 实验室常用的安全标志

为了提示实验室安全的重要性，在实验室的合适位置有必要张贴安全警示标志，了解这些标志，这对增强安全意识，加强实验规范操作，防范事故的发生有一定的帮助作用。

实验室常见的安全警示标志分为四类，禁止标志常见12个，警示标志常见17个，指令标志常见6个，提示标志常见4个。常见的安全警示标志列举如下：

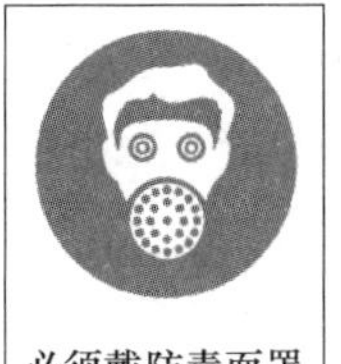
必须戴防毒面罩

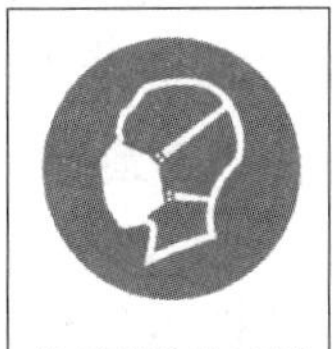
必须戴防护口罩

必须穿防护服

必须拔出插头

必须通风

必须戴防护手套

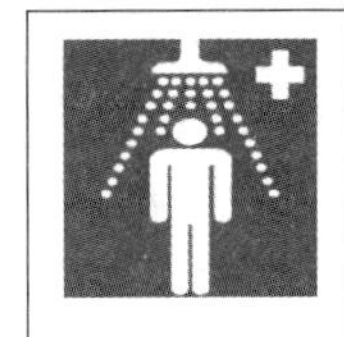
紧急喷淋

洗眼装置

急救药箱

饮用水

【C】任务实施

（1）讨论预习报告与实验报告有什么区别？

（2）讨论以下问题：

1）实验过程中，酒精灯突然着火，如何处理？

2）实验中，不小心打坏了水银温度计，这时该如何处理？

（3）实验室内有哪些应急设施？

【D】任务评价

基于以下假设情境进行化学实验室安全应急演练：

（1）某学生在稀释浓硫酸的实验过程中，由于上课走神，不慎将浓硫酸打翻在地，眼睛灼伤；

（2）火灾应急疏散演练。

【E】知识拓展

无机材料之父——严东生

严东生，祖籍浙江杭州，中国无机材料科学技术的奠基人和开拓者之一，长期致力于无机材料科学研究，在高温结构陶瓷、陶瓷基复合材料等研究领域取得丰硕成果。

新中国成立时，严东生已在美国伊利诺伊大学获得陶瓷学博士学位，并留校做博士后研究，从事陶瓷等无机材料的研究，生活待遇优越。

当时严东生十分关注国内时事，经常与中国留学生一起谈论中国政局，阅读过毛泽东的《论民主》《论持久战》等著作，在《华侨日报》上看到解放军进入大城市后睡在街头的报道，非常感动，坚定了回国参与新中国建设的想法。

“材料和能源、信息是世界经济发展的三大支柱，材料科学的发展，与国计民生息息相关。”一回国，严东生就马不停蹄赶往开滦化工研究所着手耐火材料的研究。1954 年起，严东生担任中科院上海冶金陶瓷研究所主任，主持无机材料研发。20 世纪 60 年代起，严东生参与创建了上海硅酸盐研究所，在他的带领下，我国的无机化学走出传统框架，变成与国际接轨的先进学科。

为了克服原子弹、导弹和人造卫星在高速飞行时会与大气摩擦而损毁的弊端，严东生带领团队，发明了金属-陶瓷过渡型复合涂层，研制出了耐高温烧蚀材料，应用于多种火箭发动机上，使我国第一代洲际导弹完好无损地落入预定海域，保障了试射的成功。

1982年，在欧洲核子研究中心负责建造大型正负电子对撞机探测器L3的诺贝尔奖获得者丁肇中找到严东生，询问是否可以生产尺寸很大很长的锗酸铋BGO闪烁晶体。严东生意识到这项工程的重要意义，马上组织硅酸盐所的科研团队进行攻关，开发出一套新的生产工艺，并建立了一条生产流水线，得到的BGO晶体在与美、法、日等国的竞争中大获全胜，一举拿下L3探测器所需要的12000根BGO晶体的供应合同。

后来，欧洲核子中心再次找到严东生，合作生产新型钨酸铅PWO闪烁晶体，用于建造大型强子对撞机LHC，寻找外号为“上帝粒子”的希格斯玻色子，以探索宇宙起源。

严东生亲自领导攻关，2004年预生产的350根晶体发光量比俄罗斯提供的高20%~40%，综合性能更佳。2008年，上海硅酸盐研究所向欧洲核子中心交付约5000根高质量大尺寸的PWO闪烁晶体。2012年，欧洲核子中心宣布发现了一种非常“像”希格斯玻色子的新粒子，可信度高达99.99994%。在此之前的2008年，大名鼎鼎的英国理论物理学家斯蒂芬·霍金还曾打赌说，人类永远也不可能发现“上帝粒子”。如果没有严东生，也许直到今天，霍金的预言还都没有任何人敢于挑战。

严东生着眼于整个无机材料学科的规划和发展，一直结合国家需求搞科研，为中国科技事业的发展做出了重要贡献。他严谨认真的工作作风、献身科学的精神、平和谦逊的处事态度熏陶着每一位与他一起工作的同志，成为广大科技工作者的楷模。

（资料来源：网易新闻.［严东生］呛死的“无机材料之父”：不为学成回国，当初就不出国）

任务1.2　玻璃仪器的洗涤和干燥

【A】任务提出

在实验室中，洗涤玻璃仪器不仅是一项必须做的实验前的准备工作，也是一项技术性的工作。仪器洗涤是否符合要求，对实验结果有很大影响。

预习思考题：

（1）如何检验仪器是否洗干净?

（2）容量仪器应用什么方法干燥，为什么?

【B】知识准备

1.2.1　化学实验常用的仪器

进行无机及分析化学实验，离不开各种器皿。熟悉它们的规格、性能、正确使用和保管方法，对于方便操作、顺利完成实验、准确及时地报出实验结果、延长器皿的使用寿命和防止事故的发生都是十分必要的。常见的仪器见表1-6。

表 1-6　无机及分析化学实验常用仪器

仪　　器	规　　格	用　　途	注　意　事　项
试管　离心管	玻璃质。分硬质和软质试管、普通试管和离心试管等种类。 普通试管有平口、翻口，有刻度、无刻度，有支管、无支管，具塞、无具塞等几种（离心试管也分有刻度和无刻度）。 无刻度试管以管口外径 × 长度（单位：mm）表示，有刻度试管以容积（mL）表示	（1）普通试管用作少量药剂的反应容器，便于操作和观察。也可用于少量气体的收集。 （2）具支试管还可检验气体产物，也可接到装置中用。 （3）离心试管用于沉淀离心分离	（1）普通试管可直接用火加热，但不能骤冷，以防试管破裂。 （2）加热前试管外壁要擦干，要用试管夹夹持，管口不要对着人，以防发生意外。 （3）加热固体时管口略向下倾斜，避免管口冷凝水回流引起破裂。 （4）加热液体时试管倾斜与桌面呈 45°，同时不断振荡，火焰上端不能超过管里液面，使其受热均匀，防止爆沸。 （5）反应试液不能超过试管容积的 1/2，加热时不能超过试管容积的 1/3，防止振荡或加热时液体溅出。 （6）离心试管不能用火直接加热，只能水浴加热，避免管口冷凝水回流。 （7）使用过的试管应及时洗涤干净，以免久置而难以洗涤
烧杯	分玻璃质和塑料质。玻璃质分硬度和软质。有的带刻度，有的则无刻度，通常以容积（mL）表示规格	（1）用作反应物量较多时的反应容器。 （2）配制溶液。 （3）简便水浴的盛水器	（1）加热前要将外壁擦干，加热时烧杯底要垫石棉网，以免受热不均而破裂。先放溶液后加热，加热后不可放在湿物上，也不能直接放在桌面上，应垫石棉网。 （2）反应液体不得超过其容积的 2/3，以免搅动时液体溅出或沸腾时溢出。 （3）注意使用时勿使温度变化过于剧烈
量筒　量杯	有玻璃和塑料质，一般以容积（mL）表示规格。 直筒的为量筒；上口大，下边小的为量杯。有具塞、无塞等种类	量出容器，用于粗略地量取一定体积的溶液	（1）不可加热，不能用于量取热的液体。 （2）不可用作反应器，也不可用于溶液稀释或溶液配制，以防影响量器的准确性。 （3）加入或倾出溶液应沿其内壁。 （4）读数时，竖直放在桌面上，视线方向应与液面弯月面最低点相切

续表 1-6

仪器	规格	用途	注意事项
锥形瓶 碘量瓶	玻璃质，分硬质和软质两种。分无塞和具塞，广口和细口等，通常以容积表示规格	反应容器，振荡方便。用于加热处理试样及滴定分析中，碘量瓶用于碘量法分析中	（1）加热时外壁不能有水，应下垫石棉网或置于水浴中，以防爆裂。加热后不要与湿物接触，不可干加热，要在石棉网上冷却。 （2）盛液不宜过多，以免振荡时溶液溅出。 （3）滴定时，所盛溶液不超过容积的1/3。 （4）碘量瓶磨口塞要原配，加热时要打开瓶塞
长颈漏斗 短颈漏斗	一般为玻璃质或塑料质。规格以口径大小表示	用于倾注液体或过滤沉淀，长颈漏斗适用于定量分析中的过滤操作，有时用于装配气体发生器	（1）不能用火直接加热，防止破裂，但可过滤热的液体。 （2）长颈漏斗用于气体发生器中加液时，漏斗颈应插入液面下，以防止产生的气体逸出。 （3）过滤时，滤纸角对漏斗角；滤纸边缘低于漏斗边缘，液体液面低于滤纸边缘，杯靠棒，棒靠滤纸，漏斗颈尖端必须紧靠承接滤液的容器内壁（即一角、二低、三靠），防止滤液溅失（出）
酒精灯	规格以容量表示	（1）实验室中常用热源之一。 （2）进行焰色反应	（1）使用前应检查灯芯和酒精量（不少于容积的1/3，不超过容积的2/3）。 （2）用火柴或打火机点火，禁止用燃着的酒精灯去点另一盏酒精灯，不得向燃着的酒精灯中添加酒精。 （3）不用时应立即用灯帽盖灭，轻提后再盖紧，防止下次打不开及酒精挥发。切忌用嘴吹。 （4）不能用手直接拿着加热物加热

续表 1-6

仪器	规格	用途	注意事项
抽滤瓶或吸滤瓶　布氏漏斗	布氏漏斗为瓷质。规格以口径（mm）表示。 抽滤瓶为玻璃质，以容积（mL）表示	两者配套使用。用于沉淀的减压过滤（利用水泵或真空泵降低抽滤瓶中的压力而加速过滤）	（1）滤纸要略小于漏斗的内径才能贴紧。 （2）操作时须将滤纸润湿，抽气后过滤，结束时则应放气后关泵，以防滤液回流。 （3）不能用火直接加热
漏斗式　坩埚式 微孔砂芯漏斗	漏斗为玻璃质，砂芯滤板为烧结陶瓷。根据砂芯板孔的平均孔径（μm）的大小分为 6 种型号	用于过滤定量分析中只需低温干燥的沉淀，适合于过滤强氧化性及强酸性物质，常和抽滤瓶配套使用	（1）应选择合适孔径的坩埚。 （2）干燥或烘烤沉淀时，最高不得超过 500 ℃，最适用于只需在 150 ℃以下烘干的沉淀。 （3）不能用于浓碱溶液、HF 溶液、热的浓磷酸及活性炭等物质体系的分离，避免腐蚀而造成微孔堵塞或沾污。 （4）不能直接用火加热，不能骤冷骤热。 （5）用后应及时洗净，以防滤渣堵塞滤板孔
研钵	用瓷、玻璃、玛瑙或金属制成。规格以口径（mm）表示	（1）研碎固体物质。 （2）混匀固体物质。 （3）按固体的性质和硬度选择不同的研钵	（1）不能加热或作反应器用。 （2）不能将易爆物质混合研磨，防止爆炸。易爆物质只能轻轻压碎。 （3）盛固体物质的量不宜超过研钵容积的 1/3，避免物质甩出。 （4）只能研磨、挤压，勿敲击，大块物质只能碾压，不能捣碎。防止击碎研钵和杵或物体飞溅

续表 1-6

仪器	规格	用途	注意事项
坩埚	用瓷质、石英、石墨、玛瑙及铁、镍、铂等金属质地，通常以容积表示规格	（1）熔融或灼烧固体。 （2）高温处理样品	（1）可放在泥三角上直接用火加热。瓷质坩埚加热后不宜骤冷。 （2）灼烧时应根据试样性质和灼烧温度选择不同材质的坩埚。 （3）灼烧完毕，应用经预热的坩埚钳或待坩埚稍冷后才能取下坩埚，以免骤冷导致坩埚爆裂，取下的坩埚应放在石棉网上冷却。 （4）铂制品使用要遵守专门说明
表面皿	玻璃质。规格以口径（mm）表示	（1）盖在烧杯上，防止液体迸溅或灰尘落入。 （2）盛放待干燥的固体物质。 （3）作点滴反应器皿	（1）不能用火直接加热，防止破裂。 （2）盖容器时，直径要比容器口大些，凹面朝上。 （3）不能当蒸发皿用
蒸发皿	瓷质，也有玻璃、石英、金属制成的。有平底与圆底、带柄与不带柄之分。规格以口径（mm）或容积（mL）表示	（1）蒸发或浓缩溶液。 （2）焙干固体	（1）加热时一般放在石棉网上进行，也可用火直接加热，但须预热后再提高加热强度。 （2）瓷质蒸发皿加热前应擦干外壁，加热后不能骤冷。 （3）应根据液体性质选用不同材质的蒸发皿。 （4）溶液不能超过蒸发皿容积的2/3。 （5）加热过程中应不断搅拌以促使溶剂蒸发。其口大底浅也易于蒸发
试管架	一般为木质、有机塑料或铝制，规格有不同形状和不同大小	用于放置试管或离心管	（1）铝制试管架要防止酸、碱腐蚀。 （2）加热后试管应以试管夹夹好悬放在架上，稍冷后再放入架上，以防烫坏木、塑质架子

续表 1-6

仪　器	规　格	用　途	注 意 事 项
试管夹	由木料、钢丝或塑料制成	加热试管时夹试管用	（1）加热时，夹住距离试管口约1/3处（上端），避免烧焦夹子和锈蚀，也便于摇动试管。 （2）不要把拇指按在夹的活动部位，避免试管脱落。 （3）一定要从试管底部套上或取下试管夹，要求操作规范化
大号　中号　小号 毛刷	毛刷有大、小、长、短等多种规格，按用途分为试管刷、烧杯刷、滴定管刷等	用来刷洗玻璃仪器	（1）小心试管刷顶部的铁丝撞破试管底。 （2）洗涤时手持刷子的部位要合适，要注意毛刷顶部竖毛的完整程度，避免洗不到仪器顶端或因刷顶撞破仪器。顶端无毛者不能使用。 （3）不同的玻璃仪器要选择对应的毛刷。 （4）刷毛不耐碱，不能浸在碱溶液中
石棉网	由铁丝编成，中间涂有石棉，有大小之分	承放受热容器，使加热均匀	（1）不能与水接触，以防止石棉脱落或铁丝生锈。 （2）石棉层发生脱落的石棉网不能继续使用。 （3）不可卷折，因为石棉松脆，易损坏
泥三角	用铁丝拧成，套以瓷管。有大小之分	直接加热时用以盛放坩埚或小蒸发皿	（1）灼烧后不要沾上冷水，以免损坏瓷管。 （2）选择泥三角的大小要使放在上面的坩埚露在上面的部分不超过本身高度的1/3。 （3）坩埚放置要正确，坩埚底应横着斜放三个瓷管中的一个瓷管上。 （4）铁丝断了不能再用。 （5）灼烧后的泥三角小心取下，不要摔落，不能直接置于桌面上，应放在石棉网上

续表 1-6

仪器	规格	用途	注意事项
三脚架	铁质。有大小、高低之分	放置较大或较重的加热容器	(1) 必须受热均匀的受热容器应先垫上石棉网。 (2) 保持平稳。 (3) 防止生锈
坩埚钳	铁或铜合金制成，表面镀铬或镍。有大小不同规格	夹取高温下的坩埚、坩埚盖或蒸发皿	(1) 不要与化学试剂接触，防止腐蚀生锈，轴不灵活。 (2) 高温下使用前，钳尖必须先预热再夹取。 (3) 放置时钳尖朝上，以免污染。 (4) 夹持铂坩埚的坩埚夹尖端应包有铂片，防止高温时钳子的金属材料与铂形成合金
洗瓶	用玻璃或塑料制作，规格以容积（mL）表示	装蒸馏水或去离子水用。用于挤出少量水洗涤沉淀或容器用	(1) 不能漏气，远离火源。 (2) 玻璃洗瓶可放在石棉网上加热
药匙	用牛角、瓷质、塑料或不锈钢等制成	(1) 拿取少量固体（粉体或小颗粒）药品用。 (2) 有的药匙两端各有一个勺，一大一小。根据用药量大小分别选用	(1) 保持干燥、清洁。不能用于取用灼热的药品。 (2) 取完一种试剂后，必须洗净，并用滤纸擦干或干燥后再取用另一种药品。避免沾污试剂，发生事故。 (3) 药匙大小的选择，应以盛取试剂后能伸进容器口内为宜

续表 1-6

仪　　器	规　　格	用　　途	注　意　事　项
点滴板	瓷质或透明玻璃质，分白釉和黑釉两种。按凹穴多少分为四穴、六穴和十二穴等	用于生成少量沉淀或带色物质反应的点滴实验。生成有色沉淀用白面，白色沉淀用黑面	（1）不能加热。 （2）不能用于含 HF 和浓碱的反应，用后要洗净。 （3）试剂常用量为 1 ~ 2 滴
漏斗架	木质或塑料质	过滤时放漏斗用。过滤时上面放置漏斗，下面放置承接滤液容器	（1）活动的有孔板不能倒放，漏斗的高度可由漏斗架调节。 （2）固定上板的螺丝必须拧紧
铁杆 铁圈 铁夹 底座 铁架台	铁质	（1）固定或放置反应容器。 （2）铁圈可代替漏斗架用于过滤	（1）使用前检查各旋钮是否可旋动。 （2）安装仪器时要按照“从下到上”的顺序，用十字头固定铁圈、铁夹时，要使十字头夹的螺口朝上。 （3）根据情况调节好铁圈、铁夹的距离和高度，注意重心应处于铁架底盘中部，防止站立不稳。 （4）用铁夹夹持仪器时，应以仪器不能转动为宜，不能过紧过松，过紧易夹破，过松易脱落。 （5）加热后的铁圈不能撞击或坠落在地，避免断裂

续表 1-6

仪器	规格	用途	注意事项
滴管　玻璃棒	滴管（或吸管）由玻璃尖管和胶皮帽组成。 玻璃棒为玻璃质。有粗细、长短之分	（1）玻璃棒用于搅拌。 （2）滴管用于吸取少量液体	（1）滴管使用时，保持垂直，避免倾斜，尤忌倒立。 （2）滴管管尖不可接触其他物体，以免沾污。 （3）胶帽坏了要及时更换。 （4）防止掉地上摔坏
滴瓶	玻璃质地，有无色、棕色之分。一般以容积表示规格	盛放少量液体试剂，便于取用。棕色瓶盛放见光易分解或稳定性不太好的试剂	（1）胶头滴管为专用，不得混用、弄脏，以免沾污试剂。 （2）滴管不能吸得太满，也不得倒置，以防试剂腐蚀乳胶头。 （3）浓酸或其他对乳胶头有腐蚀作用的试剂不得长期存放在滴瓶内，如浓盐酸、溴液等。 （4）其他使用注意事项同滴管
广口瓶　细口瓶 试剂瓶	玻璃质或塑料质，有磨口和不磨口，无色和棕色，广口和细口之分。通常以容积表示规格	（1）细口瓶用于盛放溶液或液态试剂。 （2）广口瓶用于放置固体药品，也可用作集气瓶（但要用毛玻璃片盖住瓶口）。 （3）棕色试剂瓶盛放见光易分解或稳定性不太好的试剂	（1）不能用于加热，防止破裂。做气体燃烧实验时应在瓶底放薄层水或沙子。 （2）磨口瓶与瓶塞均系配套，不得弄乱，防止沾污试剂。 （3）磨口瓶洗净后保存时应在磨口处垫上纸片，以防打不开。 （4）碱性物质不能放置磨口瓶，防止碱性物质将瓶塞与瓶口粘住。盛碱性物质要用橡胶塞的玻璃或塑料瓶。 （5）取用试剂时，瓶盖应倒立在桌上，不能弄脏瓶塞。 （6）不能作反应容器
干燥器	玻璃质，分无色和棕色、普通和真空干燥器。分上、下层。下层放干燥剂，规格以外径表示	内放干燥剂，防止吸湿，保持样品或产物的干燥。在定量分析中将灼烧过的坩埚放在其中冷却	（1）磨口部分涂适量凡士林。 （2）不可放入红热物体，灼热的物品应稍冷后才能放入干燥器。放入热物体后，要开盖数次，以放走热空气。 （3）放入底部的干燥剂不要放得太满，应及时更换干燥剂。 （4）开启干燥器盖子时应用力向水平方向平移，防止盖子滑动打碎。 （5）真空干燥器接真空系统抽去空气，干燥效果更好

续表 1-6

仪 器	规 格	用 途	注 意 事 项
水浴锅	铜或铝制，有大小之分	用于水浴加热，也可用于控温实验	（1）加热时，注意锅内水不可烧干。 （2）选择好圈环，使加热器皿没入锅中 2/3。 （3）用完后将水倒掉，擦干，以防腐蚀
容量瓶	玻璃质，分无色和棕色。以容积表示规格	量入容器，用于配制一定体积、准确浓度的溶液。 见光分解或不太稳定的试剂可用棕色容量瓶盛装	（1）不能烘烤、加热，不能量取热的液体，不能代替试剂瓶存储溶液，避免影响容量瓶容积的精确度。 （2）不能在其中溶解固体，溶质要先在烧杯内全部溶解后再移入容量瓶。定容时溶液温度应与室温一致。 （3）磨口瓶塞是配套的，不能互换。漏水的不能用。 （4）不能用毛刷洗刷，自然晾干，不可在烘箱中烘干。不用时应立即洗净，并在塞子上垫上纸片后予以存放。 （5）读数时，视线与液面弯月面最低点相切
吸量管 移液管	以容积表示	量出容器，用于准确移取一定体积的液体	（1）不能加热，不能移取热的液体。 （2）不能放在烘箱中烘干，更不能用火加热烤干。 （3）使用时应注意下端尖嘴部位不受磕碰。 （4）管壁无“吹”字样，使用时末端的溶液不可吹出。 （5）用毕立即洗净，置于吸管架（板）上，以免沾污

续表 1-6

仪器	规格	用途	注意事项
酸式滴定管 碱式滴定管	玻璃质，规格以容积表示。分酸式和碱式、无色和棕色。酸式下端以玻璃旋塞控制流出液速度，碱式下端连接一里面装有玻璃球的乳胶管来控制流液量	量出容器，用于准确测量滴定时溶液的流出体积，或用以较精确移取一定体积的溶液	（1）不能加热或量取热的液体，不能长期存放碱液。 （2）使用前应排除其尖端气泡，并检漏。 （3）碱性滴定管盛碱性溶液或还原性溶液；酸式滴定管盛放酸性溶液或氧化性溶液。酸、碱式不能互换使用，因为酸液腐蚀橡皮，碱液腐蚀玻璃。酸式滴定管的活塞不能互换使用。 （4）不能用毛刷洗涤内管壁。 （5）读数时，视线与液面水平，无色或浅色溶液按弯月面最低点，深色溶液按弯月面两侧最高点
50×30 30×60 称量瓶	玻璃质，分扁形和高形，以外径×高表示	（1）扁形用于测定水分，烘干基准物。 （2）高形用于准确称取一定量的固体样品、基准物	（1）不能用火直接加热。 （2）盖与瓶配套，不能互换。 （3）测量时不能直接用手拿放。 （4）不用时洗净，在磨口处垫上纸条后保存
50 比色管	有具塞和无塞之分，以最大容积表示	用于目视比色	（1）不能用试管刷洗，以免划伤内壁。脏的比色管可用铬酸洗液浸泡。 （2）比色时比色管应放在特制的、下面垫有白瓷板或镜子的架子上

1.2.2 实验室用水及制备

化学反应多数在水介质中进行，为了避免因水污染而造成的实验结果异常，化学实验室通常需对实验用水进行处理。在化学实验室中，纯水是最常用的纯净溶剂和洗涤剂，根据实验任务和要求的不同，对水的纯度也有不同的要求。我国已颁布了实验室用水的国家标准（GB/T 6682—2008），规定了实验室用水的技术指标、制备方法及检验方法。

1.2.2.1 实验室用水级别

实验室用水的级别及重要指标见表 1-7。

表 1-7 实验室用水的级别及重要指标

指 标 名 称	一级水	二级水	三级水
外观	无色透明液体		
pH 值范围（25 ℃）	—	—	5.0～7.5
电导率（25 ℃）/$mS \cdot m^{-1}$ （≤）	0.01	0.10	0.50
吸光度（254 nm，1 cm 光程） （≤）	0.001	0.01	—
可氧化物质含量（以 O 计）/$mg \cdot L^{-1}$ （≤）	—	0.08	0.40
蒸发残渣（105 ℃ ±2 ℃）/$mg \cdot L^{-1}$ （≤）	—	1.0	2.0
可溶性硅（以 SiO_2 计）/$mg \cdot L^{-1}$ （≤）	0.01	0.02	—

（1）由于在一级水、二级水的纯度下，难以测定其真实 pH 值，因此对一级水、二级水的 pH 值范围不作规定。

（2）由于在一级水的纯度下，难以测定其可氧化物质和蒸发残渣，因此对其限量不作规定。可用其他条件和制备方法保证一级水的质量。

国家标准（GB/T 6682—2008）只规定了一般技术指标，在实际工作中，有些实验对水还有特殊的要求，可根据需要检验有关项目，如氧、铁、氨含量等。

1.2.2.2 实验室用水的制备

实验室常用的蒸馏水、去离子水和电导水，它们在 298 K 时的电导率分别为 1 $mS \cdot m^{-1}$、0.1 $mS \cdot m^{-1}$、0.1 $mS \cdot m^{-1}$，与三级水的指标相近。实验室用水的制备方法分为如下几种。

（1）蒸馏水：将自来水或无污染较纯净的天然水在蒸馏装置中加热汽化，再将蒸汽冷却，即得到蒸馏水。这种方法能除去水中的非挥发性杂质和微生物等，比较纯净，但不能完全除去水中溶解的气体杂质，如 CO_2。此外，一般蒸馏装置所用材料是不锈钢、纯铝或玻璃，所以可能会带入金属离子。

（2）去离子水：指将自来水或无污染较纯净的天然水依次通过阳离子树脂交换柱、阴离子树脂交换柱和阴、阳离子树脂混合交换柱后所得的水。离子树脂交换柱除去离子的效果好，因此称为去离子水。这种方法获得的水纯度比蒸馏水高，但不能除去非离子型杂质，常含有微量的有机物和微生物，是现在实验室的常用水。

（3）电导水：在第一套蒸馏器（最好是石英制的，其次是硬质玻璃制的）中装入蒸馏水，加入少量高锰酸钾固体，经蒸馏除去水中的有机物，得重蒸馏水。再将重蒸馏水注入第二套蒸馏器中（最好也是石英制的），加入少许硫酸钡和硫酸氢钾固体，进行蒸馏。

弃去馏头、馏后各10 mL，收取中间馏分。电导水应收集保存在带有碱石灰吸收管的硬质玻璃瓶内，时间不能太长，一般在两周以内。

（4）电渗透水：让自来水或无污染较纯净的天然水通过由阴、阳离子交换膜组成的电渗透器，在外电场作用下，水中的离子有选择性地透过阴、阳离子交换膜，从而除去水中的杂质离子。该法也不能除去非离子性杂质。

（5）三级水：是最普遍使用的纯水，适用于一般化学分析实验。采用蒸馏或离子交换来制备。

（6）二级水：将三级水蒸馏、反渗透或去离子后再次蒸馏后制得，可能含有微量的无机杂质、有机杂质或胶态杂质。适用于无机痕量分析等实验，如原子吸收光谱实验用水。

（7）一级水：将二级水经蒸馏、离子交换混合床及0.2 μm微孔滤膜过滤后制得，或用石英蒸馏装置进一步加工制备。一级水基本上不含有溶解或胶态离子杂质及有机物。适用于有严格要求的分析实验，包括对颗粒有要求的实验，如高效液相色谱用水。

事实上，绝对纯的水是不存在的。水的价格也随水质的提高成倍地增长。不应盲目地追求水的纯度。蒸馏法制备水所用设备成本低、操作简单，但能耗高、产率低，且只能除掉水中非挥发性杂质。离子交换法所得水为去离子水，去离子效果好，但不能除掉水中非离子型杂质，且常含有微量的有机物。电渗析法是在直流电场作用下，利用阴、阳离子交换膜对原水中存在的阴、阳离子选择性渗透的性质而除去离子型杂质，与离子交换法相似，电渗析法也不能除去非离子型杂质，只是电渗析器的使用周期比离子交换柱长，再生处理比离子交换柱简单。在实验工作中要依据需要选择用水。

1.2.2.3 实验室用水的检验方法

纯水水质一般以其电导率（或电阻率）为主要质量标准，电导率越低或电阻率越高，则水的纯度越高。也常进行pH值、重金属离子、Cl^-、SO_4^{2-}等的检验。此外，根据实际工作需要及生物化学、医药化学等方面的特殊要求，有时要进行一些特殊项目的检验。

测量电导率时应选用适合于测定高纯水的电导率仪，其最小量程为0.02 $\mu S \cdot cm^{-1}$。测量一、二级水时，电导率常数为0.01～0.1，进行在线测量；测量三级水时，电导率常数为0.1～1，用烧杯接取400 mL水样，立即进行测定。

1.2.2.4 实验室用水的保存

各级用水均使用密闭的、专用聚乙烯容器。三级水也可使用密闭的、专用玻璃容器。新容器在使用前需用20%盐酸溶液浸泡2～3 d，再用待测水反复冲洗，并注满待测水浸泡6 h以上。

各级用水在储存期间，其沾污的主要来源是容器可溶成分的溶解、空气中的二氧化碳和其他杂质。因此，一级水不可储存，使用前制备。二级水、三级水可适量制备，分别储存在预先经同级水清洗过的相应容器中。

实验室使用的蒸馏水，为保持纯净，蒸馏水瓶要随时加塞，专用虹吸管内外应保持干净。蒸馏水附近不要放浓HCl等易挥发的试剂，以防污染。通常用洗瓶取蒸馏水。用洗瓶取水时，不要取出其塞子和玻璃管，也不要把蒸馏水瓶上的虹吸管插入洗瓶内。

通常，普通蒸馏水保存在玻璃容器中，去离子水保存在乙烯塑料容器内，用于痕量分析的高纯水，如二次亚沸石英蒸馏水，则需要保存在石英或聚乙烯塑料容器中。

1.2.3　玻璃器皿的洗涤与干燥

化学实验常用仪器中，大部分为玻璃制品和一些瓷质类器皿。玻璃仪器种类很多，按用途大体可分为容器类、量器类和其他器皿类。容器类包括试剂瓶、烧杯、烧瓶等。根据它们能否受热，又可区分为可加热的和不宜加热的器皿。量器类有量筒、移液管、滴定管、容量瓶等。量器类一律不能受热。其他器皿包括具有特殊用途的玻璃器皿，如冷凝管、分液漏斗、干燥器、分馏柱、砂芯漏斗等。瓷质类器皿包括蒸发皿、布氏漏斗、瓷坩埚、瓷研钵等。

1.2.3.1　玻璃器皿的洗涤

化学实验中使用的各种玻璃器皿和瓷质类器皿常沾附有化学药品，既有可溶性物质，也有灰尘和其他不溶性物质以及油污等有机物。为了使实验得到正确的结果，应根据仪器上污物的性质，采用适当的方法，将器皿洗涤干净。

A　一般污物的洗涤方法

a　用水刷洗

用毛刷就水刷洗器皿（从外到里），可洗去可溶性物质、部分不溶性物质和尘土等，但不能除去油污等有机物。

对试管、烧杯、量筒等普通玻璃仪器，可先在容器内注入 1/3 左右的自来水，选用大小合适的（毛）刷子就水刷洗。

使用毛刷洗涤试管、烧杯或其他薄壁玻璃容器时，毛刷顶端必须有竖毛，没有竖毛的不能用。洗试管时，将刷子顶端毛顺着伸入试管，用一手捏住试管，另一手捏住毛刷，把蘸去污粉的毛刷来回刷或在管内壁旋转刷，注意不要用力过猛，以免铁丝刺穿试管底部。洗时应一支一支地洗，不要同时抓住几支试管一起洗。

b　用去污粉、肥皂粉或合成洗涤剂刷洗

用蘸有肥皂粉或洗涤剂的毛刷刷洗，再用自来水冲洗干净，可除去油污等有机物质。倘若仍洗不净，则可用热的碱液洗。

用上述方法不能洗涤的器皿或不便于用毛刷刷洗的仪器，如容量瓶、移液管等，若内壁粘有油污等物质，则可视其油污的程度，选择洗涤剂进行清洗，即先把肥皂粉或洗涤剂配成溶液，倒少量洗涤液于容器内振荡几分钟或浸泡一段时间后，再用自来水冲洗干净。

c　超声波清洗

将放有洗涤剂或水的器皿放入超声仪中，接通电源，利用声波的振动和能量进行清洗，清洗过的器皿再用自来水和去离子水冲洗干净。

B　特殊污物的洗涤方法

a　用铬酸洗液洗

铬酸洗液由浓 H_2SO_4 和 $K_2Cr_2O_7$ 配制而成，有很强的氧化性、酸性和腐蚀性，对有机物和油污的去污能力特别强。洗涤时往仪器内加入少量洗液，使仪器倾斜并慢慢转动，让仪器内壁全部被洗液湿润，转几圈后，把洗液倒回原瓶内。用洗液把仪器浸泡一段时间，或用热的洗液洗涤，效果更好。洗液的吸水性很强，应随时把装洗液的瓶子盖严，以防吸水，降低去污能力。当洗液用到出现绿色时（$K_2Cr_2O_7$ 还原成 Cr^{3+}）就失去了去污能力，不能继续使用。

使用洗液时必须注意下列几点：

（1）尽量把待洗容器内的积水去掉，再注入洗液，以免让水把洗液冲稀；

（2）使用后的洗液应倒回原来瓶内，可以反复使用至失效为止；

（3）决不允许将毛刷放入洗液中刷洗；

（4）洗液具有很强的腐蚀性，会灼伤皮肤和损坏衣物，使用时要特别小心，尤其不要溅到眼睛内，使用时最好戴橡胶手套和防护眼镜。若不慎把洗液洒在皮肤、衣物或实验桌上，应立即用水冲洗；

（5）Cr(Ⅵ)有毒，残液排放下水道，污染环境，造成公害，要尽量避免。若使用时，清洗器壁时的第一二遍残液回收处理，不要直接排放下水道。

b 用特殊试剂洗

对于某些用通常的方法不能洗涤除去的污物，则可通过化学反应将黏附在器壁上的物质转化为水溶性物质。例如：铁盐引起的黄色污物可加入稀盐酸或稀硝酸浸泡片刻可除去；接触、盛放高锰酸钾后的容器可用草酸溶液清洗（沾在手上的高锰酸钾也可同样清洗）；沾有碘时，可用碘化钾溶液浸泡片刻，或加入稀的氢氧化钠溶液温热之，或用硫代硫酸钠溶液也可除去；银镜反应后黏附的银或有铜附着时，可加入稀硝酸，必要时可稍微加热，以促进溶解。

常用的洗涤液及使用方法见表1-8。

表1-8 常用的洗涤液及使用方法

洗涤液名称	配制方法	使用方法
铬酸洗液	20 g研细的$K_2Cr_2O_7$溶于40 mL水中，缓慢加入360 mL浓硫酸	用于洗涤较精密的仪器，可除去器壁残留油污，用后倒回原瓶，可重复使用，直到红棕色溶液变为绿色即失效。洗涤废液经处理解毒后方可排放
工业盐酸	浓盐酸或按盐酸与水1∶1（体积比）混合	用于洗去碱性物质及大多数无机物残渣
碱性$KMnO_4$洗液	4 g $KMnO_4$溶于水，加入10 g NaOH，用水稀释至1000 mL	清洗油污或其他有机物质，洗后容器沾污处有褐色MnO_2，再用草酸洗液或硫酸亚铁、亚硫酸钠等还原剂除去
碘-碘化钾溶液	1 g I_2和2 g KI溶于水，用水稀释至100 mL	洗涤用过的硝酸银溶液的黑褐色污物，也可用于擦洗沾过硝酸银的白瓷水槽
有机溶剂		如汽油、二甲苯、乙醚、丙酮、二氯乙烷等有机溶剂，可洗去油污或可溶于该溶剂的有机物，使用时要注意其毒性和可燃性。用乙醇配制的指示剂溶液的干渣可用盐酸-乙醇（体积比1∶2）洗液洗涤
氢氧化钠-乙醇溶液	120 g NaOH溶于150 mL水，用95%乙醇稀释至1 L	用于洗涤油污及某些有机物
盐酸-乙醇溶液	盐酸与乙醇按1∶2（体积比）混合	主要用于被染色的洗手池、比色皿和吸量管等的洗涤

用以上各种方法洗涤后的仪器，经自来水冲洗后，往往还残留有 Ca^{2+}、Mg^{2+}、Cl^- 等离子，如果实验中不允许有这些杂质存在，则应该用蒸馏水或去离子水把它们洗去，一般以冲洗 3 次为宜。每次水用量不必太多，采用“少量多次”的洗涤方法效果更佳，既洗得干净又不致浪费。

已洗净的仪器，可以被水润湿，将水倒出后并把仪器倒置，可观察到仪器透明，器壁不挂水珠，否则仪器尚未洗净。

已经洗净的仪器不能用手指、布或纸擦拭内壁，以免重新沾污容器。

1.2.3.2　玻璃器皿的干燥

实验时所用的仪器，除必须洗净外，有时还要求干燥。干燥的方法有以下几种。

（1）倒置晾干：将洗净的器皿倒置在干净的器皿架上或仪器柜内自然晾干。

倒放可避免灰尘落入，但必须注意放稳仪器。这种方法干燥的仪器主要有容量仪器、受热容易爆裂的仪器，以及不需要所沾水分完全去除或干燥程度要求不高又不急等用的仪器。

（2）热（或冷）风吹干：器皿如急需干燥，则可用吹风机或气流烘干机吹干，气流烘干器如图 1-1 所示。使用时，一般先用热风吹玻璃仪器的内壁，干燥后，吹冷风使仪器冷却。对一些不能受热的容量器皿，可用冷吹风干燥。

如果吹风前用乙醇、乙醚、丙酮等易挥发的水溶性有机溶剂润洗一下，使器壁上的水与有机溶剂混溶，然后将其倾出再吹风，则干得更快。

（3）加热烘干：洗净的器皿可放在电热恒温干燥箱或红外干燥箱内加热烘干。这种方法适用于量比较多的玻璃仪器同时干燥。

电热恒温干燥箱如图 1-2 所示，烘干温度一般控制在 105 ~ 110 ℃，一般烘 1 h 左右，就可达到干燥目的。器皿放进电热恒温干燥箱前应尽量把水倒净，然后小心放入，应注意器口朝下倒置，不稳的仪器应平放，木塞和橡胶塞不能与仪器一起干燥，并在烘箱下层放一个搪瓷盘，以承接从仪器上滴下的水珠。等温度降到 50 ℃以下时，才可取出仪器。烘干后取出热的器皿时，应注意戴上布手套，以防烫伤。

红外干燥箱如图 1-3 所示，采用红外线灯泡为热源进行干燥，红外线灯泡辐射高度可通过箱顶的 2 只蝶形螺母调节，当加热物件在红外线焦点时受热量为最大。

图 1-1　气流烘干器

图 1-2　电热恒温干燥箱

图 1-3　红外干燥箱

（4）烤干：利用明火加热使水分迅速蒸发而使玻璃仪器干燥的方法。

能加热的器皿如烧杯、蒸发皿等则可放在石棉网上用小火烤干。试管也可直接用小火加热烘干。加热前，要把器皿外壁的水擦干，加热时，试管口要略向下倾斜。

应当注意的是一般带刻度的计量器皿，如移液管、容量瓶、滴定管等不能用加热方法干燥，以免热胀冷缩影响器皿的精准度。可加一些易挥发的有机溶剂（最常用的是酒精或酒精与丙酮按体积比1∶1的混合物）到洗净的仪器中，倾斜并转动仪器，使器壁上的水与这些有机溶剂互相溶解混合，然后倾出它们（回收），少量残留在仪器中的混合物很快就挥发而干燥。

磨口或带活塞的玻璃仪器洗净存放时，应该在磨口或活塞处垫上小纸条，以防粘上不易打开。

【C】任务实施

（1）对照清单认领、清点仪器。

（2）分类洗涤各种仪器。

（3）用烤干法干燥一只大试管，一只大烧杯。

【D】任务评价

根据洗净标准，判断仪器是否清洗干净。

【E】思政故事

玻璃大王——曹德旺

他内心笃定，专心经营玻璃。他先后荣获安永企业家奖、全球玻璃行业最高奖——凤凰奖、2019年全国脱贫攻坚奖获奖先进个人（奉献奖）、第十二届“中华慈善奖”（捐赠个人）、改革开放40年百名杰出民营企业家等荣誉，荣登2023年胡润百富榜第253位。他就是中国玻璃大王——曹德旺。

曹德旺于1946年出生在上海。儿时的曹德旺生活极为贫苦，常常吃了上顿没下顿，9岁才走进学堂的曹德旺仅仅念了没两年书就被迫辍学，跟着父亲开始做生意。在这个过程中，曹德旺当过水果小贩、种过地、卖过各种各样的东西，也正是这段经历为曹德旺积累了丰富的商人经验，为以后的成功奠定基础。

1976年，曹德旺在父亲的坚持下，成为了福清市高山镇异形玻璃厂的一名采购员，一干就是七年。在这七年里，曹德旺发现这个工厂管理方式与运作模式相当落后，工作效率极低，原本许多能顺利“吃下”的大单子也被低效的产出给搅黄，由此年年亏损，久而久之工厂的亏损也愈发严重起来，但他仍认为这是一个能赚钱的企业。于是，他承包下这家玻璃厂。接手后，曹德旺大刀阔斧地进行改革，推行现代化管理，凭借自己多年积攒的经验和人脉，很快扭亏为盈，将玻璃工厂带到了正轨上。

1986年，一次偶然的机会，曹德旺发现了做汽车玻璃利润非常丰厚，成本仅几百元的汽车玻璃，居然可以卖出6000元的价格，利润丰厚。他考察几个汽修厂后发现，当时中国汽车玻璃市场被日本和欧美的企业垄断，在这个高利润产品市场中，却没有一个有影响的中国品牌。曹德旺认为，中国人应该有一块自己品牌的玻璃产品，其他人不做，他来做。

为了突破国外公司的技术壁垒，曹德旺花费大价钱从芬兰引进了最先进的生产设备，在全国各地搜罗技术人才攻关，经历了无数次失败考验，终于研制出汽车专用玻璃，成本不到200元，售价2000元，这个售价利润虽然很高，但还是比市场上的日本货便宜了很多。刚投产，产品便已供不应求。仅4个月，赚到人生第一桶金70万元，第二年更是达到500万元，以至于有人认为当时曹德旺不是在做玻璃而是在印钞票。

1987年，曹德旺联合11个股东成立了福耀玻璃集团。1993年，福耀玻璃登录A股资本市场，成为中国第一家引入独立董事的公司。

曹德旺的果敢和对福耀事业的忠诚也赢得了国际同行的尊敬。曹德旺掌控的福耀，坚持每年投入巨额研发费用，坚持技术自主创新，赢得了全球八大汽车厂商的尊敬，也赢得了市场。

（资料来源：搜狐网. 从“慈善家”到“嗜血资本家”，曹德旺这次真的错了吗?）

【技能目标】 掌握化学实验事故处理方法和常见仪器的洗涤与干燥。

【方法特点】 讲授与自学相结合。

【思政案例】 实验室安全，防大于治。

警钟长鸣！回顾近年国内外高校实验室安全典型事故

实验室作为科学研究的前沿阵地和实验教学的重要场所，同时肩负着学术研究领域创新发展的重要使命。随着教学和科研实验活动越来越多，高校实验室安全事故时有发生，这不仅严重威胁师生的生命财产安全，而且扰乱了学校正常的教学科研秩序，影响了社会的和谐稳定。以案为鉴，希望高校与科研院所要加强实验室安全管理，也希望广大师生与科研人员能从下列高校实验室安全典型案例中汲取教训，增强安全意识，减少实验室安全事故的发生。

（1）2021年7月13日，南方某大学一化学实验室在实验过程中发生火情，现场一名博士后实验人员头发着火，送医后诊断为轻微烧伤。

（2）2021年10月24日，江苏某大学一实验室发生爆燃，引发火情，造成2死9伤。

（3）2022年4月20日，湖南某大学材料科学与工程学院的实验室发生爆燃事故。造成一名博士生身体大面积烧伤。

（4）2023年8月5日，陕西西安一高校化学实验室突发火灾，起火物质为卫生纸及棉签等。

（5）2023年11月30日，河北某大学校区药学院天然药化实验室起火。疑似有人正在做实验时起火。

这样的安全事故还有很多，时刻提醒我们要注意实验室安全。在高校实验室事故中，爆炸与火灾占68%。要避免此类事故的发生，应从以下方面做好防范：思想上必须重视。爆炸的毁坏力极大，危害十分严重，瞬间便会殃及人身安全，因此必须在思想上给予足够的重视。

（1）充分认识危险化学品使用可能造成的危害；实验时做好充足的人身防护，操作规范掌握到位；实验室需要准备好必要的应急预案。

（2）警惕以下易燃易爆品：爆炸性药品，液氮，易燃易爆气体，金属钾、钠、白磷，以及一些本身容易爆炸的化合物。

以下危险动作不能做：（1）搬运钢瓶时气体钢瓶在地上滚动，撞击钢瓶表头、随意调换表头，使气体钢瓶减压阀失灵等；（2）在使用和制备易燃易爆气体时，不在通风橱内进行，或在其附近点火；(3) 氧气钢瓶和氢气钢瓶放在一起；(4) 配制溶液时，将水往浓硫酸里倒，或者配制浓的氢氧化钠时未等冷却就将瓶塞塞住摇动；(5) 随便混合化学药品。

还应注意以下几点：(1) 进实验室，务必穿好白大褂，让衣服完全覆盖自己的皮肤，以防护有毒物质；(2) 实验室里别吃喝东西；(3) 对高温高压心怀敬畏，心里时刻提醒自己，这是危险的；(4) 搭土装备的时候要带上科学知识的脑子。

没有100%的安全，只有100%的安全防范。危险的发生，往往就在一念之间，注意化学实验室安全。

(资料来源：微信公众平台. 昆山应急管理. 事故时有发生！如何抓高校实验室安全？国务院安委办这样强调！)

讨论：

(1) 如何正确佩戴个人防护装备以保护自己免受化学试剂的伤害？

(2) 在实验室中处理危险化学试剂时，学生应该采取哪些安全措施？

(3) 学生在意外事件发生时应该采取哪些行动，以确保自己和他人的安全？

项目2　无机与分析化学实验的基本操作

【项目目标】培养学生掌握化学实验的基本技能。

【项目描述】项目分为两个子任务，一个是溶液的标准配制，另一个是滴定标准操作，两个任务相辅相成，是培养实验动手能力的重要实践课程。

任务2.1　溶液的标准配制

【A】任务提出

溶液的配制是实验室工作中的基本步骤之一，它允许实验人员精确控制试剂和条件，以确保实验结果的准确性、可重复性和可比较性。这对于科学研究、质量控制、医学诊断、药物研发以及各种实验室应用都至关重要。

（1）预习思考题：

1）配制有明显热效应的溶液时，应注意哪些问题；

2）用容量瓶配制标准溶液时，是否可用托盘天平称取基准试剂。

（2）实验目的：

1）了解配制不同准确度溶液的方法；

2）学习分析天平、容量瓶、移液管等仪器的使用。

【B】知识准备

2.1.1　试剂的取用及存放

化学试剂是用以研究其他物质的组成、性状及其质量优劣的纯度较高的化学物质。它是分析工作中必不可少的因素，充分了解化学试剂的类别、性质、用途与安全使用的知识，将有助于实验者提高分析检测工作的质量。化学试剂的纯度级别及其类别和性质，一般在标签的左上方用符号注明，规格则在标签的右边注明，并且用不同颜色的标签加以区别。

2.1.1.1　化学试剂的规格

化学试剂按其纯度和所含杂质的含量不同，一般划分为4个等级，其规格及适用范围见表2-1。

表2-1　化学试剂规格和适用范围

等级	名　　称	符号	标签颜色	纯度	适　用　范　围
一级	优级纯或保证试剂	G. R.	绿色	99.8%	纯度很高，用于精密分析和科学研究工作
二级	分析纯或分析试剂	A. R.	红色	99.7%	纯度仅次于一级品，用于重要分析及一般研究工作

续表 2-1

等级	名　　称	符号	标签颜色	纯度	适　用　范　围
三级	化学纯	C. R.	蓝色	≥99.5%	纯度较二级品差，用于工矿、学校一般分析工作和化学制备实验
四级	实验试剂	L. R.	黄色		纯度较低，用作实验辅助试剂

除上述一般试剂之外，还有适合某一方面需要的特殊规格的试剂，如基准试剂、光谱纯试剂、高纯试剂等。基准试剂（符号 P. T.）的纯度相当于或高于一级试剂，常用作定量分析中标定标准溶液的基准物，也可直接用于配制标准溶液。光谱纯试剂（符号 S. P.）的杂质含量用光谱分析法已测不出或者杂质含量低于某一限度，这种试剂主要用作光谱分析中的标准物质，属于专用试剂。高纯试剂（符号 E. P.）纯度高于优级纯（≥99.99%），是为了专门的使用目的而用特殊方法生产的纯度最高的试剂，杂质含量要比优级试剂低 2 个、3 个、4 个或更多个数量级，特别适用于一些痕量分析，而通常的优级纯试剂达不到这种精密分析的要求。

分析测定中，选择试剂的纯度除了要与所用方法相当外，其他如实验用水、实验器皿等也要与之相适应，否则同样会影响到测定的准确性。如选用了优级纯试剂，则不能用普通蒸馏水或去离子水，而必须使用重蒸馏水，对所用器皿也要求较高的质地，使用过程中不应有物质溶解到溶液中，以免影响测定的准确度。

根据实验要求的不同，本着节约的原则来选用不同规格的化学试剂，不可盲目追求高纯度而造成浪费。当然也不能随意降低规格而影响测定结果的准确度。因此，在满足实验要求的前提下，为了降低试验成本，应尽量选用较低级别的试剂。

2.1.1.2　化学试剂的取用

取用试剂前，应看清标签；取用时，先打开瓶塞，将瓶塞倒放在实验台上：如果瓶塞顶部不是扁平的，可用食指和中指将瓶塞夹住（或放在清洁的表面皿上），绝不可将它横置桌上；不能用手接触化学试剂；用完试剂后，一定要把瓶塞盖严，但绝不许将瓶塞“张冠李戴”；最后把试剂瓶放回原处，以保持实验台整齐干净。

A　固体试剂的使用

固体试剂通常存放在易于取用的广口瓶中，用清洁、干燥的药匙取试剂，药匙的两端为大、小两个匙，分别用于取大量固体和取少量固体。取用固体的匙要专匙专用，并且干燥清洁。试剂取用后，应立即盖紧瓶塞。

a　称量固体试剂

一般取用一定质量的固体试剂时，根据要求的不同，在精度不同的天平上称量，固体试剂应放在称量纸上称量，具有腐蚀性或易潮解的固体试剂必须放在表面皿上或玻璃容器内称量。称量的数据及时写在记录本上，不得记在纸片或其他地方。称量完毕，关上天平。注意不要多取，多取的药品不能倒回原装瓶中，可放在指定的容器中以供它用。分析中样品的称量另叙。

b　试管中加固体试剂

往试管（特别是湿试管）中加入粉末状固体试剂时，可用药匙（图 2-1(a)）或将取出的药品放在对折的纸片上，伸进平放的试管中大约 2/3 处，然后直立试管，使药剂放下去（图 2-1(b)）。加入块状固体时（图 2-1(c)），应将试管倾斜，使其沿管壁慢慢滑下，不得垂直悬空投入，以免击破管底。若固体颗粒较大，则应先放在干燥洁净的研钵中研碎，研钵中的固体量不应超过研钵容量的 1/2。

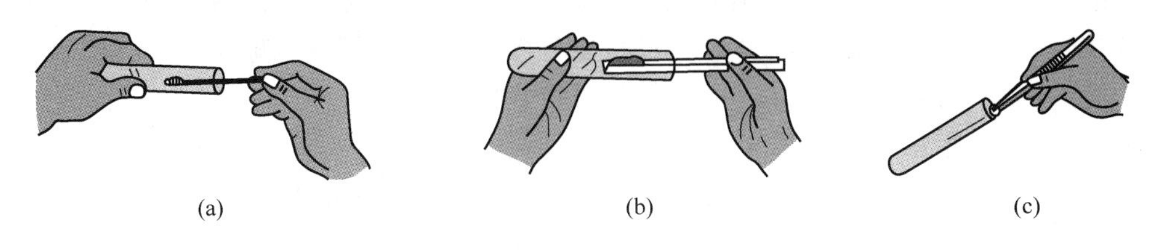

图 2-1　固体试剂的取用

B　液体试剂的取用

液体试剂通常盛放在细口试剂瓶或滴瓶中。见光易分解的试剂，如硝酸银等，应盛放在棕色瓶中。每个试剂瓶上都必须贴上标签，并标明试剂的名称、浓度等。

a　从试剂瓶取用液体试剂

从试剂瓶取用液体试剂时，取下瓶塞倒置在桌面上，用左手拿住容器（如试管、量筒等），用右手掌心对着标签处拿起试剂瓶，倒出所需量取的试剂，如图 2-2(a) 所示。倒完后，将试剂瓶往容器口上靠一下，再逐渐竖起瓶子，避免遗留在瓶口的液滴流到瓶的外壁。用完后，立即盖上瓶盖。若向烧杯中倒试液，则可使用玻璃棒引流，棒的下端斜靠在烧杯壁上，试剂瓶口靠在玻璃棒上慢慢倒出试液，使液体沿玻璃棒流入烧杯，如图 2-2(b) 所示。

b　从滴瓶中取用少量试剂

从滴瓶中取用少量试剂时，用无名指和中指夹住滴管的颈部，应提起滴管，使管口离开液面。用拇指和食指捏紧滴管上部的橡皮胶头，以赶出滴管中的空气，然后把滴管伸入试剂瓶中，放松大拇指和食指，吸入试剂。再提起滴管，垂直地放在试管口或烧杯的上方，将试剂逐滴滴入，滴加试剂时，滴管要垂直，以保证滴加体积的准确，如图 2-3 所示。滴完后立即将滴管插回原滴瓶（勿插错）。绝对禁止将滴管伸进试管中或与器壁接触，更不允许用自己的滴管插到滴瓶中取液，以免污染试剂。

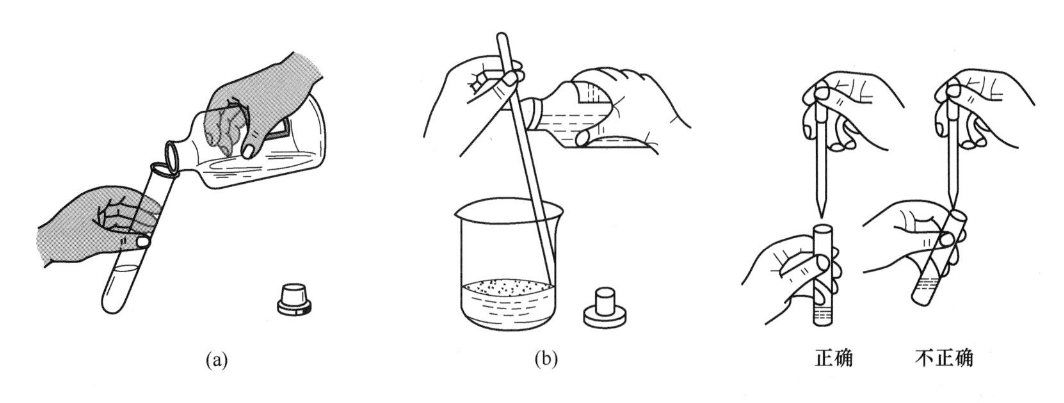

图 2-2　往试管（a）和烧杯（b）中倒液体试剂的操作

图 2-3　用滴管将试剂加入试管中

不要横置或向上斜放滴管，尤忌倒立滴管，防止试剂流入橡胶头内而将试剂弄脏。放回滴管时，管内试剂要排空，不要残留试剂在滴管中。滴瓶上的滴管只能专用，不能和其他滴瓶上的滴管混淆。

在试管里进行某些不需要准确体积的实验时，可以估算取用量。一般滴管的一滴液体约为0.05 mL，即20滴大约1 mL。在进行定性实验时，可据此粗略估计液体药品的量。常用的规格从10 mL到1000 mL，最小分度值相差很大。

c　从量筒（杯）中取用试剂

量筒和量杯是量度液体体积的量器，如图2-4所示。用于量取精度要求不高的溶液或水。根据需要选用合适量度的量筒。一般选择能一次量取的最小规格的量筒（杯），若选择的量筒（杯）容积太大，或选择的量筒（杯）容积太小造成分次量取，都会造成较大的测量误差。一般来说，量筒比量杯精确度高一些。

从量筒（杯）中取用试剂时，应左手持量筒（杯），并用大拇指按在指示所需体积的刻度处，保持量筒（杯）竖直；右手握住试剂瓶子，标签对着手心，瓶口紧靠量筒口边缘，逐渐倾斜瓶子，慢慢注入液体至所指刻度，见图2-4(a)。溶液倒入量筒（杯）后，停留15 s待液面平静，读取刻度时，视线应与液体凹面的最低处保持水平，见图2-4(b)。取出所需的量后，应将试剂瓶口往容器壁上靠一下，再慢慢将试剂瓶竖直，把瓶口剩余的那滴试剂“碰”到容器内，以免液滴沿瓶子外壁流下。

将量筒（杯）内的液体倒入溶液，倒完后需多停留一会，不得立刻移走量筒（杯），以使量筒（杯）内液体全部倒出，但不需用蒸馏水冲洗量筒（杯），再将洗涤液一起倒入容器。量筒不能用于配制溶液或进行化学反应。不能加热，也不能盛装热溶液，以免炸裂。

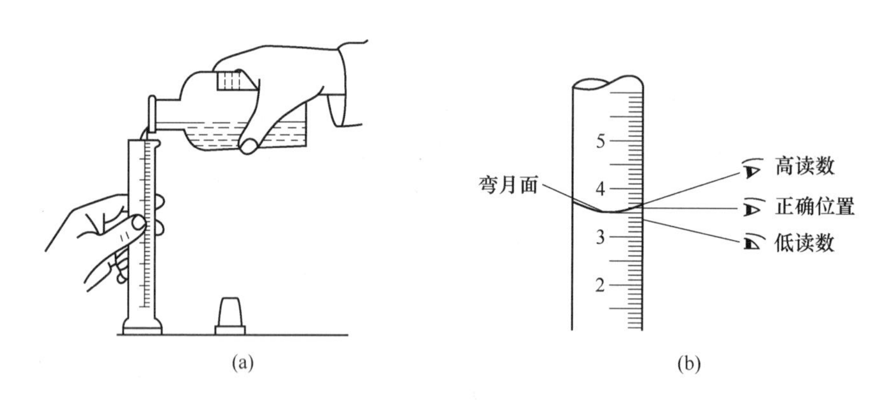

图2-4　量筒取液的方法和正确的读数方法

2.1.1.3　化学试剂的保管

试剂的保管在实验室中是一项很重要的工作。保管不当，会失效变质，影响实验效果，而且造成浪费，有时甚至还会引起事故。一般的化学试剂应保存在通风良好、干净并干燥的房间里，以防止水分、灰尘和其他物质的沾污。同时应根据试剂的性质不同而采用不同的保管方法。

A　一般化学试剂的存放

试剂一般用玻璃瓶保存，但遇到腐蚀玻璃的试剂如氢氟酸、含氟盐、氢氧化钠等就不能用玻璃瓶存放，需要用塑料瓶存放。一般性固体试剂存放在广口瓶中，一般性液体试剂存放在细口瓶中。

盛放碱性物质（如 NaOH、Na_2CO_3、Na_2S 等溶液）或水玻璃的试剂瓶必须用橡胶塞、软木塞。因为碱性物质或水玻璃均能与玻璃中的二氧化硅发生反应，导致瓶与塞的黏结。

见光易分解的试剂应存放在棕色试剂瓶中，如 $AgNO_3$、氯水、双氧水、溴水、高锰酸钾及不稳定有机物等，并放在阴暗处。其余一般存放在无色试剂瓶中。

滴瓶不能存放易于蒸发、挥发且对胶头有腐蚀作用的液体试剂。滴瓶一般不用作长期保存试剂。

易相互作用的试剂，如挥发性的酸和氨、氧化剂和还原剂应分开存放。

B　不稳定试剂的保存

（1）易挥发、低燃点的试剂要密封保存，放于阴凉、通风、远离火源处。

（2）易挥发或自身易分解的试剂要密封保存，放于阴凉通风处。如浓硝酸、浓盐酸、浓氨水、$AgNO_3$、液溴（水封）等。

（3）易与氧气作用的试剂，如亚硫酸盐、亚铁盐、碘化物、硫化物等应将其固体或晶体密封保存，其水溶液不宜长期存放。亚硫酸、氢硫酸溶液要密封存放；钾、钠、白磷要采用液封保存。

（4）会与二氧化碳反应的物质要密封保存。如碱类 NaOH、$Ca(OH)_2$ 等。

（5）会与水蒸气、水发生反应的物质要密封保存，并远离水源。如电石（CaC_2）、生石灰（CaO）、浓硫酸、无水硫酸铜（$CuSO_4$）、各种干燥剂（硅胶、碱石灰等）、K、Na、Mg、Na_2O_2 等。

（6）有些需要借助液体或固体物质保存，如钾、钠保存在煤油或液体石蜡中；白磷保存在水中；液溴要用水封；锂保存在石蜡中。

危险化学品的分类、性质与管理见表 2-2。

表 2-2　危险化学品的分类、性质与管理

类　别	举　　例	性　　质	注　意　事　项
爆炸品	雷酸银、氯酸钾、乙炔银、硝酸铵、苦味酸、三硝基甲苯、叠氮酸盐、重氮化合物	遇高热摩擦、撞击等，引起剧烈反应，放出大量气体和热量，产生猛烈爆炸	存放在阴凉、低处。轻拿轻放
易燃液体	丙酮、乙醚、甲醇、乙醇、苯等有机溶剂	常温常压下呈液体，沸点低、易挥发，遇火则燃烧，甚至引起爆炸	存放在阴凉处，远离热源。使用时注意通风，不得有明火
易燃固体	红磷、硫、萘、硝化纤维	沸点低，受热、摩擦、撞击或遇氧化剂，均可引起连续燃烧、爆炸	存放在阴凉处，远离热源。使用时注意通风，不得有明火
易燃气体	氢气、乙炔、甲烷等	因受热、撞击引起燃烧，与空气按一定比例混合则会引起爆炸	使用时注意通风。钢气瓶不得在实验室存放
遇水易燃品	钠、钾、电石、黄磷、锌粉	遇水剧烈反应，产生可燃气体并放出热量，此反应热会引起燃烧	保存于煤油中，切勿与水接触
自燃物品	白磷	在适当温度下被空气氧化放热，达到燃点而引起自燃	保存于水中

续表 2-2

类　别	举　　例	性　　质	注　意　事　项
氧化剂	硝酸钾、氯酸钾、过氧化氢、过氧化钠、高锰酸钾、高氯酸及其盐	具有强氧化性，遇酸、受热及与有机物、易燃品、还原剂等混合时因反应引起燃烧或爆炸	不得与易燃品、爆炸品、还原剂等一起存放
剧毒品	氰化钾、三氧化二砷（砒霜）、氯化汞、氯化钡、三氯甲烷	剧毒，少量侵入人体（误食或接触伤口）引起中毒甚至死亡	专人、专柜保管，现用现领。用后的剩余物，不论是固体还是液体都应交回保管人，并且应设有使用登记制度
腐蚀品	溴、氢氟酸、硫酸、冰醋酸、磷酸、氢氧化钠、氢氧化钾、氨水、过氧化氢、硫化钾、红矾钾、高锰酸钾	具有强腐蚀性，与其他物质如木材、铁等接触使其遭受腐蚀而引起破坏，与人体接触则引起化学烧伤	存放在阴凉处，远离热源。使用时注意通风，不得有明火

2.1.2　天平的使用

天平是化学实验室最常用的称量仪器，天平的种类很多，其中最常见的是电子天平。根据称量的精度要求不同，电子天平可分为最小分度值为 0.1 g、0.01 g、0.1 mg、0.01 mg 等不同规格的天平，其中最小分度值为 0.1 mg、0.01 mg，又称为分析天平。

2.1.2.1　电子天平

电子天平是一种现代化、高科技的先进称量仪器，基于电磁力平衡原理。它利用电子装置完成电磁力补偿的调节，使物体在重力场中实现力的平衡，或通过电磁力矩的调节，使物体在重力场中实现力矩的平衡。

电子天平最基本的功能：自动调零，自动校准，自动扣除空白和自动显示称量结果。

A　电子天平的使用方法

不同型号、规格的电子天平其使用方法大同小异，具体操作可以参照仪器的使用说明书。图 2-5 所示为 G&G JJ500 型电子天平和 OHAUS AR224CN 型分析天平。下面以 OHAUS AR224CN 型分析天平为例说明电子天平的使用方法。

a　水平调节

将天平置于稳定的工作台上，观察平衡水平泡是否位于水平仪中心位置，若有偏移，需调整水平调节螺丝，使天平水平。检查称量盘上是否有洒落的药品粉末，框罩内外是否清洁。若天平较脏，应先用毛刷清扫干净。

b　预热

轻按天平开关按钮（有些型号为【POWER】键、【ON】键），系统自动实现自检，当显示器显示“0.0000”后，自检完毕，通电预热 30 min 后方可称量。

c　校准

第一次使用天平前，需要对天平进行校准。连续使用的天平则需定期校准。校准的方法是：天平空载，按住“菜单”键（有些型号为【CAL】键）直到显示“CAL”后松开，所需的校准砝码值闪烁。放上校准砝码，天平自动进行校准。当“0.0000 g”闪烁时，移去砝码。天平再次出现“CAL done”时，校准结束。

d　称量

当天平回零，显示屏显示“0.0000 g”时，即可进行称量。将称量物放在秤盘中央，观察显示屏的数字，待稳定后即可读取称量结果。

若需要去皮称量，先将洁净的容器（称量纸或表面皿、小烧杯等）置于称量瓶的中央，关上侧门。当显示容器质量后，轻按天平【去皮】（有些型号为【TARE】、【O/T】键）去皮，天平自动校对零点，显示器显示“0.0000”。当采用固定质量称量法时，显示净重即为加上试样的质量；当采用减量称量法时，则显示负值。实际操作中，如果需要连续称量，则再按【去皮】键，使显示为零，重复操作即可。每一次称量先去皮，即可直接得到称量值，这样利用电子天平的去皮功能，可使称量变得更加快捷。

e　结束

称量结束，除去称量纸，关闭天平门，轻按天平开关键（有些型号为【POWER】键、【OFF】键）不放，直到显示屏出现“OFF”后松开，即可关机，切断电源，罩上天平罩，并在记录本上记录使用情况。

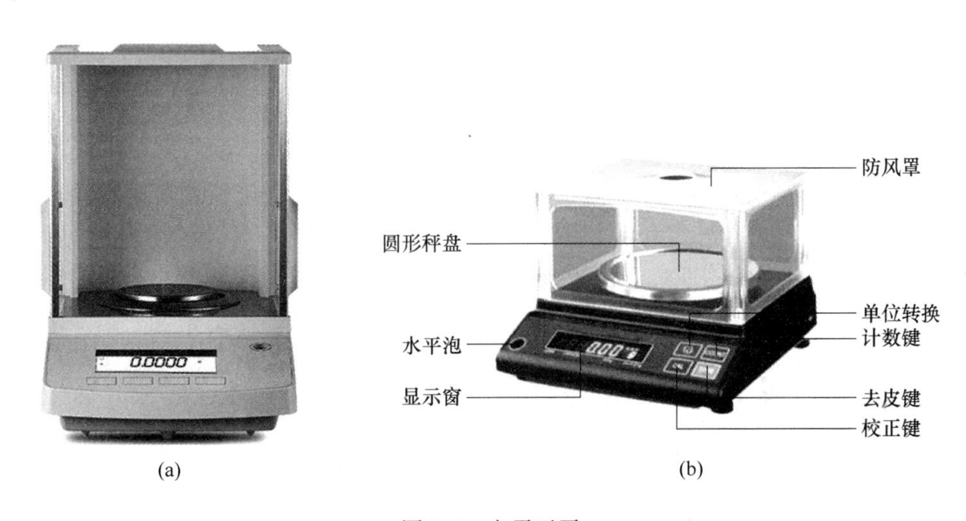

图 2-5　电子天平

（a）OHAUS AR224CN 型电子分析天平；（b）G&G JJ500 电子天平

B　使用电子天平的注意事项

（1）电子天平使用时，必须注意动作要轻缓，不要移动天平。

（2）电子天平使用时，应注意不能称量热的物体。称量物不能直接放在秤盘上，应根据被称量物的情况，可放表面皿或其他容器内。称取有腐蚀性或有挥发性物体时，必须放在密闭容器内称量。分析天平上称量时，使用称量瓶。

（3）称量物体的质量不得超过天平的最大负载，否则容易损坏天平。为了减小称量误差，同一次实验中，应使用同一台天平。

（4）清零和读取称量读数时，要留意天平门是否已关好。称量读数要立即记录在实验数据记录本中。

（5）称量时应从侧门取放称量物。天平的前门（有些天平无单独的前门）、顶门仅供安装、检修和清洁时使用，通常不要打开。

（6）如果天平长时间没用，或天平移动过位置，必须进行校正。

（7）称量完毕，关闭天平，取出称量物。然后检查零点，将使用情况登记在天平使用登记簿上，再切断电源，最后罩上天平罩，将坐凳放回原处。

（8）称量瓶是一种磨口、带塞盖的圆柱形玻璃容器，其质量较轻。使用称量瓶称量时要注意：称量瓶应洗净、烘干并放在玻璃干燥器内冷却以备用（用时才从干燥器中取出）；瓶与磨口盖配套，不要把盖子弄错。

2.1.2.2 试样的称取方法

随被称量样品的性质和实验的要求不同，称量的方法也不一样，一般常用的方法如下。

A 直接称量法

简单地说就是将称量物直接置于天平上称量。此称量方法适于称取不吸湿、不挥发和在空气中性质稳定、没有腐蚀性的固体物质，如合金等；也适于称量洁净干燥的器皿（如称量瓶、小烧杯、表面皿等）、棒状或块状的金属及其他不易潮解或升华的块状固体。

称量方法是：先调节天平零点，将待称物置于天平盘中央，显示屏直接读出物体的质量。

B 固定质量称量法

固定质量称量法也称增重法，用于称量指定质量的某试剂（如基准物质）或试样。这种称量的速度较慢，只适于称量不易潮解、在空气中能稳定存在、要求质量一定的试样，且试样应为粉末状或小颗粒状（最小颗粒应小于0.1 mg），以便调节其质量。

操作过程是：将器皿置于天平盘中央，按去皮键，当显示“0.0000”时，用药匙将试样慢慢加入盛放试样的器皿中，当所加试样略少于欲称质量时，极其小心地将盛有试样的药匙伸向器皿中心上方2~3 cm处，匙的另一端顶在掌心上，用拇指、中指及掌心拿稳药匙，并用食指轻弹匙柄，如图2-6所示，让试样慢慢抖入器皿中，使之与所需称量值相符（最大误差不能大于10 mg），即可得一定质量的试样。

若所称量小于指定质量，可继续加试样；若显示的量超过指定质量，则需要重新称量。每次称好后应及时记录称量数据。

C 递减称量法

此法常用于称取易吸水、易氧化或易与空气中CO_2反应的物质。需平行多次称量某试剂时，也常用此法。由于称取试样的质量是由两次称量之差求得，故称差减法或减量法。

称样前，先将试样装入称量瓶中，称取试样时，将纸片折成宽度适中的纸条（要求纸条的宽度小于称量瓶的高度），毛边朝下套住称量瓶，用左手的拇指和食指夹住纸条，如图2-7(a)所示。也可戴手套或指套代替纸条，将称量瓶置于天平盘上，取下纸条，准确称量试样质量，设质量为m_1；然后仍用纸条套住称量瓶，从天平盘上取下，置于准备盛放试样的容器上方，右手用小纸片夹住瓶盖柄，打开瓶盖，将称量瓶慢慢倾斜，并用瓶盖轻轻敲击瓶口上方，使试样慢慢落入容器内，注意不要撒在容器外，如图2-7(b)所示。当倾出的试样接近所要称取的质量时（可从倾出试样的体积估计或试称得知），把称量瓶慢慢竖起，同时用称量瓶盖继续轻轻敲瓶口侧面，使沾附在瓶口的试样落入瓶内，然后盖好瓶盖，再将称量瓶放回天平盘上称量。设称得质量为m_2，两次质量之差即为试样的质量。按上述方法可连续称取几份试样。

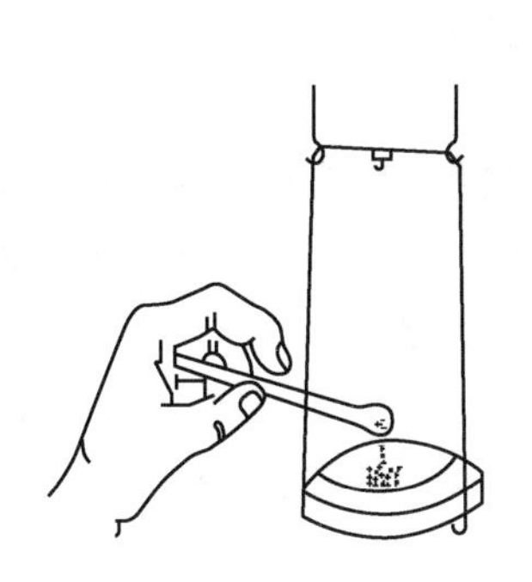

图2-6　固定质量称量法

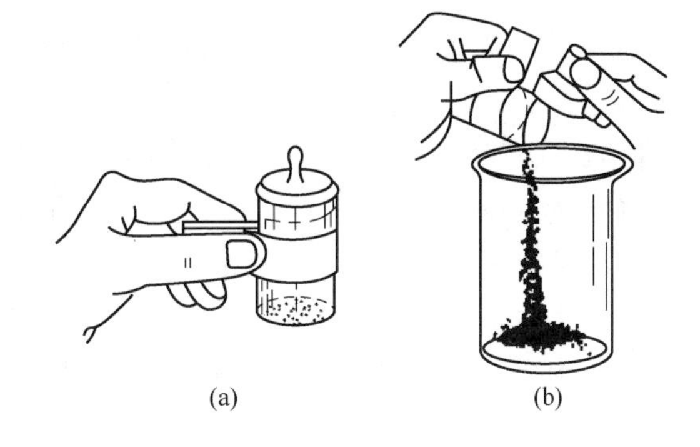

图2-7　拿取称量瓶和敲样操作

若利用电子天平的去皮功能，可将称量瓶放在天平的秤盘上，显示稳定后按“去皮”键，然后按上述方法向容器中敲出一定量的试样，再将称量瓶放在秤盘上称量，显示的负值达到称量要求，即可记录称量结果。如果要连续称量试样，则可反复按“去皮键”，使其显示为零，重复操作即可。

必须注意，若敲出的试样超出所需的质量范围，不能将敲出的试样再倒回称量瓶中，此时只能弃去敲出的试样，洗净容器，重新称量。

倾样时，一般很难一次倾准，往往需几次（一般不超过3次）相同的操作过程，才能称取一份符合要求的样品。倒样品的次数越少越好，引起误差的机会也少。要求在5 min内完成三份样品称量。

2.1.3　容量瓶的使用

容量瓶是用来配制准确浓度溶液或定量地稀释溶液的容量器皿。它是一种细颈梨形的平底玻璃瓶，带有磨口玻璃塞或塑料塞。在瓶颈上有一标线，表示在指定温度下，当溶液充满至标线时，所容纳的溶液体积等于瓶上所示的体积。故其常和分析天平、移液管配合使用。容量瓶通常有25 mL、50 mL、100 mL、250 mL、500 mL、1000 mL等规格，有无色和棕色之分。见光易分解的溶液应选择棕色容量瓶，一般性的溶液则选择无色容量瓶。

2.1.3.1　容量瓶的操作与使用注意事项

A　容量瓶的操作步骤

a　检漏

容量瓶使用前必须检查瓶塞是否漏水，标度线位置距离瓶口是否太近。如果漏水或标线离瓶口太近，则不宜使用。检查漏水的方法是在瓶中加自来水到标线附近，盖好瓶塞后，左手用食指按住瓶塞，其余手指拿住瓶颈，右手用指尖托住瓶底边缘，如图2-8所示。将瓶倒立2 min，观察瓶塞周围是否有水渗出（可用干滤纸片沿瓶口缝处检查，查看滤纸是否潮湿），如不漏水，将瓶放正，把瓶塞转动180°后，再倒立试一次，检查合格后，即可使用。用细绳将塞子系在瓶颈上，保证二者配套使用。

图2-8　检查漏水的操作

b 洗涤

洗净的容量瓶内壁和外壁能够被水均匀润湿而不挂水珠。如挂水珠，应重新洗涤。

当容量瓶不太脏时，用自来水冲洗干净；当容量瓶较脏时，可用铬酸洗液洗涤。方法如下：将容量瓶中的水尽可能倒尽，倒入适量铬酸洗液，盖上瓶塞，缓缓摇动并颠倒数次，让洗液布满全部内壁，然后放置数分钟后，将洗液倒回原瓶。倒出时，边转动容量瓶边倒出洗液，让洗液布满瓶颈，同时用洗液冲洗瓶塞，然后用自来水将容量瓶及瓶塞冲洗干净，冲洗液倒入废液缸；最后用蒸馏水润洗容量瓶及瓶塞3次，盖好瓶塞，备用。

c 溶液的配制

用容量瓶配制溶液有两种情况，其一是用固体物质配制溶液，其二是稀释溶液。

（1）溶液的配制（溶质为固体）。

1）溶解。如果将一定量的固体物质配成一定浓度的溶液，通常是将准确称量的物质置于小烧杯中，加水或其他溶剂将固体溶解后，将溶液定量地全部转移到容量瓶中。注意：溶解固体物质时，必要时可盖上表面皿，加热溶解，但必须冷却至室温后才能转移溶液。

2）转移。转移时，右手拿玻璃棒悬空插入容量瓶内（注意不要让玻璃棒碰到容量瓶口，防止液体流到容量瓶外壁上），玻璃棒的下端靠在瓶颈内壁，但不要太接近瓶口，左手拿烧杯，烧杯嘴紧靠玻璃棒，使溶液沿玻璃棒慢慢流入。如图2-9所示。待溶液流完后，把烧杯嘴沿玻璃棒向上提起，并使烧杯直立，使附着在烧杯嘴上的少许溶液流入烧杯，再将玻璃棒末端残留的液滴靠入容量瓶口内。在容量瓶口上方将玻璃棒放回烧杯中，但不得放在靠烧杯嘴的一边。然后用少量蒸馏水吹洗玻璃棒和烧杯内壁，洗涤液按上述方法转移到容量瓶中，重复洗涤三次。

3）初混。接着加蒸馏水稀释，当加至容量瓶容量的2/3时，用右手食指和中指夹住瓶塞的扁头，然后拇指在前，中指及食指在后拿住容量瓶颈标线以上处将容量瓶拿起，将容量瓶沿水平方向摇动几周，如图2-10所示，使溶液初步混合（此时切勿加塞倒立容量瓶，不要让溶液接触瓶塞及瓶颈磨口部分）。注意：不要全手握住瓶颈，更不要拿标线以下地方，以免受热时体积发生变化。平摇时要注意勿使溶液溅出。

再继续加水，至近标线时，放置1～2 min使附在瓶颈内壁的溶液流下。

4）定容。用左手拇指和食指（也可加上中指）拿起容量瓶。保持容量瓶垂直，使刻度线和视线保持水平，用滴管加水，直至溶液弯月面下缘与标线相切为止（注意勿使滴管接触溶液，也可用洗瓶加蒸馏水至刻度），小心勿过标线。无论溶液有无颜色，均加蒸馏水至弯月面下缘与标度刻线相切为止（注意，加水时，视线要与标线平行）。

5）摇匀。盖上瓶塞，左手食指按住瓶塞，其余手指拿住瓶颈标线以上部分，右手指尖顶住瓶底边缘，如图2-11所示，注意手心不要接触瓶底，以免体温使溶液膨胀。然后将容量瓶倒转，待气泡上升到顶部后，将容量瓶缓慢旋摇5～10 s以混匀溶液，再直立，让溶液完全流下至标线处。如此重复十多次，使溶液充分混匀。在振荡过程中，瓶塞应打开数次，以使其周围的溶液流下。

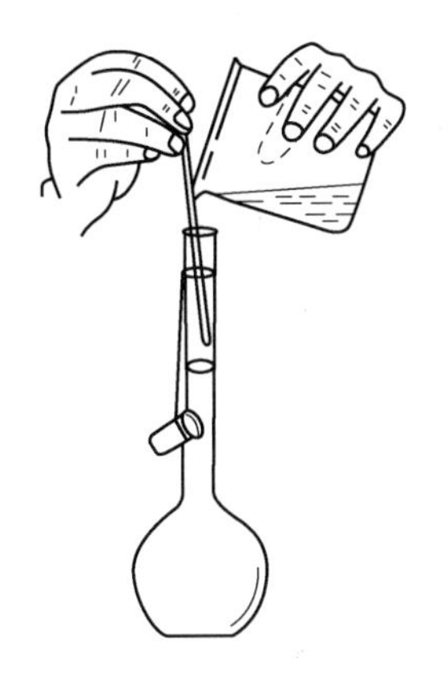

图2-9　转移溶液的操作

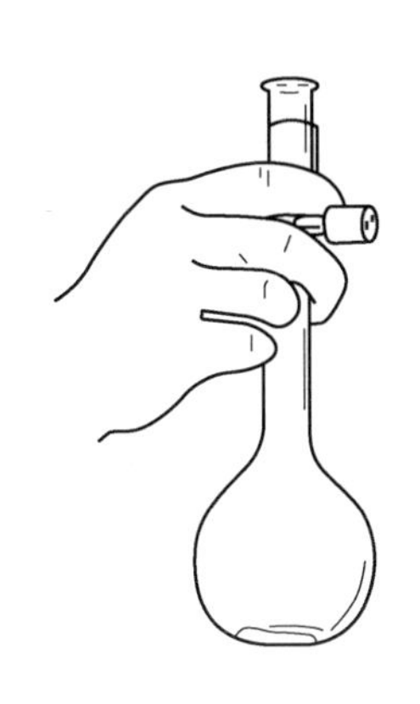

图2-10　平摇手势

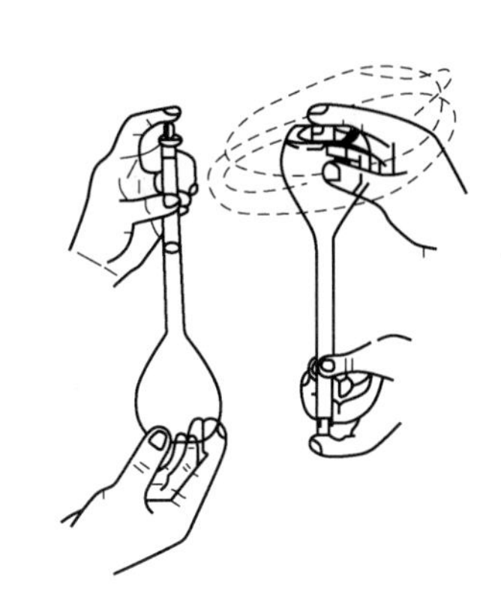

图2-11　溶液的混匀操作

（2）定量稀释溶液（溶质为液体）。

如果用容量瓶稀释溶液，则用移液管或吸量管准确移取一定体积的溶液于容量瓶中，然后按上述方法加水至标线，混匀溶液。

若操作失误，使液面超过标线面仍欲使用该溶液时，可用透明胶布在瓶颈上另作一标记与弯月面相切。摇匀后把溶液转移。加水至刻度，再用滴定管加水至所作标记处。则此溶液的真实体积应为容量瓶容积与另加入的水的体积之和。这只是一种补救措施，在正常操作中应避免出现这种情况。

B　注意事项

（1）容量瓶的容积是特定的，内部不能用毛刷刷洗。

（2）容量瓶不可在烘箱中烘烤，也不能用任何方式加热，以免改变其容积而影响测量的准确度。如需使用干燥的容量瓶，可在洗净后用乙醇等有机溶剂荡洗，然后用晾干或电吹风的冷风吹干。

（3）不能在容量瓶里进行溶质的溶解，应将溶质在烧杯中溶解后再转移到容量瓶里。

（4）向容量瓶中转移溶液，应让热溶液冷至室温后才能倾入容量瓶中，否则溶液的体积会有误差。

（5）用于洗涤烧杯的溶剂总量不能超过容量瓶的标线。

（6）容量瓶只能用于配制溶液，不能长久储存溶液，不能将容量瓶作试剂瓶使用。因为溶液可能会对瓶体进行腐蚀，从而使容量瓶的精度受到影响。配好的溶液应及时转移到洁净干燥或经该溶液润冲过的试剂瓶中。

（7）稀释过程中放热的溶液应在稀释至容量总体积的3/4时摇匀，并待冷却至室温后，再继续稀释至刻度线。

（8）使用后的容量瓶应立即冲洗干净。闲置不用时，磨口处应擦干，可在瓶口处垫一小纸条将磨口隔开以防黏结。

（9）必要时，容量瓶的体积也应进行校正。

2.1.3.2　容量器皿的校正

滴定分析中所用的主要量器有滴定管、移液管和容量瓶等。容量器皿的容积与其所标示的体积往往并不完全符合。因此，在准确度要求较高的分析工作中，必须对容量器皿进行校正。

由于玻璃具有热胀冷缩的特性，在不同温度下容量器皿的容积也有所不同，因此校正玻璃容量器皿时，必须规定一个共同的温度值，即标准温度。国际上和我国规定的标准温度为20 ℃，即在校正时都将玻璃容量器皿的容积校正到20 ℃时的实际容积。容量器皿常采用以下两种校正方法。

A 绝对校正法

绝对校正是测定容量器皿的实际容积。常用的方法为称量法，即用分析天平准确称量容量器皿容纳或放出纯水的质量，并根据该温度下水的密度，计算出该容量器皿在标准温度20 ℃时的实际容积。由质量换算成容积时要考虑以下三方面的因素：

（1）温度对水的密度的影响；

（2）温度对玻璃量器容积胀缩的影响；

（3）空气浮力对称量时的影响。

为计算方便，综合考虑上述三个因素，可得到一个总校正值。经总校正后的纯水的密度见表2-3。

表2-3 不同温度下纯水的密度

温度/℃	密度/g·mL^{-1}	温度/℃	密度/g·mL^{-1}	温度/℃	密度/g·mL^{-1}
1	0.9983	11	0.9983	21	0.9970
2	0.9984	12	0.9982	22	0.9968
3	0.9984	13	0.9981	23	0.9966
4	0.9985	14	0.9980	24	0.9964
5	0.9985	15	0.9979	25	0.9961
6	0.9985	16	0.9978	26	0.9959
7	0.9985	17	0.9976	27	0.9956
8	0.9985	18	0.9975	28	0.9954
9	0.9984	19	0.9973	29	0.9951
10	0.9984	20	0.9972	30	0.9948

注：空气密度为0.0012 g·mL^{-1}，钠钙玻璃体膨胀系数为2.6×10^{-5} ℃$^{-1}$。

因此，只要称得被校正的容量器皿容纳或放出纯水的质量，再除以该温度时纯水的密度值，就是该器皿在20 ℃时的实际容积。例如，在15 ℃时，某100 mL容量瓶容纳纯水的质量为99.78 g，查得15 ℃时水的密度为0.9979 g·mL^{-1}，则可计算出该容量瓶在20 ℃时的实际容积为：$V_{20}=\frac{99.78}{0.9979}=99.99$（mL）。

容量器皿是以20 ℃为标准来校正的，但使用时不一定是20 ℃，因此容量器皿的容积以及溶液的体积都会发生改变。由于玻璃的膨胀系数很小，在温度相差不大时，容量器皿的容积改变可以忽略。而溶液的体积与密度有关，所以可以通过溶液密度来校正温度对溶液体积的影响。稀溶液的密度一般可用相应纯水的密度来取代。

例如，在10 ℃时，25.00 mL 0.1 mol·L^{-1}标准溶液，在20 ℃时的体积是：

0.1 mol·L^{-1}稀溶液的密度可用纯水的密度代替，查得水在10 ℃、20 ℃时的密度分别为0.9984 g·mL^{-1}和0.9972 g·mL^{-1}，则 $V_{20}=25.00\times\frac{0.9984}{0.9972}=25.03$（mL）。

B　相对校正法

若两种容器体积之间有一定的比例关系时，常采用相对校正法。例如，容量瓶和移液管，它们常常是配套使用的，因此重要的是确知它们的相对关系是否符合，而不是它们的准确体积，这时就可采用相对校正法。例如，25 mL移液管量取液体的体积是否等于100 mL容量瓶量取体积的1/4。

下面就滴定管、移液管和容量瓶的校正说明如下。

（1）滴定管的校正。准确称量洁净且外部干燥的50 mL容量瓶（精确至0.01 g）。将去离子水装满待校正的滴定管中，调节液面至0.00刻度处，记录水温，然后按每分钟10 mL的流速放出10 mL（要求在10 mL±0.1 mL范围内）水于已称过质量的容量瓶中，盖上瓶塞，再称量，两次质量之差为放出水的质量。用同样的方法称得滴定管从10 mL到20 mL、20 mL到30 mL等刻度间水的质量，除以实验温度时水的密度就可得到滴定管各部分的实际容积。表2-4列出了25 ℃时校正滴定管的实验数据。

表2-4　滴定管校正表

滴定管读数	容积/mL	瓶和水的质量/g	水的质量/g	实际容积/mL	校正值	累计校正值
0.03		29.20（空瓶）				
10.13	10.10	39.28	10.08	10.12	+0.02	+0.02
20.10	9.97	49.19	9.91	9.95	−0.02	0.00
30.08	9.97	59.18	9.99	10.03	+0.06	+0.06
40.03	9.95	69.13	9.95	9.99	+0.04	+0.10
49.97	9.94	79.01	9.88	9.92	−0.02	+0.08

注：水的温度25 ℃，水的密度为0.9961 g·mL^{-1}。

例如：在25 ℃时由滴定管放出10.10 mL水，其质量为10.08 g，算出这一段滴定管的实际体积为：$V_{20}=\frac{10.08}{0.9961}=10.12$（mL），故滴定管这段容积的校正值为 $10.12-10.10=+0.02$（mL）。

（2）移液管的校正。用洗净的待校正的25 mL移液管吸取去离子水并调节至刻度，放入已称量的容量瓶中，再称量，根据水的质量计算该温度时的实际容积。每支移液管需校正两次，且两次称量差不得超过20 mg，否则要重新校正。

（3）容量瓶和移液管的相对校正。用25 mL移液管准确移取去离子水放入洁净且干燥的100 mL容量瓶中，重复4次，然后观察溶液弯月面下缘与标线是否相切，若不相切，则另作标记。经相互校正后的容量瓶和移液管配套使用时就用校准的标线。

2.1.4　移液管与吸量管的使用

移液管和吸量管是实验室中常用的两种量器，都是用来准确移取一定体积液体的量器，如图 2-12 所示。

移液管是一根细长而中间膨大的玻璃管，在管的上端有一环形标线，代表带满程刻度。将溶液吸入管内，使溶液弯月面的下缘与标线相切，再让溶液自由流出，则流出的溶液体积就等于其标示的数值。移液管通常是固定的规格，常用的移液管有 5 mL、10 mL、25 mL 和 50 mL 等。移液管作为量出式仪器，主要用于测量它所放出的溶液体积。

吸量管是一种直行玻璃管，带全程刻度，因此可以随意量取，没有固定规格。吸量管作为量入仪器，主要用于测量用它放入的溶液体积。

在使用上，移液管属于精确移取，使用较复杂；而吸量管属于较粗略取液，使用较简单，当然，实验室应根据具体实验需求选择合适的量器。

2.1.4.1　移液管的使用方法

（1）检查。检查移液管的管口和尖嘴有无破损，若有破损则不能使用。

（2）洗涤。移液管在使用前应洗至管壁不挂水珠。移液管不太脏时，用自来水冲洗干净；用水冲洗不净时，可用合成洗涤剂或铬酸洗液洗涤。

首先用吸耳球吸取少量的铬酸洗液，用右手食指按住移液管顶部管口，然后将移液管置于水平，两手托住移液管转动，使洗液润湿管壁至刻度线以上，然后将洗液放回原瓶中。然后用自来水冲洗，再用蒸馏水淋洗 3 次。淋洗的水应从管尖放出。

如果内壁污染严重，则应将移液管或吸量管放入盛有洗液的大量筒或高形玻璃筒内，浸泡 15 min 至数小时，取出后再用自来水冲洗、蒸馏水润洗。

（3）润洗。已洗净的移液管在吸取溶液前，还要用待吸溶液润洗 3 次，以除去管内残留的水分。其方法是先用滤纸吸干移液管管尖端内外的水，然后吸取待吸溶液至移液管球部 1/3 处，迅速移去洗耳球，随即右手食指按紧移液管的上口，将移液管提离液面；把管横过来，左手扶住管的下端，慢慢松开右手食指，转动移液管进行淌洗，使溶液流过管内标线下所有内壁，如图 2-13 所示，确保移取溶液的浓度不变（注意：吸出的溶液不能流回原瓶，以防稀释溶液）。然后使管直立让溶液由尖嘴口放出，弃去，重复润洗 3 次。润洗是保证移取的溶液与待吸溶液浓度一致的重要步骤。

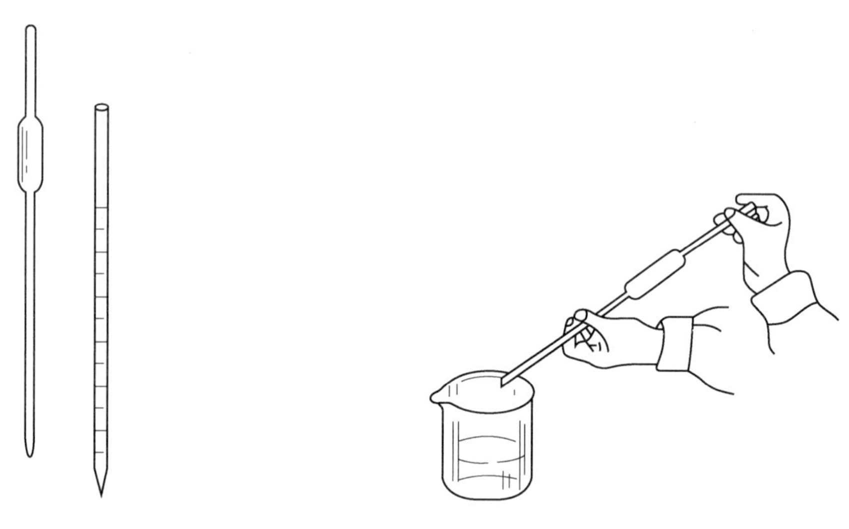

图 2-12　移液管（右）和吸量管（左）

图 2-13　移液管的润洗

（4）移液。在吸取溶液时，用右手拇指和中指拿住移液管标线以上部分，将移液管插入待吸溶液中（注意移液管管尖插入溶液不能太深也不能太浅，太深会使管外壁黏附溶液过多而影响量取溶液的准确性；过浅时会因液面下降后造成吸空，把溶液吸到洗耳球内被污染），左手拿洗耳球，先将它捏瘪，排去球内空气，将洗耳球的嘴对准移液管的上口，按紧，勿使漏气，然后慢慢松开洗耳球，借助球内负压将溶液缓缓吸入移液管内，如图2-14(a)所示，此过程中眼睛应注意正在上升的液面位置，移液管随液面的下降而下移，始终保持此深度，防止吸空(注意勿将液体吸进洗耳球)。

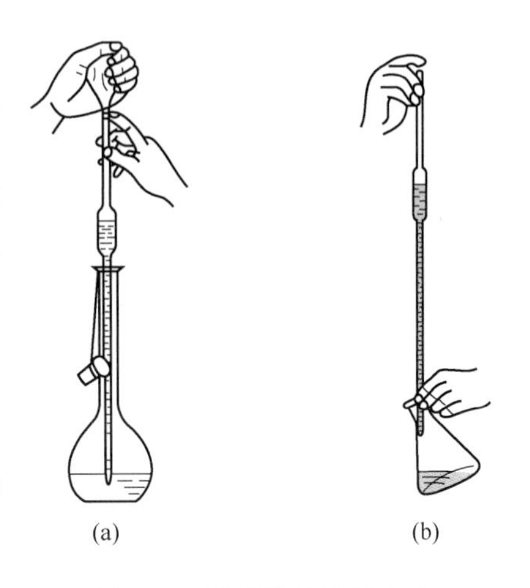

图2-14　移液管的使用方法

待液面上升至标线以上时，迅速移去洗耳球，随即用右手食指按紧移液管的上口，左手改握盛放被移取溶液的容器，使移液管垂直提高到管颈线与视线成水平，左手握容器口接在移液管尖嘴下，右手拇指及中指微微转动移液管，同时放松食指，使液面缓慢平稳下降，直至液面的弯月面与标线相切，立即按紧食指，使溶液不再流出。若移液管尖端口有半滴液体，可在原器壁上轻转两周，以除去管外壁的溶液。

取出移液管，插入接收溶液的容器中，使出口尖端靠在接收容器的内壁上。此时移液管应保持垂直，容器稍倾斜，使容器内壁与移液管成约45°，如图2-14(b)所示，松开食指，使管内溶液自然地全部沿器壁流下，然后停靠15 s左右。移走移液管，此时尚可见管尖部分仍留有少量液体，对此，除特别注明“吹”字的移液管外，一般都不要吹出，因为移液管标识的体积不包含这部分体积。

需要指出的是，由于一些移液管尖部做得不很圆滑，因此管尖部位留存溶液的体积可能因接受容器内壁与管尖接触的位置不同而有所差别。为避免出现这种情况，可在等待15 s过程中，左右旋转移液管，这样管尖部位每次留存的溶液体积就会基本相同。

2.1.4.2　吸量管的使用方法

吸量管是一种直线型的带分刻度的移液管，用于吸取不同体积的液体。管上标为最大容量，一般有1 mL、2 mL、5 mL和10 mL等规格。例如，5 mL吸量管，最大容量为5.00 mL，可准确移取0～5 mL任意体积的液体。

吸量管的用法基本上与移液管的操作相同。移取溶液时，使液面到零刻度，然后按所需放出的体积，从吸量管的零刻度降到所需的体积。注意在同一实验中，多次移取溶液时，尽可能使用同一吸量管的同一部位，而且尽可能地使用吸量管上段的部分。如果使用注有“吹”字的吸量管，则使用者要把管末端留下的最后一滴溶液吹出。

2.1.4.3　注意事项

（1）移液管或吸量管不应在烘箱中烘干，以免改变其容积。

（2）移液管或吸量管不能移取太热或太冷的溶液。

（3）同一实验中应尽可能使用同一支移液管；同一分析工作，应使用同一支移液管或吸量管。

(4) 移液管使用完毕后，应放在移液管架上。实验完毕，立即用自来水及蒸馏水冲洗干净，置于移液管架上。

(5) 移液管和容量瓶常配合使用，因此在使用前常作两者的相对体积校准。

(6) 在使用吸量管时，为了减少测量误差，每次都应以最上面刻度（零刻度）处为起始点，往下放出所需体积的溶液，而不是需要多少体积就吸取多少体积。

2.1.5 溶液的配制方法

溶液配制一般是指把固态试样溶于水（或其他溶剂）配制成溶液，或把液态试剂（或浓溶液）加水稀释成所需的稀溶液。

化学实验中经常使用不同浓度的溶液，必须熟练地掌握其配制方法。实验中对溶液浓度的准确度的要求不同，则配制方法和所用的仪器也不一样。溶液按其浓度的准确度可分为两类，即“一般浓度的溶液”和“准确浓度的溶液”，后者又称为“标准溶液”。一般浓度的溶液其浓度的有效数字最多达到小数点后第2位，如0.10 $mol \cdot L^{-1}$ $CuSO_4$ 溶液，0.10 $mol \cdot L^{-1}$ HCl溶液等。准确浓度的溶液其浓度的有效数字要达到小数点后第4位，如0.1042 $mol \cdot L^{-1}$ NaCl溶液，0.1000 $mol \cdot L^{-1}$ $K_2Cr_2O_7$ 溶液等。

配制一般浓度的溶液时，称量用具一般为托盘天平，体积量具一般为量筒。配制准确浓度的溶液时，称量用具为分析天平（现在一般使用万分之一克电光天平或电子天平），体积量具一般为容量瓶。

2.1.5.1 一般溶液的配制方法

A 利用固体物质配制溶液

利用固体物质配制一定浓度 c、一定体积 V 的溶液时，首先要知道该物质的摩尔质量 M，这是因为

$$cV = n(\text{物质的量})$$

则

$$cV = \frac{m}{M} = n$$

所以

$$m = cVM \tag{2-1}$$

根据式（2-1）算出 m，在托盘天平上称取该质量的溶质后，称取后置于容器中，加少量水，搅拌溶解。必要时可加热促使溶解，再加水至所需的体积，混合均匀，即得所配制的溶液。

用固体物质配制溶液时，要注意摩尔质量的正确使用（因有些固体物质含有结晶水），以免算错。还要注意所用试剂级别，以便合理选用。

B 利用浓溶液配制稀溶液

溶液稀释后所含溶质的物质的量并没有改变，所以稀释后的体积与浓度的乘积与原体积和浓度的乘积相等：

$$c_1V_1 = c_2V_2$$

所以当要利用浓度 c_1 的浓溶液配制成浓度为 c_2、体积为 V_2 的稀溶液时，可以先计算出浓溶液的体积 V_1，然后利用量筒量取浓溶液 V_1，用去离子水稀释到 V_2 即可。

(1) 配制挥发性酸或氨水等刺激性、腐蚀性试剂溶液时，应切记在通风橱中完成。

（2）配制饱和溶液时，所用溶质的量应比计算量稍多，加热使之溶解后，冷却，待结晶析出后，取用上层清液，以保证溶液饱和。

（3）配制易水解的盐溶液时［如 $SnCl_2$、$SbCl_3$、$Bi(NO)_3$］，应先加入相应的浓酸（HCl 或 HNO_3），以抑制水解或溶于相应的酸中，使溶液澄清。

（4）配制易氧化的盐溶液时，不仅需要酸化溶液，还需加入相应的纯金属，使溶液稳定。如配制 $FeSO_4$、$SnCl_2$ 溶液时，需加入金属铁或金属锡。

（5）若配制溶液时产生大量的溶解热，则配制操作应在烧杯或敞口容器中进行。

2.1.5.2　标准溶液的配制方法

标准溶液是已知浓度或其他特性量值的溶液，一般应用于分析检测实验中。

用于微量或痕量分析的又分为标准母液（或称标准储备液）与标准操作液（或称标准工作液）。标准母液一般为质量浓度较高的标准溶液，如 0.5 $mg \cdot L^{-1}$ 或 1.0 $mg \cdot L^{-1}$，可以储存较长的时间（一般储存于聚氯乙烯塑料瓶中），大多采用标准物质配制而成。标准操作液一般为测定时所需要的标准溶液，由标准母液稀释而成，一般现配现用。配制标准溶液通常有直接法和间接法两种。

A　直接法

直接法是用工作基准试剂或纯度相当的其他物质直接配制。这种方法比较简单，但成本高。

直接法与一般溶液的配制方法类似，不同的是，需用分析天平准确称量以及使用容量瓶定容。所用试剂的质量应根据误差要求，采用固定质量称量法准确称量。过程中不仅所用器具必须洁净，容器内、外壁干燥，而且不能引入杂质或损失。若溶解过程需用酸或碱，反应较为剧烈或有气体产生，应将烧杯中的被溶解物质先用少量水润湿并加盖表面皿。酸或碱通过烧杯嘴缓缓向烧杯中加入。溶解后再通过定量转移，将溶液转入容量瓶中，稀释至刻度，摇匀。

用直接法配制标准溶液的基准试剂必须具备以下条件：（1）具有足够的纯度，即含量在 99.9% 以上，而杂质的含量应在滴定分析所允许的范围内；（2）组成与其化学式完全相符；（3）稳定。

B　间接法

许多试剂不符合上述直接法配制标准溶液的条件，因此要用间接法配制，间接法又称“标定法”，即粗略配制接近所需浓度的溶液，然后用基准物质或另一种已知浓度的标准溶液来测定它的准确浓度。这种确定浓度的操作称为标定。

配制方法与一般溶液的配制方法一样，可以采用普通天平（精度 0.1 g 或 0.01 g）称取所用试剂，或采用量筒量取。

用于标定的基准物除了要满足上述基准试剂的三点要求外，还要能具有较大的摩尔质量；参加反应时，应按反应式定量进行，没有副反应。基准物质使用前要预先按规定的方法进行干燥。

常用的基准物质有草酸、邻苯二甲酸氢钾、无水碳酸钠、锌、重铬酸钾等。

配好的标准溶液应在试剂瓶上贴上标签，写上试剂名称、浓度与配制日期。标准溶液应密封保存，有些需要避光，标准溶液存放时会蒸发水分，水珠会凝结到瓶壁上，故每次使用时要将溶液摇匀。如果溶液浓度发生变化，在使用前必须重新标定其浓度。

配制溶液时，要合理选择试剂的级别，不要超规格使用试剂，以免造成浪费；也不要降低规格使用试剂，以免影响分析结果。

经常并大量使用的溶液，可先配制成浓度为使用浓度10倍的储备液，需要用时取储备液稀释10倍即可。

称量练习

【C】任务实施

2.1.5.3 标准溶液的配制

A 仪器与试剂

仪器包括电子天平（0.01 g，0.1 mg）、称量瓶、烧杯（50 mL，500 mL）、小药匙、量筒（10 mL）、移液管（25 mL）、容量瓶（100 mL）。

试剂包括石英砂、邻苯二甲酸氢钾、NaOH固体、浓HCl。

B 天平的使用——减量法（又称递减称量法）称量

将适量的试样装入干燥洁净的称量瓶中，用洁净的纸条套住称量瓶（能否用手直接拿称量瓶或瓶盖，为什么?），轻轻放在电子天平上，显示稳定后，轻按【去皮】键使其显示为0.0000，然后取出称量瓶向烧杯中敲出一定量试样，盖上称量瓶盖（若在称量过程中称量瓶盖子未盖上，是否有影响?），再将称量瓶放在秤盘上称量，结果显示质量（不管负号）达到所需范围，即可记录称量结果。若未达到所需称量范围，则继续倾样至符合要求；若倾出试样超过所需称量范围，则需重新称量。注意：取放称量瓶及瓶盖时，一定要套上纸条。

称量要求：称取0.30～0.32 g试样4份，并且验证称量的准确性。

减量法结果检验：（1）检查烧杯中增加的质量与称量瓶减少的质量是否相等；若不相等，求出差值，要求称量的绝对差值应小于0.4 mg。（2）再检查倒入小烧杯中的试样的质量是否合乎要求（在0.30～0.32 g范围内）。若满足实验要求可以进行下一步实验，若不能满足实验要求，分析原因并继续反复练习，直到合乎实验要求。实验结果记录于表2-5。

表2-5 减量法记录表

编号		Ⅰ	Ⅱ	Ⅲ	Ⅳ
差减法	称量瓶+试样重(倾出样前)/g				
	称量瓶+试样重(倾出样后)/g				
	称量瓶倾出试样重 m/g				
结果检验	空烧杯重/g				
	烧杯+试样重/g				
	烧杯中试样重 m'/g				
偏差 $=m'-m$					

C 酸、碱溶液的配制

a 0.1 $mol \cdot L^{-1}$ NaOH溶液的配制

称取约2 g NaOH固体置于烧杯中（用何种天平称量NaOH固体?），马上加蒸馏水溶解，稍冷后转入试剂瓶中，再加蒸馏水稀释至约500 mL❶，用橡皮塞塞好瓶口❷，摇匀，即得0.1 mol·L^{-1} NaOH溶液。

b　0.1 mol·L^{-1} HCl溶液的配制

用10 mL规格的洁净量筒量取约5 mL浓HCl（为什么使用量筒量取浓HCl即可?），倒入装有适量蒸馏水的500 mL试剂瓶中，加水稀释至500 mL，盖好玻璃塞，摇匀，即得0.1 mol·L^{-1} HCl溶液。

c　邻苯二甲酸氢钾溶液的配制

准确称取约0.4000 g邻苯二甲酸氢钾晶体于小烧杯中，加入少量蒸馏水使其完全溶解，然后小心移至100 mL容量瓶中，再用少量蒸馏水淋洗烧杯及玻璃棒，并将每次淋洗的水全部转入容量瓶中，最后用蒸馏水稀释到刻度，充分摇匀，计算其准确浓度。

D　课后思考题

（1）什么情况下使用差减法称量，什么情况下可以用直接法称量?

（2）为什么称量过程中不能直接用手拿取称量瓶？会出现什么样的后果?

（3）为什么一般溶液的配制可以在烧杯中进行，而精确浓度溶液的配制则必须用容量瓶?

（4）洗净的容量瓶和移液管在使用前，是否都必须用待量度的溶液润洗，为什么?

（5）准确量取20.00 mL 0.1000 mol/L盐酸溶液可以选择哪些量具?

a. 移液管；　b. 量筒；　c. 带刻度的烧杯；　d. 带刻度的试管

【D】任务评价

就自己在本次实验中的称量情况，谈谈熟练掌握天平使用需要注意的问题。

【E】思政故事

中国电子天平发展简史

中国电子天平是一种高精度的计量设备，它广泛应用于科学、工业和商业领域中。

在20世纪50年代前，机械天平一直是中国常用的计量设备。随着科技的不断进步，机械天平已无法满足精度的要求。1952年，中国科学家王淦昌首次提出了电子秤的构想，并开始研究如何利用电子技术代替机械机构。但由于当时缺乏必要的电子元器件，研究进展缓慢。

随着电子元器件技术的成熟，中国电子天平的研制步伐大大加快。1958年，中国科学院物理研究所利用位移式传感器，研制出了第一台电子天平原型机，精度达到了0.1 mg，成为当时国内外同类设备中精度最高的一种，并在1960年代初期开始批量生产。随后，中国科学院上海仪器科学研究所（现为中国科学院上海科学技术馆）先后研制出多种型号的电子天平，并不断提高其精度和稳定性。

随着计算机技术的应用，中国电子天平进入了一个新的发展阶段。1980年代初期，

---

❶ 这种配制方法对于初学者较为方便，但不严格。因为市售的NaOH常因吸收CO_2而混有少量Na_2CO_3，以致在分析结果中产生误差。如要求严格，必须设法除去CO_3^{2-}离子。

❷ NaOH溶液腐蚀玻璃，不能使用玻璃塞，否则长久放置，瓶子打不开，且浪费试剂。一定要使用橡皮塞。长期久置的NaOH标准溶液，应装入广口瓶中，瓶塞上部装有一碱石灰装置，以防止吸收CO_2和水分。

研究人员探索将计算机与电子天平相结合，进一步提高计量精度和自动化水平，极大提升了电子秤的数据处理能力，广泛应用于科学、工业和商业领域。

2005年，国际计量组织（BIPM）正式认定中国电子天平作为国际计量单位制中的一种电子秤。这一认定，标志着中国电子天平在国际上的地位得到了认可。目前，中国电子天平已经成为国际计量领域的重要力量，其产品出口占据了全球电子秤市场的相当一部分份额。

随着科技的不断进步，中国电子天平未来还将面临更高的精度要求和更广泛的应用场景，发挥着越来越重要的作用。

（资料来源：百度百家号，上天精仪．上天精仪岳工：带你了解中国电子天平起源与发展历程［EB/OL］．(2023-07-01)）

【F】知识拓展

测量与计量的区别

测量与计量是两个密切相关但具有不同侧重点的概念。

测量是确定一个量或一组量的数值的过程。这些量可以是长度、重量、时间、温度等物理量，测量过程常需要用尺子、秤、计时器、温度计等特定的工具或仪器。它关注的是依靠特定工具或仪器获取准确可靠的数值，是一个相对简单的过程，是获取基础数据、进行定量分析和决策的重要依据。

计量则是在测量基础上，实现单位统一、量值准确可靠的活动。涉及测量结果的比较、分析、统计和标准化等方面，需要使用数学、统计学、质量控制等多种方法和技术，遵循一定的国际或国家标准，对测量数值进行进一步处理和应用，获取更有价值的信息，是一个复杂的数据处理和分析过程，为决策、优化和控制提供依据。

测量与计量两者相辅相成，没有准确可靠的测量，计量的目的和任务无法实现。没有计量，就不可能有准确可靠一致的测量。计量涉及工农业生产、国防建设、科学试验、国内外贸易及人民生活、健康、安全等各方面，是科技、经济和社会发展中必不可少的一项重要技术基础。

（资料来源：百度百家号，河南卫工计量检测．计量和测量有什么区别?）

任务2.2 滴定的标准操作

【A】任务提出

滴定分析是将一种准确浓度的标准溶液滴加到被测试样的溶液中，直到化学反应完全为止，然后根据标准溶液的浓度和体积求得被测试样中组分含量的一种定量分析方法。滴定操作练习对于确保实验结果的准确性、可重复性和安全性至关重要。它不仅有助于培养实验技巧，还有助于提高实验人员的实验能力和解决问题的能力。

（1）预习思考题：

1）滴定管在装入标准溶液前为什么要用此溶液润洗2～3次；

2）用于滴定的锥形瓶是否要预先干燥？是否要用待装液润洗几次，为什么。

（2）实验目的：

1）学习滴定管的正确使用与滴定操作；

2）掌握酸碱指示剂的选择原则，熟悉甲基橙和酚酞指示剂的使用和滴定终点的正确判断；

3）学习正确记录实验数据和数据处理的方法。

【B】知识准备

2.2.1　滴定管的使用

滴定管是用于滴定的器皿，是准确测量流出溶液体积的量器。滴定管是一种细长、内径均匀而具有刻度的玻璃管，管的下端有玻璃尖嘴，最常用的滴定管是 50 mL 滴定管，其最小刻度是 0.1 mL，但可估计到 0.01 mL，因此读数可读到小数点后第二位，一般读数误差为 ±0.01 mL。另外还有容积为 25 mL 的滴定管及 10 mL、5 mL、2 mL 和 1 mL 的微量滴定管。

滴定管可分为两种（见图 2-15）：一种是下端带有玻璃活塞的酸式滴定管，用于盛放酸类溶液或氧化性溶液，不能盛放碱液，因为碱性溶液会腐蚀玻璃，使活塞不能转动；另一种是碱式滴定管，用于盛放碱类溶液，其下端连接一段橡皮管或乳胶管，内放一颗玻璃珠，以控制溶液的流出。橡皮管下端接一尖嘴玻璃管。碱式滴定管不能盛放能与橡皮管或乳胶管起作用的溶液，如 I_2、$KMnO_4$ 和 $AgNO_3$ 等氧化性溶液。

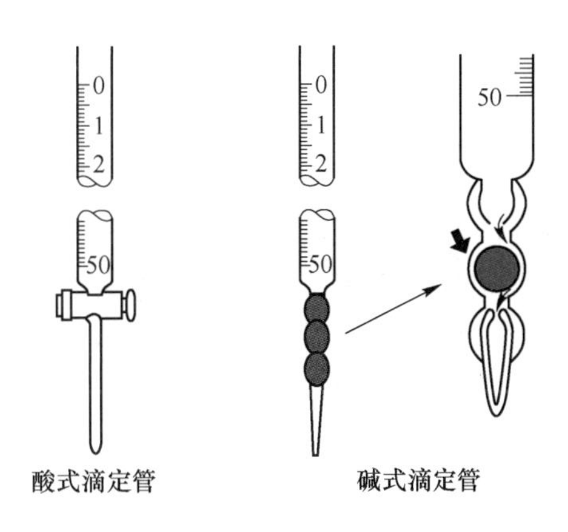

图 2-15　滴定管

由于用玻璃活塞控制滴定速度的酸式滴定管在使用时易堵易漏，而碱式滴定管的橡皮管易老化，因此，一种酸碱通用滴定管，即聚四氟乙烯活塞滴定管得到了广泛的应用。

2.2.1.1　滴定管的使用方法

滴定管的使用方法依次是检漏，涂凡士林，洗涤，润洗、装液、赶气泡，调节液面及读数等 5 个步骤。

（1）检漏。检查酸式滴定管活塞处是否漏水的方法是：将活塞关闭，向滴定管中装自来水充满至“0”刻度线附近，擦干滴定管外壁，把滴定管直立夹在滴定管架上静置 2 min，观察液面是否下降，滴定管管尖是否有液珠，活塞两端缝隙中是否渗水（用干的滤纸在活塞槽两端贴紧活塞擦拭并查看，滤纸是否潮湿，若潮湿，说明渗水）。若不漏水，将活塞转动 180°，静置 2 min，按前述方法查看是否漏水，若不漏水且活塞转动灵活，涂油成功；否则，应再擦干活塞，重新涂凡士林，直至不漏水为止。

碱式滴定管的检漏，与酸式滴定管相同。碱式滴定管使用前，应检查橡皮管是否老化，玻璃珠的大小是否适当。若玻璃珠过大，则操作不便；玻璃珠过小，则会漏水。

聚四氟乙烯滴定管使用前也需要检漏，但不需要涂凡士林，通过调节螺丝即可。

（2）涂凡士林。为了使活塞转动灵活并克服漏水现象，需将活塞涂上凡士林。先将活塞取下，用滤纸擦干，然后擦干活塞槽。在活塞的大头涂上一薄层凡士林，在活塞小孔两侧的垂直方向或者在活塞的小头用手指涂上薄层凡士林，见图2-16，将活塞小心插入滴定管，插入时旋孔应与滴定管平行，沿同一方向转动活塞，使活塞与塞槽处呈透明状态，且活塞转动灵活（图2-17）。凡士林不能涂得太多，也不能涂在活塞中段，以免凡士林将活塞孔堵住。若涂得太少，活塞转动不灵活，甚至会漏水。涂得恰当的活塞应透明，无气泡，转动灵活。为防止在使用过程中活塞脱出，可用橡皮筋将活塞扎住或用橡皮圈套在活塞末端的凹槽上。

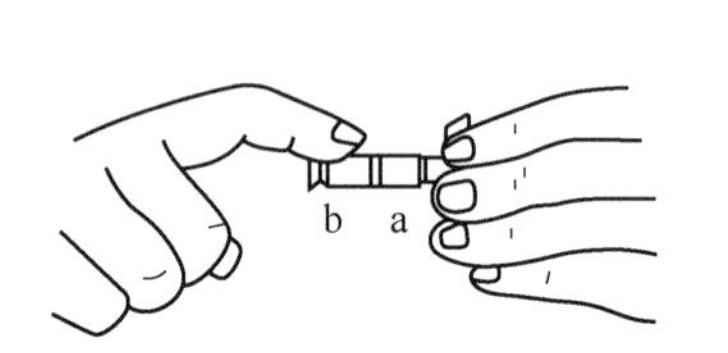

图2-16　涂凡士林操作

a—活塞的大头；b—活塞的小头

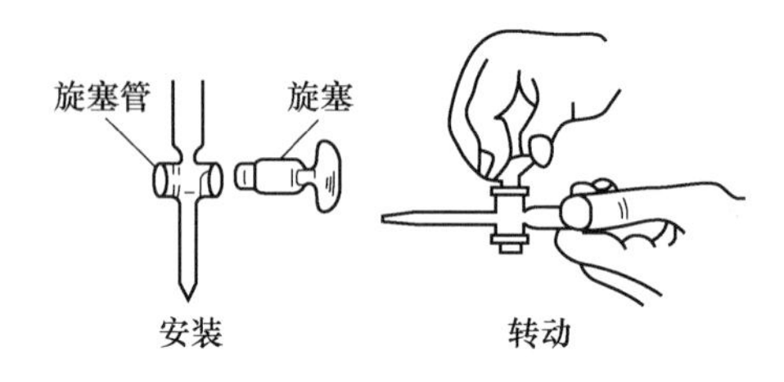

图2-17　滴定管安装操作

（3）洗涤。洗涤可根据滴定管沾污的程度采用1.2.3.1节的方法洗净。若滴定管有油污，可用铬酸洗液洗涤。洗涤时，向滴定管中倒入约1/4体积的洗液，慢慢倾斜旋转滴定管，使管壁全部被洗液润湿，然后打开活塞使洗液充满下端后，再关闭活塞，将大部分洗液从管口倒回原洗液瓶，打开活塞使小部分洗液从管尖倒回原洗液瓶。用自来水洗去残存洗液，再用蒸馏水（每次5～10 mL）洗涤3次。

碱式滴定管的洗涤同酸式滴定管，但要注意，铬酸洗液不能直接接触乳胶管，否则乳胶管会变硬损坏。

（4）润洗、装液、赶气泡。将溶液装入滴定管之前，应将溶液瓶中的溶液摇匀，使凝结在瓶壁上的水珠混入溶液。在天气比较热或温度变化较大时，尤其要注意此项操作。

在滴定管装入溶液前，先要用该溶液润洗滴定管三次，以保证装入滴定管的溶液不被稀释。每次用溶液5～10 mL。洗涤时，横持滴定管并缓慢转动，使溶液流遍全管内壁，然后将溶液从两端放出。

洗好后，即可装入溶液，左手持滴定管上部无刻度处，并稍微倾斜，右手拿试剂瓶向滴定管倒入溶液，加至“0”刻度以上。注意装液时要直接从溶液瓶倒入滴定管，不得借助于烧杯、漏斗等其他容器。

装好溶液后要注意检查滴定管下部是否有气泡，若有气泡则要排除，否则将影响溶液体积的准确测量。对于酸式滴定管，右手拿住滴定管上部无刻度处，并使滴定管倾斜约30°，左手迅速打开活塞，使溶液急速流出，即可排出滴定管下端的气泡，关上活塞；对于碱式滴定管，可一手持滴定管成倾斜状态，另一手将橡皮管向上弯曲，并轻捏玻璃珠附近的橡皮管，当溶液从尖嘴口冲出时，气泡也随之溢出。如图 2-18 所示。若没有赶出气泡，可反复数次上述操作。

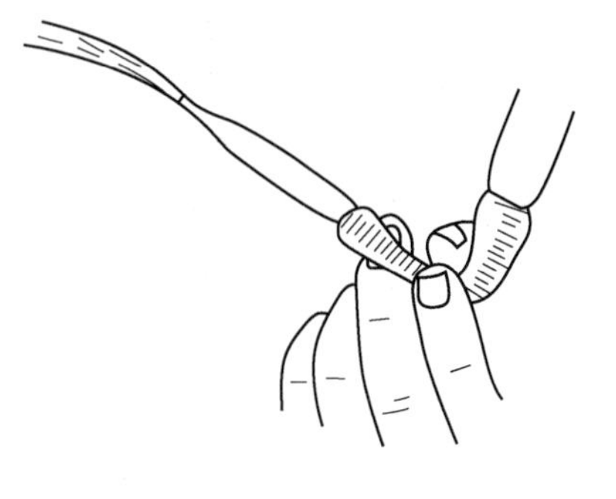

图 2-18　碱式滴定管排气方法

（5）调节液面及读数。调节液面至 0.00 mL 或接近 0.00 mL，静置 1 ~ 3 min 后读数，读数不准确是产生误差的重要原因。

2.2.1.2　滴定管读数时注意事项

读取滴定管数值时应注意以下几点。

（1）读数时要将滴定管从滴定管架上取下，用右手的大拇指和食指捏住滴定管上端，使滴定管保持自然垂直状态。

（2）由于水的附着力和内聚力的作用，溶液在滴定管内的液面呈弯月形。对于无色或浅色溶液的弯月面比较清晰，读数时应读取弯月面下缘最低点，视线必须与弯月面下缘最低点处于同一水平，否则将引起误差，如图 2-19（a）所示。对于深色溶液如 $KMnO_4$，应读取液面的最上缘，如图 2-19（b）所示。

（3）每次滴定前应将液面调节在刻度为“0.00”或稍下一些的位置上，因为这样可以使每次滴定前后的读数差不多都在滴定管的同一部位，可避免由于滴定管刻度的不准确而引起的误差。

（4）为了使读数准确，在装满或放出溶液后，必须等 1 ~ 2 min，待附着在内壁的溶液流下来后再读取读数。

（5）背景不同所得的读数有所差异，所以应注意保持每次读数的背景一致。为了便于读数，可用黑白纸做成读数卡，将其放在滴定管背后，使黑色部分在弯月面 0.1 mL 处，此时弯月面的反射层全部成为黑色，这样的弯月面界面十分清晰，如图 2-19（d）所示。

（6）有些滴定管背后衬一白板蓝线，对无色或浅色溶液，读数时应读取两个弯月面相交于蓝线的一点，视线与此点应在同一水平面上，深色溶液则应读取液面两侧最高点对应的刻度，如图 2-19（c）所示。

（7）常量滴定管的刻度每一大格为 1 mL，每一大格又分为 10 小格，每一小格为 0.1 mL，因此，滴定管读数必须读到小数点后两位。

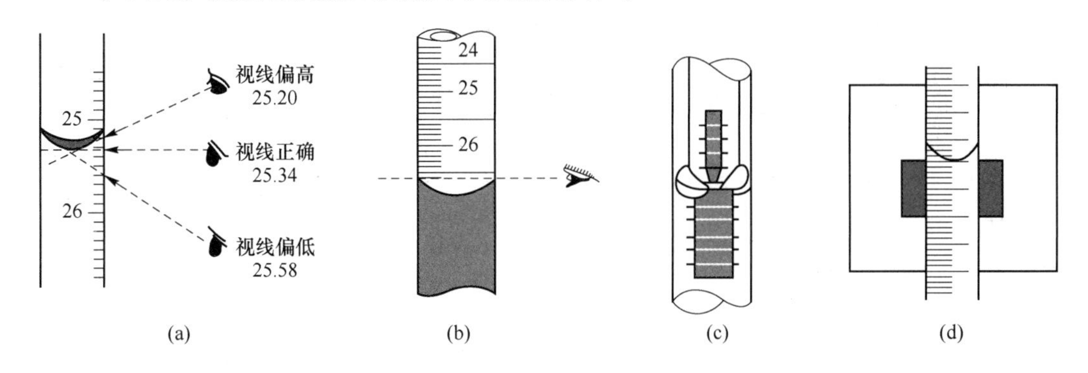

图 2-19　滴定管读数

（a）读数视线的位置；（b）深色溶液的读数；（c）蓝线滴定管读数；（d）借黑纸卡读数

2.2.1.3 滴定操作

滴定前必须去掉滴定管尖端悬挂的残余液滴，读取初读数。滴定最好在锥形瓶中进行，液体多时也可在烧杯中进行。滴定时，每次都应从0.00 mL或接近0.00 mL的某一刻度开始，这样可减少滴定管刻度不均匀而带来的系统误差。

滴定过程，滴定和摇动溶液要同时进行，不能脱节。左手控制滴定速度，右手摇瓶。

将酸式滴定管垂直夹在滴定管夹上，下端伸到容器内1 cm左右。左手控制滴定管活塞，大拇指在前，食指和中指在后，手指略微弯曲，手心空握，轻轻地向内扣住活塞，以免活塞松动甚至顶出活塞，造成漏水，操作如图2-20所示。如用碱式滴定管，则用左手拇指和食指轻捏玻璃珠近旁的橡皮管，使形成一条缝隙，溶液即可流出，如图2-21所示。为了防止尖嘴玻璃管在滴定过程中晃动，可用左手的无名指和小指夹住尖嘴玻璃管。注意不要使玻璃珠上下移动，更不要捏玻璃珠下部的橡皮管，以免空气进入而形成气泡，影响准确读数。

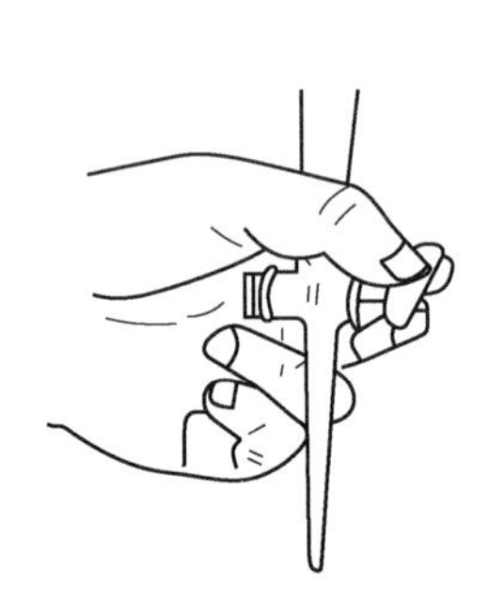

图2-20 酸式滴定管的操作

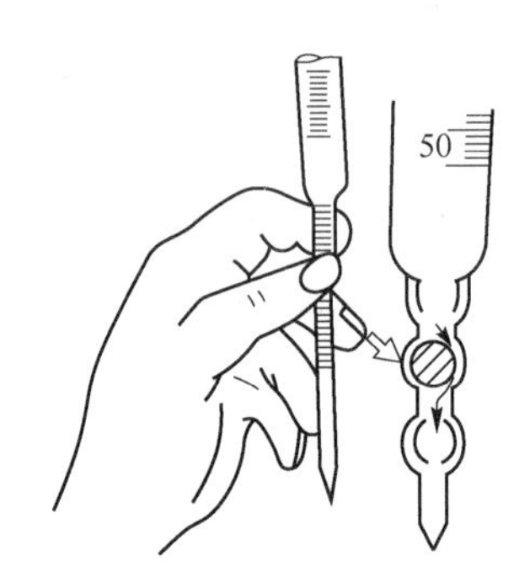

图2-21 碱式滴定管的滴定操作

滴定时，左手握住滴定管滴加溶液，右手的拇指、食指和中指拿住锥形瓶，其余两指辅助在下侧，边滴边摇动，且向同一方向做圆周旋转（手腕转动带动瓶转），摇动速度以使溶液旋转出现一旋涡为宜，如图2-22所示。摇得太慢，会影响化学反应的进行；摇得太快，易使溶液溅出或碰坏杯嘴而造成误差。不能上下或前后振动，以免溅出溶液。

开始滴定时可快些，但不能呈流水状地从滴定管放出，一般控制在每分钟10 mL左右，每秒3~4滴，即一滴接着一滴。临近终点时，应一滴或半滴地加入，即加入一滴或半滴后用洗瓶吹出少量水洗锥形瓶壁，摇匀，再加入一滴或半滴，摇匀，直至溶液的颜色刚刚发生突变，即可认为到达终点，记录所耗滴定剂的体积（终读数）。

滴加半滴溶液的操作是：对于酸式滴定管，可轻轻转动活塞，使溶液悬挂在出口的尖嘴上，形成半滴，用锥形瓶内壁将其沾落，再用洗瓶吹洗。对于碱式滴定管，应先松开拇指和食指，将悬挂的半滴溶液沾在锥形瓶内壁上，这样可以避免尖嘴玻璃管内出现气泡。

若在碘量瓶等具塞锥形瓶中滴定时，瓶塞要夹在右手的中指与无名指之间（注意：不允许放在其他地方，以免沾污）。

滴定还可以在烧杯中进行，滴定方法与上述基本相同。滴定管下端伸入烧杯内1 cm，不要离壁过近，左手滴加溶液，右手持玻璃棒做圆周运动，如图2-23所示，不要碰到烧杯壁和底部。当加半滴时，可用玻璃棒下端承接悬挂的半滴溶液，放入烧杯中混匀。

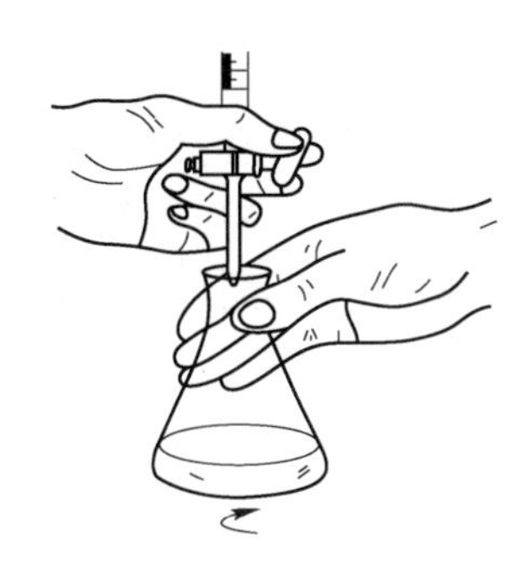

图 2-22　两手操作姿势图

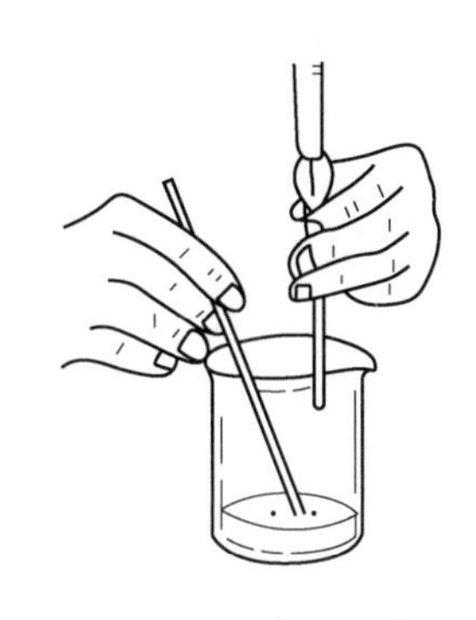

图 2-23　在烧杯中的滴定操作

总之，无论使用酸式滴定管还是碱式滴定管，都必须掌握三种滴液的方法：（1）连续滴加的方法，即一般的滴定速度“见滴成线”方法；（2）控制一滴一滴加入的方法，做到需一滴就加一滴；（3）学会使液滴悬而不落，只加半滴，甚至不到半滴的方法。

滴定结束后，滴定管内剩余的溶液应弃去，不可倒回原瓶中，以免沾污溶液。随后洗净滴定管，注满去离子水或倒挂在滴定管架上备用。

滴定操作中，还应注意整个滴定过程中，左手不能离开滴定管旋塞任溶液自流，眼睛注意观察液滴周围溶液的颜色变化，不要看着滴定管上的液面或刻度。摇动锥形瓶时，使溶液向同一方向做圆周运动，不可前后左右振动，锥形瓶口勿触碰滴定管嘴尖。平行测定时，每次都用滴定管中大致相同的体积段，如每次从零刻度附近开始。

2.2.1.4　滴定操作时注意事项

（1）滴定管不能在烘箱中烘干或用电吹风吹干，以免改变其容积。

（2）同一分析工作，应使用同一支滴定管。

（3）滴定管用毕后，倒去管内剩余溶液，先用自来水冲洗干净，再用蒸馏水淋洗 3～4 次后，然后倒置夹在滴定管夹上。或装入蒸馏水至刻度线以上，用大试管套在管口上，这样，下次使用时可不必再用洗液洗涤。如果实验后不进行清洗，残余溶液风干后会粘在滴定管内壁，不易洗净而污染下次盛放的标准滴定溶液。

（4）当酸式滴定管长期不用时，将活塞拔出，洗去润滑脂，在活塞部分垫上纸片再盖回；否则，时间久了活塞不易打开。碱式滴定管不用时胶管应拔下，蘸些滑石粉保存。

2.2.2　酸碱指示剂

酸碱指示剂是一类结构较复杂的有机弱酸或有机弱碱，它们在溶液中能部分电离成指示剂的离子和氢离子（或氢氧根离子），并且由于结构上的变化，它们的分子和离子具有不同的颜色，因而在 pH 值不同的溶液中呈现不同的颜色。其酸式色与碱式色不同。选择酸碱指示剂的原则基于其在不同 pH 值范围内的颜色变化特性。

2.2.2.1　变色原理

以 HIn 表示指示剂，在溶液中，存在以下平衡：

$$\underset{(\text{酸式色})}{HIn} \rightleftharpoons H^+ + \underset{(\text{碱式色})}{In^-}$$

Ka 设为指示剂的解离常数。当 $[In^-]/[HIn]=1$ 时，溶液的 $pH=pKa$，称为指示剂的理论变色点。pH = pKa ±1 被看作指示剂变色的 pH 值范围，习惯上称为指示剂的理论变色范围。

溶液的颜色是由［In^-］/［HIn］的比值来决定的，其随溶液的［H^+］的变化而变化：

（1）当［In^-］/［HIn］≤1/10，pH≤pKa -1，呈现的主要是酸式色；

（2）当 10 >［In^-］/［HIn］> 1/10，pH 值在 pKa ±1 之间，颜色逐渐变化的混合色；

（3）当［In^-］/［HIn］≥10，pH≥pKa +1，呈现的主要是碱式色。

但在实际工作中，指示剂的变色范围不是根据 pKa 计算出来的，而是依靠人眼观察出来的。实际变色点与理论变色点常有一定差别，这与指示剂酸、碱式的颜色深浅及观察者对不同颜色的敏感度有关。

2.2.2.2 酸碱指示剂的分类

酸碱指示剂的分类分为如下三类。

（1）单色指示剂：在酸式或碱式形体中仅有一种形体具有颜色的指示剂，如酚酞。

（2）双色指示剂：酸式或碱式形体均有颜色的指示剂，如甲基橙。

（3）混合指示剂：混合指示剂利用了颜色之间的互补作用，具有很窄的变色范围，且在滴定终点有敏锐的颜色变化，如溴甲酚绿-甲基红。

2.2.2.3 影响指示剂变色范围的因素

影响指示剂变色范围的因素包括以下4个因素。

（1）指示剂的用量：因为酸碱指示剂都是有机酸或有机碱，使用酸碱指示剂只能用 2~3 滴，用多了会增大误差。

双色指示剂的变色范围不受其用量的影响，但是指示剂的用量不宜太多，否则颜色的变化不敏锐，而且指示剂本身也会消耗一定滴定剂，带来误差。

单色指示剂用量的增加，其变色范围向 pH 值减小的方向发生移动。

（2）温度：温度的变化会引起指示剂解离常数 Ka 和水的质子自递常数 Kw 发生变化，因而指示剂的变色范围亦随之改变，对碱性指示剂的影响较酸性指示剂更为明显。

（3）中性电解质：盐类的存在，会改变指示剂的理论变色点 pH 值，且具有吸收不同波长光的性质，因此会改变指示剂颜色的深度和色调。

（4）溶剂：不同的溶剂具有不同的介电常数和酸碱性，因而会改变指示剂的解离常数和变色范围。

2.2.2.4 选择酸碱指示剂的主要原则

（1）pH 值范围匹配：最理想的指示剂应该恰好在化学计量点时变色。为了保证滴定终点误差在 ±0.1% 范围以内，指示剂的变色要在滴定突跃范围以内。

（2）依据操作不同，选择颜色可出现明显变化的：一般溶液颜色的变化由浅到深容易观察，而由深变浅则不易观察。因此应选择在滴定终点时使溶液颜色由浅变深的指示剂，以便观察者能够轻松识别，这样可以提高实验的准确性。例如，HCl 和 NaOH 中和时，尽管酚酞和甲基橙都可以用，但当使用 HCl 滴定 NaOH 时，甲基橙加在 NaOH 里，达到化学计量点时，溶液颜色由黄变红，易于观察，故选择甲基橙；而使用 NaOH 滴定 HCl 时，酚酞加在 HCl 中，达到化学计量点时，溶液颜色由无色变为红色，易于观察，故选择酚酞。

（3）稳定性：酸碱指示剂在实验条件下应具有足够的稳定性，以保持其颜色变化不受光、温度或化学反应的影响。

（4）无干扰：指示剂的颜色变化不应受到被测溶液中其他化学物质的干扰。如果被测溶液中存在其他物质，选择不容易受到这些物质干扰的指示剂。

（5）经济性：在可行的情况下，选择成本较低的指示剂，以降低实验成本。

2.2.3　实验数据的记录、核准、运算、表达与处理

2.2.3.1　实验数据记录

学生应有专用的、预先编好页码的实验记录本，且不得撕去任何一页。决不允许将数据记在单页纸或小纸片上，或随意记在其他任何地方。

实验过程中的各种测量数据及有关现象，应及时、准确而清楚地用钢笔或圆珠笔记录下来。不允许使用铅笔记录实验数据。记录数据时要本着严谨和实事求是的科学态度，切忌夹杂主观因素，决不允许随意伪造、篡改数据。

如果发现数据算错、测错或读错而需要改动时，可将该数据用一横线划去，再将正确数据清晰地写在其上方或旁边，使划去的数据仍然清晰可查，不得将划去的数据涂黑。

记录实验数据时，保留几位有效数字应和所用仪器的准确程度相适应。例如，用万分之一分析天平称量时，应记录至 0.0001 g，滴定管和移液管的读数应记录至 0.01 mL。

实验记录上的每一个数据都是测量结果，所以，重复观测时，即使数据完全相同，也应记录下来。进行记录时，对文字记录，应简明扼要。对数据记录，应预先设计一定的表格，以表格形式记录数据更为清楚明白。实验过程中涉及的各种特殊仪器的型号和标准溶液浓度等，也应及时准确记录下来。

2.2.3.2　误差和偏差

A　误差和准确度

所谓测量值是指用测量仪器测定待测物理量所得的数值，真值是指任一物理量的客观真实值。

测量值（x）和真值（μ）之间的差值称为误差（E），即 $E = x - \mu$，E 越小，则误差越小。误差反映测定结果的准确度，误差越小，测定结果的准确度越高。误差有正负之分，误差为正时，表示测定结果大于真实值，测定结果偏高；误差为负时，表示测定结果小于真实值，测定结果偏低。

误差常用绝对误差和相对误差来表示。绝对误差表示测定结果与真实值之差，相对误差则表示绝对误差在真实值中所占的百分率（或千分率）。

相对误差（E_r）：

$$E_r = \frac{E}{\mu} \times 100\%$$

相对误差更能反映误差对整个测定结果的影响。

虽然真值是客观存在的，但由于任何测定都有误差，一般难以获得真值。实际工作中，常用纯物质的理论值，国家提供的标准参考物质给出的数值，或校正系统误差后多次测定结果的平均值当作真值。

B　偏差和精密度

偏差是指个别测定结果 x_i 与 n 次测定结果的平均值之间的差值，一般测定总是平行

测定多次，多次测定数据之间的接近程度用精密度表示，即偏差越小，精密度越高。偏差也有正负之分。偏差常用绝对偏差（d）和相对偏差（d_r）来表示，还有平均偏差（$\bar{d}$）、相对平均偏差（RMD）、标准偏差（s）和相对标准偏差（RSD）等。

相对偏差：

$$d_r = \frac{x_i - \bar{x}}{\bar{x}} \times 100\%$$

平均偏差：

$$\bar{d} = \frac{|x_1 - \bar{x}| + |x_2 - \bar{x}| + \cdots + |x_n - \bar{x}|}{n} = \frac{\sum |x_i - \bar{x}|}{n}$$

相对平均偏差：

$$RMD = \frac{\bar{d}}{\bar{x}} \times 100\%$$

标准偏差：

$$s = \sqrt{\frac{\sum |x_i - \bar{x}|^2}{n-1}}$$

相对标准偏差：

$$RSD = \frac{s}{\bar{x}} \times 100\%$$

准确度表示测定结果与真实值之间的符合程度，而精密度表示各平行测定结果之间的吻合程度。评价分析结果的可靠程度应从准确度和精密度两方面考虑。精密度高是保证准确度高的前提条件。精密度差，表示所得结果不可靠。但精密度高，不一定能保证准确度高，若无系统误差存在，则精密度高，准确度也高。

C 误差的分类

误差分为系统误差、偶然误差（随机误差）和过失误差。

a 系统误差

系统误差又称可测误差，在同一条件下（方法、仪器、环境、观察者不变）多次测量时，误差大小和正负号保持不变，重复测量时会重复出现，无法相互抵消。系统误差反映了多次测量总体平均值偏离真值的程度。

产生系统误差的原因如下。

（1）仪器误差：因测量仪器未经校正而引起的误差。例如，天平的两臂不等长所引起的称量误差，移液管和滴定管的刻度未经校正就使用而引起体积误差。

（2）方法误差：因实验方法本身或理论不完善而引起的误差。例如，在重量分析中，沉淀物的溶解总是导致负误差；称量物有吸水性及共沉淀现象又总是引起正误差等。

（3）试剂误差：因试剂、蒸馏水含有杂质或容器被沾污引入杂质导致的误差。

（4）操作误差：由于分析人员的操作不够正确所引起的误差。例如，称样前对试样的预处理不当；洗涤沉淀次数过多或不足；灼烧沉淀时温度过高或过低；滴定终点判断不当等，都会带来误差。

（5）主观误差：由于分析人员本身的一些主观因素造成的误差，又称个人误差。例如，在滴定分析中辨别终点颜色时，有人偏深，有人偏浅；在读滴定管刻度时个人习惯性地偏高或偏低等。在实际工作中，没有分析工作经验的人往往以第一次测定结果为依据，第二次测定时主观上尽量向第一次测定结果靠近，这样也容易引起主观误差。

b 偶然误差

偶然误差又称随机误差，是由一些无法控制的不确定因素引起的，如环境温度、湿度、电压及仪器性能的微小变化等造成的误差。这类误差的特点是误差的大小、正负是随机的，不固定的。

造成偶然误差的原因难以发现和控制，似乎无规律可循，但当测定次数很多时，偶然误差服从正态分布。可以找到一定的规律，其规律性表现为绝对值相等的正误差和负误差出现的概率相同；小误差比大误差出现的概率大；特别大的误差出现的概率极小。

c 过失误差

过失误差是一种与事实并不相符的误差，其实质是一种错误，不能称为误差。它是由于实验人员缺乏责任心、工作粗枝大叶、操作不正确引起的。例如，操作过程中有沉淀的溅失或沾污；试样溶解或转移时不完全或损失；称样时试样撒落在容器外；读错刻度值、看错砝码、加错试剂、记录错误、计算错误等。这些都属于不允许的过失，一旦发生只能重做实验，这种结果决不能纳入平均值的计算中。只要加强责任心、工作认真细致，就可以避免此类误差。

D 误差的消除或减免

各类误差的存在是导致分析结果不准确的直接因素，因此，要提高分析结果的准确程度，应尽可能地减小误差，根据不同类型误差的特点，消除或减免误差的方法也不尽相同。

系统误差可通过对照试验、空白试验和仪器校正消除误差。

(1) 对照试验：校正方法误差。用标准试样和待测试样在同一条件下用同一方法测定，找出校正值，作为校正系数校正测定结果。

对照实验也可以用不同的测定方法，或者由不同单位、不同人员对同一试样进行测定来互相对照，以说明所选方法的可靠性。

(2) 空白试验：校正试剂、器皿等的误差。在不加待测组分的情况下，按照测定试样时相同的条件和方法进行测定。所得结果称为“空白值”。从试样分析结果中扣除空白值，可提高分析结果的准确度。

(3) 仪器校正：校正仪器误差，对准确度要求较高的测定，所使用的仪器如滴定管、移液管、容量瓶等，必须事先进行校正，求出校正值，并在计算结果时采用，以消除由仪器带来的系统误差。

因为偶然误差服从正态分布，所以可通过增加测量次数来减小测定结果的偶然误差，一般平行测定 3 ~4 次，高要求的测定 6 ~10 次。

在测试过程中如有可疑现象，应随时进行空白试验、对照实验。是否善于利用空白试验、对照实验，是分析问题和解决问题能力大小的主要衡量标准之一。

2.2.3.3 有效数字及其运算

A 有效数字

有效数字是指实际工作中所能测量到的有实际意义的数字，它不但反映了测量数据“量”的多少，而且也反映了所用测量仪器的精确程度。有效数字由仪器上能准确读出的数字和最后一位估计数字（可疑数字）所组成。如 50 mL 滴定管能准确读出 0.1 mL，则滴定管读数应保留至小数点后第二位，如 20.45 mL。

B　有效数字的确定

从第一位非零数字算起确定有效数字位数，如 0.02340，四位有效数字。注意以下几点。

（1）"0" 在数字中是否包括在有效数字的位数中，与 "0" 在数字中的位置有关。当 "0" 在数字前面，只表示小数点的位置（仅起定位作用），不包括在有效数字中；如果 "0" 在数字的中间或末端，应包括在有效数字的位数中。例如，0.35 的有效数字位数为两位，0.03560 的有效数字位数为 4 位，6.08 的有效数字位数为 3 位。

（2）科学计数法中，有效数字看 $n \times 10^m$ 中的 n，n 有几位即有效数字有几位。对于很大或很小的数字，采用指数表示法有时更为简明扼要，例如，234000 表示为 2.34×10^5，为三位有效数字。

（3）对于化学中经常遇到的 pH、pK、lg$K$ 等对数数值，有效数字由真数（小数部分）决定，整数部分相当于真数的指数，只起定位作用，不是有效数字。例如，pH 值为 7.68 是两位有效数字，而不是 3 位有效数字，7 是 "10" 的整数方次，即 10^{-7} 的 "7"，其 $[H^+] = 2.1 \times 10^{-8}\ mol \cdot L^{-1}$。

（4）首位≥8 时多算一位，如 9.8，计算时可以当三位。

（5）有一类数字如一些常数、倍数系非测定值，其有效数字位数可看作无限多位，按计算式需要而定。

C　有效数字修约规则

计算中，多余数字的修约按 "四舍六入五留双" 原则，即当多余尾数≤4 时舍去尾数，多余尾数≥6 时进位。尾数是 5 时分两种情况，5 后数字不为 0，一律进位；5 后无数或为 0，采用 5 前是奇数则将 5 进位，5 前是偶数则把 5 舍弃，简称 "奇进偶舍"。修约数字时要一次修约到位，例如，将 1.5234、5.8622、6.4510、7.5500、5.4500 分别处理成两位有效数字时，根据上述原则则应分别为 1.5、5.9、6.5、7.6、5.4。

D　运算规则

有效数字在进行运算时，先修约再计算。不同位数的几个有效数字在进行运算时，所得结果应保留几位有效数字与运算的类型有关。

（1）加减法：运算结果的小数点后的位数由绝对误差最大的数据决定，即由小数点后位数最少的决定。如 $2.34 + 0.234 + 0.0234$，其计算结果由 2.34 决定保留小数点后第二位。

（2）乘除法：运算结果的有效数字位数由相对误差最大的数据决定。如 $2.340 \times 0.234 \times 0.023$，其计算结果由 0.023 决定保留两位有效数字。

在进行一连串数值运算时，为了既简便计算又能确保运算的准确性，可暂时多保留一位有效数字，以免因多次修约引起误差累积，到最后结果时，舍去多余的数字，使最后结果恢复到与准确度相适应的有效数字位数。现在由于普遍使用计算器运算，虽然在运算过程中不必对每一步的计算结果进行修约，但应注意根据运算规则的要求，正确保留最后计算结果的有效数字位数。

一般情况下，对于高含量组分（>10%）的测定，分析结果报四位有效数字；对于中含量组分（1%~10%）的测定，报三位有效数字；对于微量组分（<1%）的测定，则报两位有效数字。误差和偏差（包括标准偏差）的计算，其有效数字一般保留一位，最多两位即可。

必须强调，只有在涉及直接或间接测定的物理量时，才考虑有效数字。对那些非测量的数字（如 1/2 等）和化学量的数值（如化学式 H_2SO_4 中“2”和“4”等）及从理论计算出的数值（π、e 等），没有可疑数字。其他如相对原子质量、其他常数等基本数值，若需要的有效数字少于公布的数值，可以根据需要保留有效数字的位数。单位换算因数则需要根据原单位的有效数字位数决定。

有效数字是测量和运算中的重要概念。掌握好这一概念有助于正确记录和表示测量结果，避免运算错误，而且能正确地选用物料的量和测量仪器。例如，配制 0.500 $mol \cdot L^{-1}$ $CuSO_4$ 溶液 100 mL，可称取 $CuSO_4 \cdot 5H_2O$ 晶体 12.48 g，而不必准确称取 12.4840 g。选用天平和容量仪器时，只需用 1/100 天平和量筒，而不必选用电子分析天平和容量瓶。

2.2.3.4 实验结果的数据表达与处理

在实验过程中，选择合适的数据处理方法，能够简明、直观地分析和处理实验数据，易于显示物理量之间的联系和规律性。常用的数据处理方法有以下几种。

A 列表法

使用表格处理数据简单清晰。列表时，要求写清表格名称、对应表中各变量之间的相互关系、标明物理量的单位和符号等。设计表格要简单明了，便于分析、比较物理量的变化规律。

B 作图法

常用作图包括曲线图、折线图、直方图等，所用图纸有直角坐标、极坐标、对数坐标纸等几种。作图时，坐标取值单位要合理，能反映测定的精度，曲线要光滑，注明图名和坐标轴所代表的物理量和使用的单位等。

C 数学方程式或计算机数据处理

利用计算机软件如 Excel 等或编制程序，通过计算机完成数据处理和图表等。

【C】任务实施

D 实验结果的处理

a 仪器与药品

仪器包括滴定管（50 mL）、锥形瓶（250 mL）、移液管（25 mL）。

药品包括 NaOH 固体、浓 HCl、甲基橙溶液（1 $g \cdot L^{-1}$）、酚酞（2 $g \cdot L^{-1}$，乙醇溶液）。

b 0.1 $mol \cdot L^{-1}$ NaOH 和 0.1 $mol \cdot L^{-1}$ HCl 溶液的配制

见任务 2.1。

c 酸碱溶液的相互滴定

（1）用 0.1 $mol \cdot L^{-1}$ NaOH 溶液润洗碱式滴定管 2~3 次，每次用 5~10 mL 溶液。然后将 NaOH 溶液装入碱式滴定管中，排除气泡，将液面调节至滴定管 0.00 刻度或稍下处（为何每次都要调到“0”刻度附近处，其道理何在?），静置 1 min 后，记录初始读数。

（2）用 0.1 $mol \cdot L^{-1}$ HCl 溶液润洗酸式滴定管 2~3 次，每次用 5~10 mL 溶液，然后将 HCl 溶液装入酸式滴定管中，排除气泡，调零并记录初始读数。

（3）从碱式滴定管中放出一定量（约 5 mL）NaOH 溶液于 250 mL 锥形瓶（锥形瓶使

用前是否要干燥？为什么？）中，加入30~40 mL蒸馏水，加1~2滴甲基橙指示剂，用酸管中的HCl溶液进行滴定操作，将溶液滴定到由黄色恰好转变为橙色，然后再多加几滴HCl，溶液变为红色后，用碱管中的NaOH溶液进行滴定操作，将溶液滴定到由红色恰好转变为橙色，然后再多加几滴NaOH，溶液变为黄色后再用酸管中的HCl滴定……，如此反复进行，直至操作熟练。此步骤是为了熟练掌握滴定操作及掌握甲基橙终点颜色（橙色）的确定。无需记录数据，但必须达到要求后，方可进行（4）（5）的实验步骤。

（4）从碱管中分别放出大约18 mL、20 mL、22 mL NaOH溶液（记下准确体积）置于锥形瓶中，以每分钟约10 mL的速度（即每秒滴入3~4滴）放出溶液，加入1~2滴甲基橙指示剂，用0.1 $mol \cdot L^{-1}$ HCl溶液滴定至溶液由黄色恰好转变为橙色[1]。按表2-6的格式记录并处理数据。计算体积比 V_{HCl}/V_{NaOH}，要求相对偏差在±0.3%以内。

表2-6 HCl溶液滴定NaOH溶液（指示剂：甲基橙）

滴定编号		Ⅰ	Ⅱ	Ⅲ
V_{NaOH}/mL				
V_{HCl}	初读数/mL			
	终读数/mL			
	净用量/mL			
V_{HCl}/V_{NaOH}				
平均值 V_{HCl}/V_{NaOH}				
相对偏差/%				

（5）用移液管准确移取25.00 mL 0.1 $mol \cdot L^{-1}$的HCl溶液置于锥形瓶中，加入1~2滴酚酞指示剂，用0.1 $mol \cdot L^{-1}$的NaOH溶液滴定至溶液由无色转变为微红色，且此微红色保持30 s不褪色即为终点（为什么？褪色的原因是什么？）。如此平行测定三份（颜色一致），要求三次之间所消耗NaOH溶液的体积的最大差值不超过±0.04 mL。按表2-7的格式记录并处理实验数据。

表2-7 NaOH溶液滴定HCl溶液（指示剂：酚酞）

滴定编号		Ⅰ	Ⅱ	Ⅲ
V_{HCl}/mL				
V_{NaOH}	初读数/mL			
	终读数/mL			
	净用量/mL			
V_{NaOH}平均值/mL				
V_{NaOH}极差/mL				

[1] 如果甲基橙由黄色转变为橙色终点不好观察，可用三个锥形瓶比较：一锥形瓶中放入50 mL水，滴入甲基橙1滴，滴入2滴0.1 $mol \cdot L^{-1}$ HCl则溶液呈现红色；另一锥形瓶中加入50 mL水，滴入甲基橙1滴，滴入1/4或1/2滴0.1 $mol \cdot L^{-1}$ HCl溶液，则溶液为橙色；另取一锥形瓶，其中加入50 mL水，滴入1滴甲基橙，滴入2滴0.1 $mol \cdot L^{-1}$ NaOH，则溶液呈现黄色。比较后有助于确定橙色。

d　课后思考题

（1）并行测定时，在每次滴定完成后，为什么要将标准溶液加至滴定管零刻度附近后再进行下次滴定?

（2）在 HCl 溶液与 NaOH 溶液浓度比较的滴定中，以甲基橙和酚酞作指示剂，所得的溶液体积比是否一致？为什么?

（3）若滴定从 0.00 mL 开始，第一份 HCl 溶液用 NaOH 溶液滴定至溶液恰呈微红色且在半分钟内不褪色时读数为 21.10 mL，相同量的第二份 HCl 溶液也从 0.00 mL 开始，直接很快地放 NaOH 溶液至读数为 21.10 mL，此时溶液应该是什么颜色?

【D】任务评价

根据以上数据分析偏差产生的原因（相对平均偏差保留 1 ~2 位有效数字）。

【技能目标】 掌握分析天平的使用以及滴定规范操作、溶液配制的方法。

【方法特点】 实践操作与理论计算要相得益彰，数据需要相互支撑。

【思政案例】 数据的可靠和准确，是无比严肃的一件事情，差之毫厘，谬以千里。

“伊萨克·佩拉尔”号潜艇事件

西班牙 S-80 级首艇“伊萨克·佩拉尔”号潜艇，设计性能先进。它全长 71 m，宽 7.3 m，水下排水量 2400 t，配备鱼雷、反舰导弹和巡航导弹，在搭载 32 名艇员的同时能运送 8 名特种兵。它同时装备柴油和电力引擎，能借助不依赖空气的推进系统，可长时间潜航，西班牙军方对它寄予厚望。为此，西班牙军方订购了 4 艘 S-80 型潜艇，项目总投资大约 27 亿美元。首艇“伊萨克·佩拉尔”号于 2005 年在西班牙纳万蒂亚船厂开工建造，原计划 2015 年服役，最后一艘预定 2019 年服役。然而，“伊萨克·佩拉尔”号即将完工时，出现严重问题，超重 75 t 至 100 t，一旦下水，可能无法浮上水面。调查结果让人目瞪口呆，超重原因是由于工程师设计时出现计算错误，小数点标错了位置。由这个案例可以看出凡做事一定要讲究“认真”二字。

（资料来源：网易网，小数点标错西潜艇超重）

项目3　无机化学实验品制备流程

【项目目标】 培养学生掌握无机化学实验提纯与制备的基本技能。

【项目描述】 本专题结合学生已学习的无机化学基本理论，使学生学习较为复杂的无机化合物的制备方法，进一步提高学生的实验技能，初步培养学生实验设计的能力。

任务3.1　由粗食盐制备试剂级氯化钠

【A】任务提出

氯化钠（普通盐）的提纯是一个重要的化工工程过程，通常用于食品工业（如腌制食品）、制药工业（如生理盐水）、化学工业（如制备纯碱）和其他应用（如农业用于选种）中。氯化钠的纯度非常关键，应采取适当的措施保证氯化钠满足使用要求。

（1）预习思考题：

1）产率如何计算；

2）怎样才能得到较大的晶体。

（2）实验目的：

1）学习提纯粗食盐的原理和方法；

2）掌握溶解、沉淀、常压过滤、减压过滤、蒸发浓缩、结晶等基本操作；

3）了解 Ca^{2+}、Mg^{2+}、SO_4^{2-} 等离子的定性鉴定；

4）掌握普通漏斗、布氏漏斗、吸滤瓶、蒸发皿、真空泵的使用。

【B】知识准备

3.1.1　试样的溶解

试样溶解的方法主要分为两种：一是用水、酸等液体溶解；二是高温熔融法。

3.1.1.1　*溶解法*

在化学实验中，为使反应物混合均匀，以便充分接触、迅速反应，或为提纯某些固体物质，常需将固体物质溶解，制成溶液。

溶解前，应根据固体物质的性质，选择适当的溶剂。水通常是溶解固体的首选溶剂，凡是可溶于水的固体物质应尽量选择水作溶剂。某些金属的氧化物、硫化物、碳酸盐及钢铁、合金等难溶于水的物质，可选用盐酸、硝酸、硫酸或混合酸等无机酸加以溶解。大多数有机化合物需要选择极性相近的有机溶剂进行溶解。

用液体溶剂溶解试样，加入溶剂时先将烧杯适当倾斜，再将量筒靠近烧杯壁，使溶剂顺着烧杯壁慢慢流入；或用玻璃棒引流，使溶剂沿玻璃棒慢慢流入，以防烧杯内溶液溅出而损失。

当固体颗粒较大时，在溶解前应进行粉碎。固体的粉碎可在干净的研钵中进行。研钵中所盛固体的量不要超过研钵容积的1/3。

溶解固体时，常用搅拌和加热的方法来加快溶解速度。(1) 搅拌，不仅可加速溶质的扩散，加快溶解速度，也可以使溶液的浓度和温度均匀。用搅拌棒搅动时，应手持搅拌棒并转动手腕使搅拌棒在溶液中均匀地转圈，不要用力过猛，不要使搅拌棒碰在器壁上，以免损坏容器。(2) 加热一般可加快固体物质的溶解速度，加热时应根据物质的热稳定性，选用直接加热或用水浴等间接加热的方法。

另外，在试管中溶解固体时，可用振荡试管的方法加速溶解。振荡时，实验者不能上下振荡，也不能用手堵住试管口来回振荡。

对溶解时会产生气体的试样，则应先用少量水将其润湿成糊状，用表面皿将烧杯盖好，然后用滴管将试剂自杯嘴逐滴加入，以防生成的气体将粉状的试样带出。

对需要加热溶解的试样，加热时要盖上表面皿，以防止溶液剧烈沸腾迸溅。加热后要用蒸馏水冲洗表面皿和烧杯内壁，冲洗时也应使水顺壁流下。整个实验过程中，盛放试样的烧杯要用表面皿盖上，以防脏物落入。放在烧杯中的玻璃棒不要随意取出，以免溶液损失。

3.1.1.2　熔融法

熔融是将固体物质和固体熔剂混合，在高温下加热，使固体物质转化为可溶于水或酸的物质。根据所用熔剂性质不同，可分为酸熔法和碱熔法。酸熔法是用酸性熔剂（如K_2SO_4、$KHSO_4$）分解碱性物质，碱熔法是用碱性熔剂（如Na_2CO_3、NaOH、K_2CO_3）分解酸性物质。

熔融一般在很高温度下进行，因此需要根据熔剂的性质选择合适的坩埚（如铁坩埚、镍坩埚、铂坩埚等）。将固体物质与熔剂混合均匀后，送入高温炉中熔融灼烧，冷却后用水或酸浸取溶解。

3.1.2　物质的加热、冷却和干燥

在实验室中加热常用酒精灯、热浴、电炉、电加热套、马弗炉、管式炉、烘箱及恒温水浴等设备与装置对试样进行加热。加热方式可分为直接加热和间接加热。

3.1.2.1　加热装置

A　酒精灯

酒精灯灯焰的温度分布如图3-1所示。点燃酒精灯需要用火柴或打火机，不能用已点燃的酒精灯直接点燃其他酒精灯，否则可能因灯内酒精外洒而引起烧伤或火灾。熄灭酒精灯时，切勿用嘴吹，用灯帽从火焰侧面轻轻罩上，火焰即灭。切不可从高处将灯帽扣下，以免损坏灯帽。火焰熄灭后，再提起灯罩，通一通气，以防下次使用时打不开灯罩。添加酒精时，必须先将灯熄灭，然后用小漏斗添加，且不要过满，加入量为壶容积的1/2～2/3。酒精灯不用时，必须将灯罩盖好，以免酒精挥发。

灯帽和灯身是配套的，不要搞混。灯帽不合适，不但酒精会挥发，而且酒精会由于吸水而变稀。因此灯口有缺损及损伤者不能用。

B　煤气灯

煤气灯样式较多，但构造原理基本相同，由灯座和金属灯管两部分组成，如图3-2所示。使用时把灯管向下旋转以关闭空气入口，再把螺旋针向外旋转以开放煤气入口。慢慢

打开煤气管阀门，用火柴在灯管口点燃煤气，然后把灯管向上旋转以导入空气，使煤气燃烧完全，形成蓝色火焰。煤气燃烧时，若空气量不足，则火焰发黄色光，应加大空气入口，增加空气量。若空气过多，则会产生“侵入”火焰，这时火焰缩入管内，煤气在管内空气入口处燃烧，此时应调小空气入口。而当灯管口火焰消失，或者变为一条细长的绿色火焰，同时煤气灯管中发出“嘶嘶”的声音时，可闻到煤气臭味，灯管被烧得很热。此时应立即关闭煤气管阀门，待灯管冷却后，关闭空气入口，重新点燃使用。

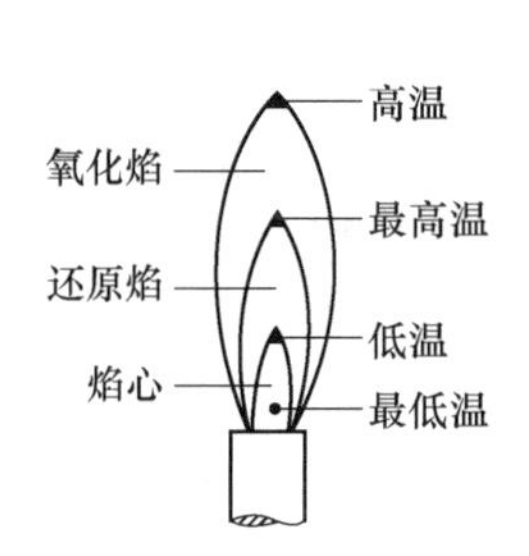

图 3-1 灯的火焰温度分布

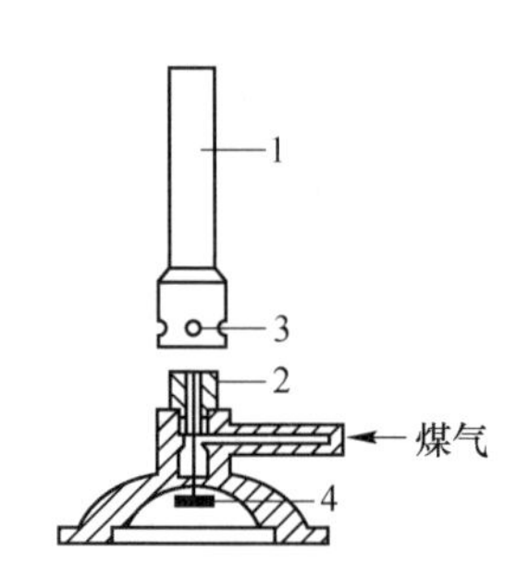

图 3-2 煤气灯构造

1—灯管；2—煤气出口；3—空气入口；4—螺丝

煤气是易燃、有毒的气体，煤气灯用毕，必须随手关闭煤气管阀门，以免发生意外事故。

C 电加热装置

实验室常用的电加热装置有电炉、箱形电炉、马弗炉和管式炉等。

(1) 电炉。电炉可以代替燃气灯用于一般加热。电炉分为开放式电炉和封闭式电炉两种，如图 3-3(a)(b) 所示。按功率大小可分为 500 W、800 W、1000 W 等。其温度高低可以通过调节电阻（外接可调变压器）来控制。在使用开放式电炉加热时，容器和电炉之间应隔一块石棉网，保证烧杯受热均匀。

(2) 电热恒温干燥箱。电热恒温干燥箱除了可用于烘干仪器外，也用于加热反应。但需注意的是易燃、易爆的物质和腐蚀性、易升华的物质不能放入电热恒温干燥箱中加热。

(3) 马弗炉。马弗炉如图 3-3(c) 所示，利用电热丝硅碳棒或硅钼棒来加热，最高温度可达 1600 ℃，温度由温度控制器自动控制。常用于灼烧坩埚、沉淀及高温反应等。马

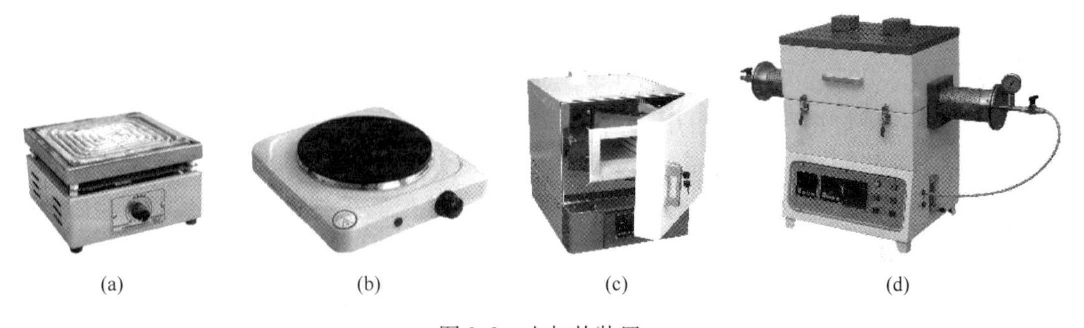

(a) (b) (c) (d)

图 3-3 电加热装置

(a) 电炉；(b) 封闭式电炉；(c) 马弗炉；(d) 管式炉

弗炉的炉膛呈正方形或长方形，使用时将试样置于坩埚内放入炉膛中加热。

（4）管式炉。管式炉如图 3-3(d) 所示，呈管状炉壁，可插入瓷管或石英管，在瓷管内放入盛有反应物的小舟（瓷舟或石英舟），通过瓷管或石英管控制反应物在空气或其他气体中进行的高温反应。

3.1.2.2　加热方式

A　直接加热

（1）直接加热试管中的液体。直接加热试管中的液体时，酒精灯温度不需要很高，这时可将灯芯调短些。擦干试管外壁，用试管夹夹住试管的中上部，手持试管夹的长柄进行加热操作。试管口向上倾斜，如图 3-4 所示，加热时，先加热液体的中上部，然后慢慢向下移动，再不时地上下移动，使溶液各部分受热均匀。管口不能对着自己或他人，以免溶液在煮沸时迸溅烫伤。液体量不能超过试管高度的 1/3。

（2）直接加热烧杯、烧瓶等玻璃器皿中的液体。加热烧杯、烧瓶中的液体时，酒精灯可用较大火焰，器皿必须放在石棉网上，以防受热不均而破裂。液体量不超过烧杯的 1/2 或烧瓶的 1/3。加热含较多沉淀的液体以及需要蒸干沉淀时，用蒸发皿比用烧杯好。

（3）直接加热蒸发皿中的液体。蒸发浓缩溶液时，可放在蒸发皿中进行，蒸发皿中的溶液不要超过其容积的 2/3。液体量多时可直接在火焰上加热蒸发，液体量少或黏稠时，要隔着石棉网加热。加热时要不断地用玻璃棒搅拌，防止液体局部受热四处飞溅。加热完后，需要用坩埚钳移动蒸发皿。

（4）直接加热试管中的固体。可将试管固定在铁架台上，试管口要稍向下倾斜，略低于管底，如图 3-5 所示，防止冷凝的水珠倒流至灼热的试管底部，炸裂试管。

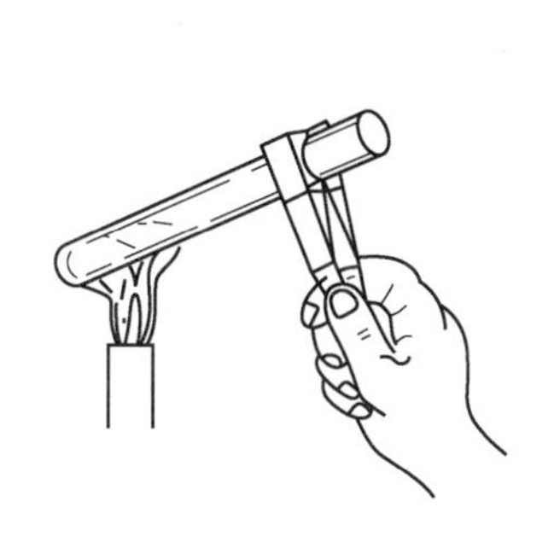

图 3-4　加热试管中的液体

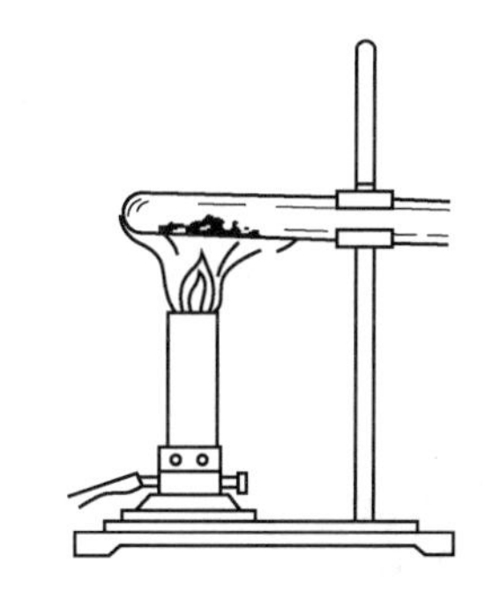

图 3-5　加热试管中的固体

B　间接加热

间接加热法是指发热源不直接接触受热容器，而是通过加热空气、水或导热油等介质，使受热容器得到均匀加热的加热方式。如以往在加热烧杯、烧瓶等玻璃容器中的液体时，器皿须放在石棉网上，下部再用火焰加热，这就属于间接加热法中的一种，称之为空气浴，即利用石棉网受热产生的热量加热空气，使器皿底部受热相对均匀。

电热套是由无碱玻璃纤维和金属加热丝编制成的半球形加热内套与控制电路组成，其加热方式也属于空气浴，可使容器受热面积达到 60% 以上，是一种替代石棉网实施空气浴加热的加热器具。

除了空气浴，间接加热法还有水浴、油浴，以往还有砂浴等加热方式，统称为热浴法。它们分别是采用空气、水、导热油以及砂子作为传热介质，使被加热的物品受热均匀，受热过程相对稳定，器皿不易破损，相对安全。

（1）水浴。当被加热物质要求受热均匀而温度又不能超过100 ℃时，可用水浴加热。水浴加热一般在水浴锅中进行，如图3-6(a) 所示。水浴锅是带有一套大小不同的同心圆的环形铜（或铝）盖的锅子。根据加热容器的大小选择合适的圆环，以尽可能增大容器受热面积而又不使容器触及水浴锅底为原则。水浴锅中加水量一般不超过容量的2/3，水面应略高于容器内的被加热物质，加热时可将水煮沸，但需注意及时补充水浴锅中的水，保持水量，切勿烧干。

若盛放加热物的容器并不浸入水中，而是通过蒸发出的热蒸气来加热，则称之为水蒸气浴。

实验室中的水浴加热装置可用大烧杯代替水浴锅，如图3-6(b) 所示。在烧杯中加一支架，可将试管放入进行水浴加热，也可放上蒸发皿进行蒸发浓缩。

（2）油浴。当被加热物质要求受热均匀，而温度高于100 ℃时，可使用油浴加热。油浴是以油代替浴锅中的水。一般加热温度在100～250 ℃。油浴的优点在于温度容易控制在一定范围内，容器内的被加热物质受热均匀。用的油有甘油（用于150 ℃以下的加热)、液体石蜡（用于200 ℃以下的加热)、硅油（用于250 ℃以下的加热）等。加热油浴的温度要低于油的沸点，当油浴冒烟情况严重时，应立即停止加热。油浴中应悬挂温度计，以便控制温度。加热完毕，容器提离油浴液面后放置一定时间，待附着在容器外壁上的油流完后，用纸和干布把容器擦干净再取出。使用油浴最好不要用明火，以防着火。

（3）砂浴。砂浴是将细砂盛在平底铁盘内。操作时，可将器皿欲加热部分埋入砂中，如图3-6(c) 所示，用煤气灯的非氧化焰进行加热（注意若用氧化焰强热，会烧穿盘底)。若要测量温度，必须将温度计水银球部分埋在靠近器皿处的砂中。

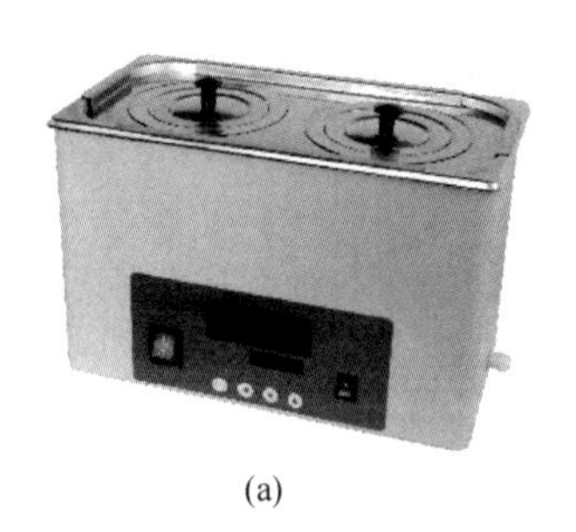

(a)

(b)

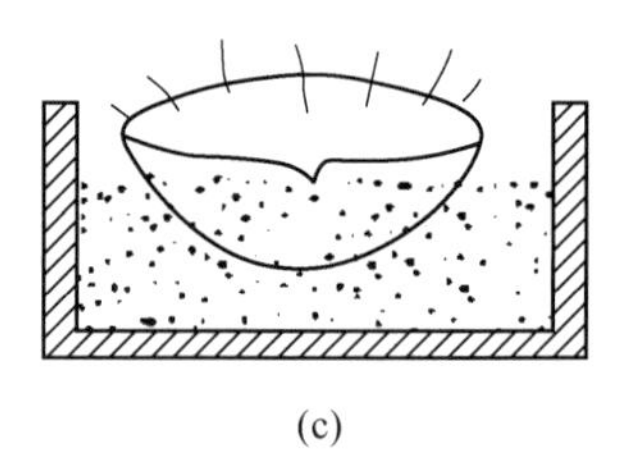

(c)

图3-6 加热浴

（a）恒温水浴锅；（b）烧杯作水浴锅加热；（c）砂浴加热

3.1.2.3 常用冷却的方法

在化学实验中需要根据情况，对一些物品进行冷却。常用的冷却方法有水中静置冷却、流水冷却、冰水冷却、冰盐浴冷却等。

对于需要冷却到室温的体系，除在室温中放置自然冷却之外，还可以采用水中静置冷却（例如结晶的析出)，或流水冷却。例如，加热熔解后需在室温下滴定的体系，可以将盛放溶液的锥形瓶外壁置于自来水龙头下，小心摇动，使之较快冷却达到室温。

若物质溶解、溶液配制或化学反应等，需要在低温（零至几摄氏度）条件下进行，就可以采取冰水冷却，将被冷却的物品（如器皿）直接放在冰水中。

对于需要0 ℃以下冷却的体系，应选择冰盐浴冷却。冰盐浴中的冷却剂由冰盐或水盐混合物组成，所能达到的温度由冰盐的比例和盐的品种决定（见表3-1）。

表3-1　常用冰（雪）盐冷却剂

盐类	100 g碎冰（或雪）中加入盐的质量/g	混合物能达到的最低温度/℃
NH_4Cl	25	-15
$NaNO_3$	50	-18
NaCl	33	-21
$CaCl_2 \cdot 6H_2O$	100	-29
$CaCl_2 \cdot 6H_2O$	143	-55

干冰和有机溶剂混合时，其温度更低（见表3-2）。为了保持冰盐浴的效率，要选择绝热较好的容器，如杜瓦瓶等。

表3-2　干冰与有机溶剂混合的温度

溶　剂	制冷最低温度/℃
干冰-乙醇	-86
干冰-乙醚	-77
干冰-丙酮	-86

除了以上冷却方法之外，水循环或低温恒温水槽等可以对反应体系或冷却体系进行控温冷却。

3.1.2.4　常用的干燥方法

A　干燥器的使用

物质常用的干燥方法有晾干法、烘干法、焙烧法等。在物品的干燥或保存过程中需要使用干燥器。

干燥器是存放干燥物品、防止吸湿的玻璃仪器。干燥器是一种带有磨口盖子的厚制玻璃器皿，其磨口涂有一层很薄的凡士林，使盖子密封，以防止水汽进入。下部盛有干燥剂（常用变色硅胶或无水氯化钙等），上部放一个带孔的圆形瓷板以盛放容器。开启（或关闭）干燥器时，应用左手朝里（或朝外）按住干燥器下部，用右手握住盖上的圆顶朝外（或朝里）平推器盖［图3-7(a)］。盖子取下后应放在桌上安全的地方（注意要磨口向上，圆顶朝下），用左手放入或取出物体，如坩埚或称量瓶，并及时盖好干燥器盖子。

当放入热坩埚时，为防止空气受热膨胀把盖子顶起，应当用同样的操作反复推、关盖子几次以放出热空气，直至盖子不再容易滑落。

搬动干燥器时，不应只捧着下部，而应用两手的大拇指同时按住盖子，以防盖子滑落，如图3-7(b) 所示。

使用时注意：干燥器应保持干燥，不得存放潮湿的物品；干燥器只在存放或取出物品时打开，物品取出或放入后，应立即盖上；放在底部的干燥剂不能高于底部的1/2处，以防沾污存放的物品。干燥剂失效后要及时更换。若使用变色硅胶，颜色为蓝色没有失效，

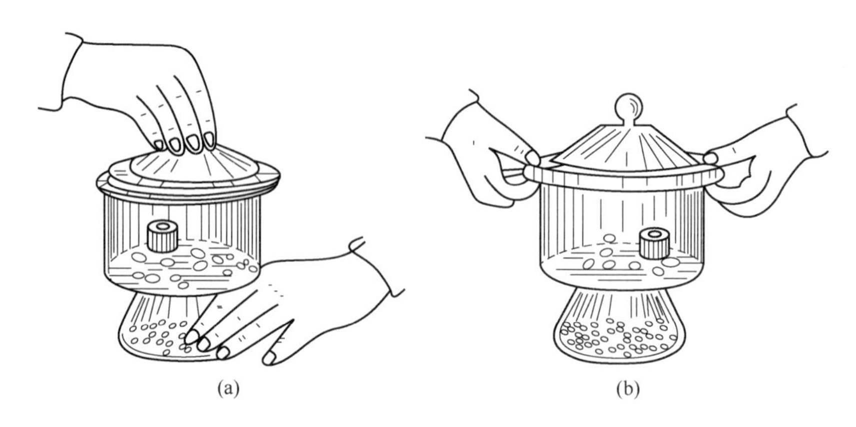

图3-7 干燥器及其使用
(a) 开启;(b) 搬动

受潮后变粉红色就不再有吸水性,应及时更换。所换出的硅胶可以在120 ℃烘干,待其变蓝后还可重复使用,直至破碎不能用为止。

B 干燥方法

a 晾干法

晾干法一般是将物品放置在大气环境中,利用水分的蒸发以及空气流通带走水分。

b 烘干法

烘干法大多是通过烘箱,在高于室温的条件下使水分蒸发去除。

烘箱一般采用电热方式,有自然对流式,也有鼓风干燥式。一般最高温度为200 ℃或300 ℃。

一般物质的烘干温度控制在100 ℃以上即可。含结晶水的物质,需要先分析其结晶水分解温度,将温度控制在分解温度之下。较为稳定,分解温度较高的物质,烘干的温度相对可以高些,反之烘干温度相对低些,甚至要采用真空干燥或冷冻干燥。具体的烘干温度应根据物质的性质决定,或根据相关国家标准或行业标准的规定确定。

使用烘箱时,严禁放入易燃、易爆物品,以及具有腐蚀性气体的物品;被烘物品的水分尽量滤干。

c 焙烧法

焙烧法是指用较高的温度(一般300 ℃及以上)去除水分的干燥方法。例如在重量分析法中,硫酸钡称量形式的获得就必须在800 ℃的条件下。这种方法一般使用高温炉,常用的高温炉为马弗炉。

3.1.3 蒸发、浓缩与结晶

在化合物制备过程中,往往要将产物制成固体,此时需要将溶液进行蒸发和浓缩,达到结晶的条件。

3.1.3.1 蒸发与浓缩

采用加热的方法,使溶剂(如水)不断减少的过程称为蒸发(浓缩)。蒸发(浓缩)时,应根据物质的热稳定性,选用直接加热或水浴等间接加热的方法。

蒸发浓缩通常是在蒸发皿中进行的（蒸发皿能使被蒸发液体具有较大的表面积，有利于蒸发）。蒸发皿中所盛的溶液量不可超过其容量的 2/3，以防液体溅出。若待蒸发液体较多，蒸发皿一次盛不下，可在蒸发过程中视溶剂的减少而酌情添加溶液。注意：不要使蒸发皿骤冷，以免炸裂。

蒸发浓缩的程度与溶质的溶解度大小和溶解度随温度的变化等因素有关。当物质的溶解度较大且随温度的下降而变小或要求晶体含结晶水时，可蒸发到溶液表面出现晶膜就可停止。若物质的溶解度较小或高温时溶解度较大而室温时溶解度较小，则不必蒸发到液面出现晶膜即可冷却。如果物质的溶解度随温度变化不大（如氯化钠），为了获得较多的晶体，必须蒸发到溶液呈稀粥状才可停止加热（若结晶时希望得到较大的晶体，则不宜浓缩得太浓）。

蒸发浓缩操作一般应在水浴上进行，当物质的热稳定性较好时，可将蒸发皿置于石棉网上加热蒸发，先用大火加热蒸发至沸，改用小火加热蒸发，注意控制好加热温度，以防溶液爆沸溅出，操作时戴上防护眼镜和手套。

有机溶剂的蒸发应在通风橱中进行，视溶剂的沸点和易燃性，注意选择适宜的温度。有机溶剂的蒸发常用水浴加热，不可用灯焰直接加热，最好加入沸石，以防止暴沸。

3.1.3.2　结晶

结晶是指溶液经蒸发（浓缩）达到饱和或过饱和后，溶质从溶液中析出晶体的过程。结晶的过程可分为晶核生成（成核）和晶体生长两个阶段，两个阶段的推动力都是溶液的过饱和度（结晶溶液中溶质的浓度超过其和溶解度之值）。晶核的生成有两种形式：均相成核和非均相成核。在高过饱和度下，溶液自发地生成晶核的过程，称为均相成核；溶液在外来物（如大气中的微尘）的诱导下生成晶核的过程，称为非均相成核。

从结晶体颗粒大小看，析出晶体颗粒的大小与结晶条件有关。当溶质的溶解度小、溶液的浓度高、溶剂的蒸发速度快、溶液快速冷却或不断搅拌时，析出的晶体颗粒就细小；反之，就可得到较大的晶体颗粒。从结晶体纯度来看，快速生成的细晶体，纯度较高；缓慢生长的大晶体，纯度较低，因为在大晶体的间隙易包裹母液或杂质而影响纯度。但晶体太小且大小不匀时，会形成稠厚的糊状物，挟带母液较多，不易洗净，也影响纯度。一般来说，溶液的过饱和程度越大，晶体析出的速度越快。过饱和是一种不稳定的状态，如果在过饱和溶液中加入一小粒晶体（晶种），搅拌溶液或用玻璃棒摩擦器壁，都可以引发晶核形成，加速晶体的析出。因此，在实际操作中，常根据需要，控制适宜的结晶条件，以得到大小合适的晶体颗粒，才有利于得到纯度较高的晶体。

3.1.4　固液分离

固体与液体分离方法有倾析法、过滤法、离心分离法三种。洗涤沉淀是为了除去混杂在沉淀中的母液和吸附在沉淀表面上的杂质。

3.1.4.1　倾析法

当沉淀物的相对密度较大或结晶颗粒较大时，且静置后易于沉降的，可采用倾析法进行固液分离，倾析法操作如图 3-8(a) 所示。倾析操作时，将玻璃棒横放在烧杯嘴上，将静置后沉淀上层的清液沿玻璃棒倾入另一容器内，即可使沉淀和溶液分离。

若需洗涤沉淀，可采用“倾析法洗涤”，即向倾去清液的沉淀中加入少量洗涤液（一般为去离子水），充分搅动后，再静置沉降，如图 3-8(b）所示。用上述方法将清液倾出，再向沉淀中加洗涤液洗涤，如此重复数次。

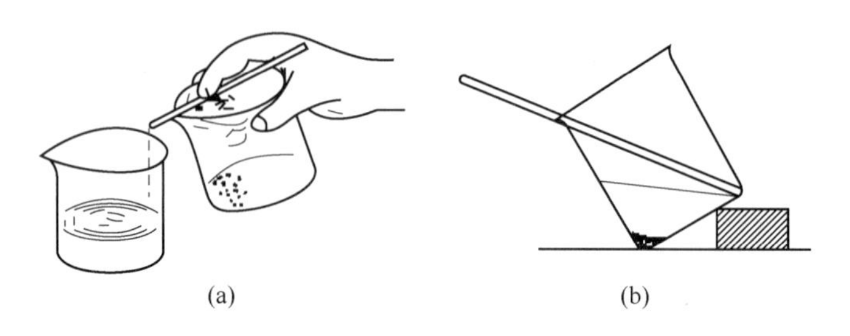

图 3-8　倾析法

3.1.4.2　过滤法

过滤法是固、液分离中最常用的方法。当沉淀物和溶液的混合物通过过滤器时，沉淀物留在过滤器上，而溶液通过过滤器进入接收容器中。过滤出来的溶液称为滤液。溶液的温度、黏度、过滤时的压力和沉淀物的状态、滤器的孔隙大小等都会影响过滤速度。一般而言：（1）热的溶液比冷的溶液容易过滤；（2）溶液的黏度越大，过滤越慢；（3）减压过滤比常压过滤快；（4）滤器的孔隙越大，过滤越快。沉淀物呈胶体时，应先加热一段时间将其破坏，否则会穿透滤纸。总之，要考虑各种因素，选择不同的过滤方法、不同的滤器等。

常用的过滤方法有常压过滤、减压过滤和热过滤。

A　常压过滤

常压过滤最为简便和常用。一般使用普通漏斗和滤纸作过滤器。此方法适用于胶体沉淀或细小的晶型沉淀，但过滤速度较慢。

a　滤纸的选择

滤纸是化学实验室常用过滤工具，按用途分主要有定量滤纸、定性滤纸和层析滤纸三类，按直径大小分为 7 cm、9 cm、11 cm 等规格，按滤纸纤维孔隙大小分为快速、中速、慢速三种。一般的固液分离实验选用定性滤纸。对于需要灼烧称量的沉淀，必须使用定量滤纸（也称无灰滤纸）过滤，这种滤纸灼烧后其灰分的质量在质量分析中可忽略不计（小于 0.1 mg）。

滤纸按照过滤速度和分离性能，又可分为快速、中速、慢速三类，在滤纸盒上分别用蓝色带（快速）、白色带（中速）、红色带（慢速）为标志分类。根据沉淀的性质选择滤纸的类型，对 $BaSO_4$、$CaC_2O_4 \cdot 2H_2O$ 等细晶型沉淀，应选用慢速滤纸；对 $Fe(OH)_3$ 等胶状沉淀，应选用快速滤纸；对于一般粗大晶型沉淀选中速滤纸。根据沉淀量的多少选择滤纸的大小。总之，定量分析实验中应尽可能选择定量滤纸，而化合物制备实验中一般选用定性滤纸。

注意滤纸不能过滤热的浓硫酸或硝酸溶液，不能过滤高锰酸钾等强氧化性溶液。

b　滤纸的折叠

滤纸的折叠如图 3-9 所示，折叠时应先把手洗净擦干，以免弄脏滤纸。将圆形滤纸对折两次成扇形，放在漏斗（漏斗内壁应干净且干燥）中量一下，若比漏斗大，用剪刀剪成比漏斗圆锥体边缘低 2 ~ 5 mm 的扇形。将折叠后为三层滤纸的外两层撕去一角（保存在干燥的表面皿中，以备擦拭烧杯及玻璃棒上的残留沉淀用）。打开扇形滤纸成圆锥体，一边为三层（包含撕角的两层），一边为单层，放入漏斗中（三层的一边对准漏斗出口短的一边），用手按着滤纸三层的一边，用少量去离子水把滤纸润湿，轻压滤纸赶去气泡，这样滤纸可完全紧贴漏斗内壁。

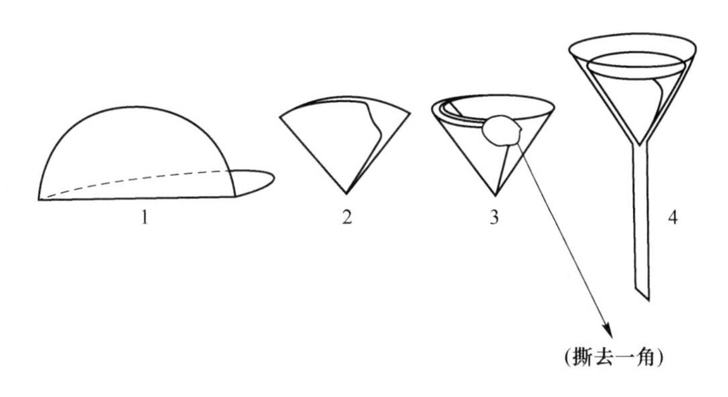

图 3-9　滤纸的折叠与安放
（1 ~ 4 为顺序）

若漏斗略大于或小于 60°，第二次对折时不要折死，先把椎体打开，放入漏斗，可以稍微改变滤纸的折叠角度，使滤纸与漏斗密合，此时可以把第二次的折叠边折死，但滤纸尖角不要重折，以免破裂。

加水至滤纸边缘，漏斗颈内应充满水形成水柱，而且滤纸上的水全部流尽后，漏斗颈内的水柱应仍能保持。若不能形成水柱，可用手指堵住漏斗下口，稍稍掀起三层滤纸的一边，向滤纸和漏斗之间的空隙加水，使漏斗颈和锥体的大部分被水充满，然后压紧滤纸边，松开堵在漏斗下口的手指，即可形成水柱。具有水柱的漏斗，由于水柱的重力牵引漏斗内的液体，可使过滤速度大大加快。

将贴有滤纸的漏斗放在漏斗架上，并调节漏斗架高度使漏斗颈末端紧贴烧杯内壁（烧杯容积应为滤液总量的 5 ~ 10 倍），使滤液沿容器内壁流下，不致溅出。

c　过滤

过滤一般采用倾析法，即先转移清液，后转移沉淀物。过滤操作过程如图 3-10 所示，转移清液时，溶液应沿着垂直的玻璃棒流入漏斗中；玻璃棒下端靠近三层滤纸处，但不要碰到滤纸；液面应低于滤纸边沿 0.5 cm，以防部分沉淀物因毛细作用而越过滤纸上缘造成损失；转移沉淀时，留少量清液并搅动成为悬浮液，然后快速小心地以倾析法过滤；暂停注入溶液时，应将烧杯沿玻璃棒向上提，并逐渐扶正烧杯，这样可以避免嘴上的液滴流到烧杯外壁，再将玻璃棒放回烧杯中。特别注意的是玻璃棒不能放在桌上或其他地方，也不能放在烧杯嘴尖处，以免玻璃杯粘上少量沉淀而损失。

B　减压过滤

减压过滤又称吸滤或抽滤，为了加速大量溶液与沉淀物的分离，常采用减压过滤。此法过滤速度快，沉淀物易抽干，但不宜过滤颗粒太小的沉淀物和胶体沉淀，因颗粒过于细

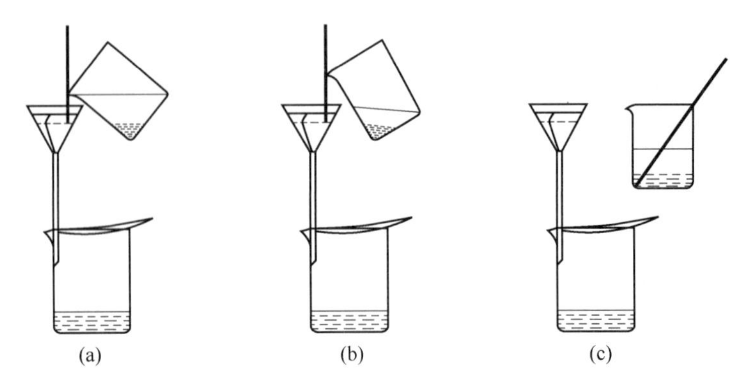

图3-10　过滤操作

(a) 玻璃棒垂直紧靠烧杯嘴，下端对着滤纸三层的一边，但不能碰到滤纸；(b) 慢慢扶正烧杯，杯嘴仍与玻璃棒贴紧，接住最后一滴溶液；(c) 玻璃棒远离烧杯嘴搁置

小的沉淀物和胶状沉淀均会堵塞布氏漏斗孔而难以过滤。

a　减压过滤装置

减压过滤装置由布氏漏斗、吸滤瓶、安全瓶和真空泵或水泵组成，如图3-11所示。其中布氏漏斗作过滤器，吸滤瓶作接收器，利用水泵中急速的水流将吸滤瓶中的空气抽出，使瓶内压力减小，形成负压，造成吸滤瓶内与布氏漏斗液面上的压力差，由此大大加快过滤速度。布氏漏斗是瓷质的，中间为具有许多小孔的瓷板，下端颈部装有橡皮塞，借以与吸滤瓶相连，橡皮塞塞进吸滤瓶的部分一般不超过整个橡皮塞高度的1/2。吸滤瓶有一支管，用来与水泵相连。安全瓶的作用是防止自来水倒吸入吸滤瓶。如不要滤液，也可不用安全瓶。

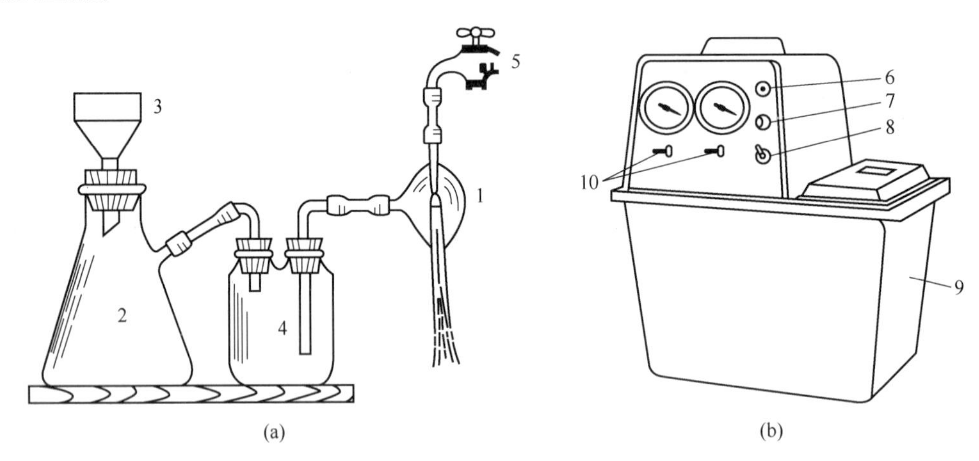

图3-11　减压过滤装置及真空泵

(a) 减压过滤装置（使用安全瓶形式）；(b) 循环水真空泵

1—水泵；2—吸滤瓶；3—布氏漏斗；4—安全瓶；5—自来水龙头；6—指示灯；7—保险丝；8—开关；9—水箱；10—抽气头

b　减压过滤操作

现以不使用安全瓶为例，先取一张合适的滤纸覆于布氏漏斗内，滤纸应比布氏漏斗的内径略小，以能恰好盖住瓷板上的所有小孔为宜。安装布氏漏斗和吸滤瓶时，将布氏漏斗

出口处的斜面对准吸滤瓶的支管，以防止滤液被抽入安全瓶或真空泵中造成污染。抽气阀的橡皮管和吸滤瓶支管相连接。用少量水润湿滤纸，微微抽气，使滤纸紧贴在漏斗的瓷板上。然后开启抽气阀门，用倾析法转移溶液，每次倒入的溶液量不超过漏斗容积的 2/3，待溶液流完后，再转移沉淀，直至沉淀被抽干。抽滤时，吸滤瓶内的液面应低于支管的位置，否则滤液将被泵抽走。

在布氏漏斗内洗涤沉淀时，应停止吸滤，让少量洗涤剂缓慢通过沉淀后再继续进行吸滤。

待不再有液滴滴落时，先拔掉抽滤瓶接管，再关闭电源。

布氏漏斗内取出沉淀物的方法是将漏斗的颈口朝上，轻轻敲打漏斗边缘或用吸球吹漏斗口，将沉淀物和滤纸一同吹出；也可用玻璃棒轻轻揭起滤纸边，以取出滤纸和沉淀物。取滤液时，滤液要从吸滤瓶的上口倒出，吸滤瓶的支管必须向上，不得从吸滤瓶的支管口倒出滤液。

若过滤酸性、强碱性或强氧化性溶液时，不可用滤纸，因为溶液会和滤纸作用而破坏滤纸，可用石棉纤维代替，具体操作如下：先将石棉纤维在水中浸泡一段时间，然后将石棉纤维搅匀，倒入布氏漏斗中，抽气，使石棉紧贴在瓷板上形成一层均匀的石棉层，若有小孔应补加石棉纤维，直至没有小孔。注意：石棉不要太厚，否则过滤速度慢。用石棉层过滤时，沉淀物与石棉纤维混杂在一起，因此这种方法只适于不要沉淀物的过滤。若过滤后要留用沉淀，则用玻璃砂芯漏斗代替布氏漏斗（强碱不适用）。

若过滤强酸性溶液，可用玻璃砂芯漏斗（或称玻纤砂漏斗，见图 3-12）。它是在漏斗下部熔接一片微孔烧结玻璃片作底部取代滤纸。按微孔大小的不同分成 1 ~ 6 号（1 号孔隙最大），可根据需要选择。过滤操作与减压过滤相同。使用时注意几点：沉淀物必须能用酸或氧化还原剂在常温下溶解，且不产生新的沉淀，否则会堵塞烧结玻璃片的微孔；不宜过滤碱性溶液，因为碱会与玻璃作用堵塞微孔；过滤结束后必须清理沉淀物，将漏斗洗干净后才能存放；1 号（G_1）和 2 号（G_2）相当于快速滤纸，3 号（G_3）和 4 号（G_4）相当于中速滤纸，5 号（G_5）和 6 号（G_6）相当于慢速滤纸。

C　热过滤

如果某些溶质在温度降低时很容易析出晶体，为防止溶质在过滤时析出，应采用趁热抽滤。过滤时，可把玻璃漏斗放在铜质的热漏斗内，后者装有热水（水不要装得太满，以免加热至沸后溢出），支管继续加热，以维持溶液温度，如图 3-13 所示。也可以事先把玻璃漏斗在水浴上用蒸汽预热，再使用。热过滤选用的玻璃漏斗颈越短越好（为什么?）。

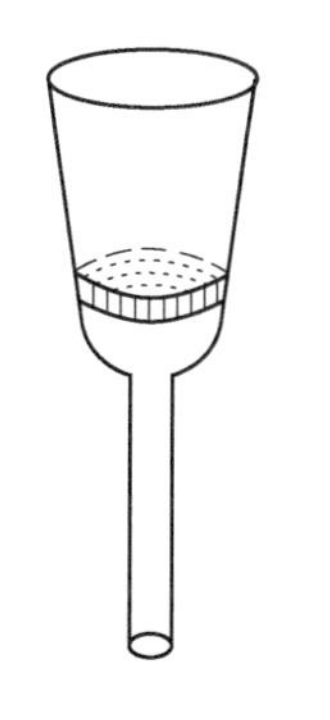

图 3-12　玻璃砂芯漏斗

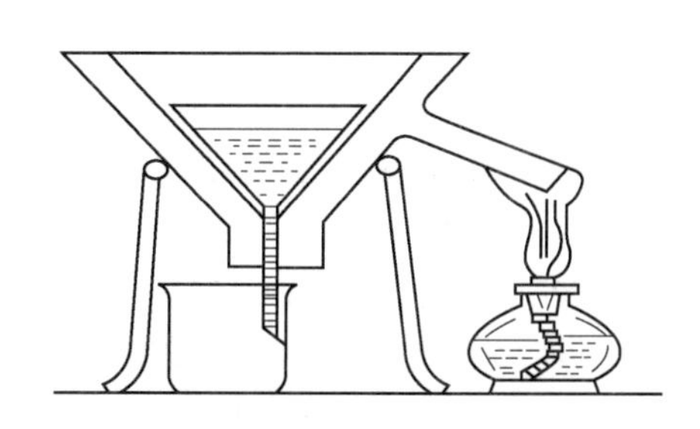

图 3-13　热过滤装置

热过滤使用折叠滤纸（也称菊花滤纸），以加速过滤。折叠滤纸的折法如图3-14所示，把滤纸对折，再对折，展开；把1-2的边沿折至1-4；1-3的边沿折至1-4；分别在1-5和1-6处产生新的折纹，见图3-14(1)。继续将1-2折向1-6，1-3折向1-5，分别得到1-7和1-8的折纹，见图3-14(2)。同样以1-2对1-5，1-3对1-6分别折出1-9和1-10的折纹，见图3-14(3)。最后在8个等份的每一个小格中间，以相反的方向再按顺序对折一次，折成16等份，见图3-14(4)。打开滤纸，得到如图3-14(5)所示的滤纸，再在2-2′和3-3′处各向内折一小折面，即得到菊花形滤纸，见图3-14(6)。

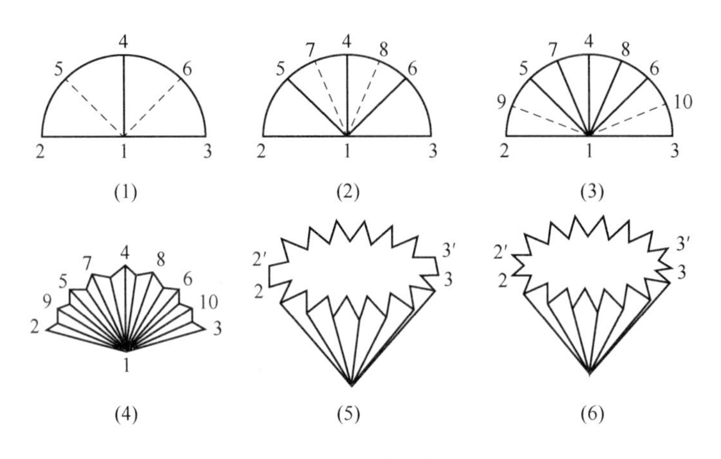

图3-14　折叠滤纸的折法

注意：折叠时不要每次都把尖嘴压得太紧，以防过滤时滤纸中心因磨损被穿透。

使用时，把滤纸打开并整理好，放入玻璃漏斗中，使其边缘比漏斗边缘低5 mm左右，然后将玻璃漏斗放入铜质热漏斗内，加热保温，趁热过滤。

3.1.4.3　离心分离法

当少量溶液与沉淀物分离时，用滤纸过滤常发生沉淀物粘在滤纸上难以取下的现象，采用离心分离法可克服以上困难。借助离心机的离心力，可快速沉降沉淀物，简便地实现固液分离。操作时，将盛有沉淀物的小试管或离心试管放入离心机（见图3-15）的套管内，当一次放置几个试管时需注意位置对称且质量相近；若只有一个试管需进行离心分离，则可在与之对称的位置放置另一支盛有相同质量水的试管，以保持离心机的平衡。开启离心机时，应先慢速转动，待运转平稳后再加速。离心机的转速及转动时间视沉淀的性质而定。一般的晶形沉淀离心转动1～2 min，转速为100 $r \cdot min^{-1}$；非晶形沉淀物沉降较慢，需离心转动3～4 min，转速为200 $r \cdot min^{-1}$。为了避免离心机高速旋转时发生危险，在离心机转动前要盖好盖子，停止时，让离心机自然停止转动，切不可用手或其他物件按住离心机的轴，强制其停止转动，否则离心机很容易损坏，甚至发生危险。

通过离心作用，沉淀紧密聚集在试管的底部或离心试管底部的尖端，溶液已澄清透明。分离试管中的沉淀物和溶液的方法是用滴管吸出上清液。具体操作为取一滴管，用手指捏瘪滴管的橡皮头，轻轻地插入斜持的试管或离心试管中，沿液面缓缓放松橡皮头，吸出上清液，直至全部溶液吸出为止，如图3-16所示。注意滴管的尖头部分不能接触沉淀物。若沉淀物需要洗涤，可加少量洗涤液于沉淀物中，充分搅拌后，再离心分离，吸去上层清液。如此重复洗涤2～3次。

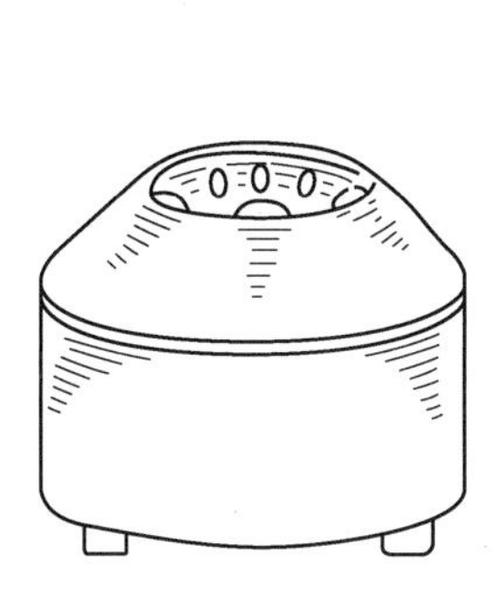
图3-15　电动离心机

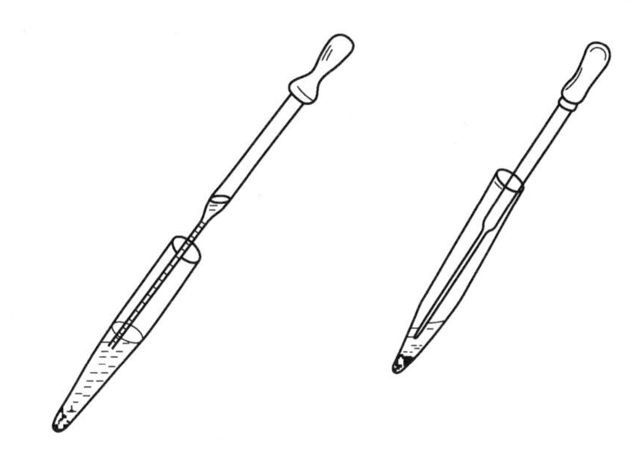
图3-16　用吸管吸取上层清液

3.1.5　试纸的使用

试纸是浸过指示剂或试剂溶液的小纸片，在无机化学实验中常用试纸来定性检验一些溶液的酸碱性或某些物质（气体）是否存在，操作简单，使用方便。

试纸的种类很多，无机化学实验中常用的有：pH值试纸、石蕊试纸、品红试纸、醋酸铅试纸和碘化钾-淀粉试纸等。

3.1.5.1　pH值试纸

pH值试纸是用于检验溶液pH值的试纸，分广泛pH值试纸和精密pH值试纸两种。广泛pH值试纸测试pH值的范围较宽，pH值为1～14，pH值变化单位为1个pH值单位；精密pH值试纸则可用于测试不同范围的pH值，如pH值为0.5～5.0、5.4～7.0、6.9～8.4、8.2～10.0、9.5～13.0等，pH值变化单位为0.5个pH值单位。

用试纸检验溶液的酸碱性时，将剪成小块的试纸放在干燥洁净的表面皿边缘或点滴板上，用玻璃棒蘸取待测溶液接触试纸中部，试纸即被溶液湿润而变色，将其与所附的标准色板比较，便可粗略确定溶液的pH值。注意不能将试纸浸泡在待测溶液中，以免造成误差或污染溶液。

3.1.5.2　石蕊试纸

石蕊试纸是用于检验溶液酸碱性的试纸，分红色石蕊试纸和蓝色石蕊试纸两种。红色石蕊试纸用于检验碱性溶液（或气体，遇碱时变蓝），蓝色石蕊试纸用于检验酸性溶液（或气体，遇酸时变红）。

使用方法与pH值试纸使用基本方法相同。如果检验的是气体，则先将试纸用去离子水润湿，再用镊子夹持横放在试管口上方（注意不要接触），在半分钟内观察试纸颜色的变化。不得将试纸浸入、放入溶液中，以免污染试液。

3.1.5.3　品红试纸

品红试纸是检验SO_2等酸性物质的一种试纸，不能用于检验酸碱。常利用品红的还原性和不稳定性来检验SO_2的漂白性。使用方法与石蕊试纸一致。

3.1.5.4　醋酸铅试纸

醋酸铅试纸是用于定性检验反应中是否有H_2S气体产生（即溶液中是否有S^{2-}存在）

的试纸。将滤纸经3%醋酸铅溶液浸泡后晾干即得醋酸铅试纸。

使用方法：将试纸用去离子水润湿，加酸于待测液中，将试纸横置于试管口上方，如H_2S气体有逸出，遇润湿的$Pb(Ac)_2$试纸后，即生成黑色（亮灰色）PbS沉淀，使试纸呈黑褐色并有金属光泽：

$$Pb(Ac)_2 + H_2S = PbS\downarrow（黑色）+ 2HAc$$

溶液中S^{2-}浓度较小时，用醋酸铅试纸不易检出。

3.1.5.5 碘化钾-淀粉试纸

碘化钾-淀粉试纸是用于定性检验氧化性气体（如Cl_2、Br_2等）的试纸。将滤纸在碘化钾-淀粉溶液中浸泡后晾干即可制成此试纸（碘化钾-淀粉溶液：将3 g淀粉与25 mL水搅匀，倾入225 mL沸水中，加1 g KI及1 g $Na_2CO_3 \cdot 10H_2O$，用水稀释至500 mL）。

其检测原理是氧化性气体与之发生反应生成I_2，I_2和淀粉作用呈蓝色。

$$2I^- + Cl_2(Br_2) = I_2 + 2Cl^-(Br^-)$$

注意：如气体氧化性很强，且浓度较大，还可进一步将I_2氧化成IO_3^-（无色），使蓝色褪去，从而误认为试纸没有变色，以致会得出错误的结论：

$$I_2 + 5Cl_2 + 6H_2O = 10HCl + 2HIO_3$$

使用方法：先将试纸用去离子水润湿，将其横放在试管口的上方，如遇氧化性气体（Cl_2、Br_2）则试纸变蓝。

使用试纸时，要注意节约，除把试纸剪成小条外，用时不要多取，用多少取多少。试纸应妥善保存，取用完后应立即收好，以免试纸被污染变质。用后的试纸要放在废纸篓或垃圾桶内，不要乱丢在水槽内，以免堵塞下水道。

试纸应密闭保存，不要用沾有酸性或碱性的湿手去取试纸，以免变色。

3.1.6 粗食盐提纯的实验原理与制备

3.1.6.1 粗食盐提纯的实验原理

无机化合物提纯的常见方法有两种：一种是结晶，即利用易溶物质的溶解度随温度的降低而减少使其从溶液中析出的方法；另一种是蒸馏，是根据物质的挥发性（即沸点高低不同）而提纯物质的方法。

化学试剂或医药用的NaCl都是用粗食盐为原料提纯的，粗食盐中含有不溶性的杂质和可溶性杂质。不溶性的杂质如泥沙等，可用溶解和过滤的方法除去；可溶性杂质主要是K^+、Ca^{2+}、Mg^{2+}、SO_4^{2-}等，由于它们的溶解度随温度变化不大，一般的结晶方法无法使其除去。为此需用化学法处理，选用合适的试剂使可溶性杂质都转化成难溶物，过滤除去。少量的可溶性杂质如K^+，在蒸发、浓缩和结晶的过程中仍留在溶液中。

化学法处理的原理是：利用稍过量的$BaCl_2$与氯化钠中的SO_4^{2-}反应转化为难溶的$BaSO_4$沉淀而除去；将溶液过滤，滤液中再加NaOH和Na_2CO_3与Mg^{2+}、Ca^{2+}和过量的Ba^{2+}反应生成碳酸盐沉淀，通过过滤的方法除去；过量的Na_2CO_3和NaOH会使产品呈碱性，将沉淀过滤后加盐酸除去过量的OH^-和CO_3^{2-}，有关化学反应式如下：

$$Ba^{2+} + SO_4^{2-} = BaSO_4\downarrow$$

$$2Mg^{2+} + 2OH^- + CO_3^{2-} = Mg_2(OH)_2CO_3\downarrow$$

$$Ca^{2+} + CO_3^{2-} = CaCO_3 \downarrow$$
$$Ba^{2+} + CO_3^{2-} = BaCO_3 \downarrow$$
$$OH^- + H^+ = H_2O$$
$$CO_3^{2-} + 2H^+ = CO_2 \uparrow + H_2O$$

由粗食盐制备试剂级氯化钠

至于用沉淀剂不能除去的其他可溶性杂质，如 K^+，在最后的浓缩结晶过程中，绝大部分仍留在母液中（由于 KCl 溶解度比 NaCl 大，而且粗食盐中含量少，所以在蒸发和浓缩食盐溶液时，NaCl 先结晶出来，而 KCl 仍留在母液中），过滤时可与 NaCl 晶体分离而除去。少量多余的盐酸，在干燥 NaCl 时，以 HCl 形式逸出（表3-3）。

表3-3　不同温度下 NaCl 与 KCl 溶解度　　($g/100\ g\ H_2O$)

温度/℃	0	10	20	30	40	50	60	80	100
NaCl	35.7	35.8	35.9	36.1	36.4	36.7	37.1	38	39.2
KCl	28	31.2	34.2	37.2	40.1	42.9	45.8	51.3	56.3

【C】任务实施

3.1.6.2　粗食盐提纯的制备

A　仪器与试剂

仪器包括电子天平、烧杯（100 mL 2个）、普通漏斗、布氏漏斗、吸滤瓶、真空泵、蒸发皿、量筒（10 mL 1个，50 mL 1个）、泥三角、石棉网、三脚架、坩埚钳、酒精灯、铁架台（配2个铁圈）、滤纸、pH值试纸、试管（10支）、点滴板。

试剂包括 HCl 溶液（$2\ mol \cdot L^{-1}$）、HAc 溶液（$2\ mol \cdot L^{-1}$）、NaOH 溶液（$2\ mol \cdot L^{-1}$）、$BaCl_2$ 溶液（$1\ mol \cdot L^{-1}$）、Na_2CO_3 溶液（$1\ mol \cdot L^{-1}$）、六亚硝基钴酸钠溶液（$1\ mol \cdot L^{-1}$）、25% KSCN 溶液、$(NH_4)_2C_2O_4$ 溶液（饱和）、粗食盐、95%乙醇等。

镁试剂Ⅰ：溶0.001 g 对硝基苯偶氮间苯二酚于100 mL $1\ mol \cdot L^{-1}$ NaOH 溶液中。

B　粗食盐的提纯

a　粗食盐的称量和溶解

在天平上称取5 g 粗食盐，放入100 mL 烧杯中，加入20 mL 水（用何量器，什么规格？加水量的依据是什么？加水过多或过少对实验有什么影响？），加热、搅拌使食盐溶解（不溶性杂质沉于底部）（搅拌时要注意什么？）。

b　SO_4^{2-} 离子的除去

在微沸的食盐水溶液中（为什么要保持微沸？），边搅拌边逐滴加入约2 mL $1\ mol \cdot L^{-1}$ $BaCl_2$ 溶液（为什么要逐滴加入并不断搅拌？），要求将溶液中全部的 SO_4^{2-} 都变成沉淀 $BaSO_4$。记录所用 $BaCl_2$ 溶液的量（如何确定所用的体积数？）。注意钡盐有毒，切勿入口。

为检验 SO_4^{2-} 是否完全沉淀完全，可将酒精灯移开，待沉淀下沉后，再在上层清液中滴入1～2滴 $BaCl_2$ 溶液（或取少量上层清液于试管中滴加1～2滴 $BaCl_2$ 溶液），观察是否有浑浊现象。如清液不变浑浊，证明 SO_4^{2-} 已沉淀完全，如清液变浑浊，则要继续加 $BaCl_2$ 溶液，直到沉淀完全为止。

待沉淀完全后，继续用小火加热3～5 min（是否需要搅拌？为什么？），以使沉淀颗粒长大而便于过滤。冷却后用普通漏斗过滤，用少量蒸馏水洗涤沉淀，保留滤液，弃去沉淀。

c Mg^{2+}、Ca^{2+}、Ba^{2+}等离子的除去

将步骤 b 的滤液加热至沸，用小火维持微沸，边搅拌边逐滴加入约 1 mL 2 mol · L^{-1} NaOH 和 3 mL 1 mol · L^{-1} Na_2CO_3 溶液（加入的 Na_2CO_3 溶液是否能大量过量？为什么?）。按照上法通过实验确定 Na_2CO_3 溶液的用量，并记录。

仿照步骤 b 中方法检验 Mg^{2+}、Ca^{2+}、Ba^{2+} 等离子已沉淀完全后，继续用小火加热煮沸 5 min。冷却后用普通漏斗过滤，保留滤液，弃去沉淀。滤液转移到干净的蒸发皿中。

d 调节溶液的 pH 值

在步骤 c 的滤液中逐滴加入 2 mol · L^{-1} HCl 溶液（能否用其他酸代替 HCl?），充分搅拌，并用玻璃棒蘸取滤液在 pH 值试纸上试验，直到溶液呈酸性（pH 值为 2 ~ 3）为止，记录所用盐酸的体积。

e 蒸发浓缩

将溶液转移至蒸发皿中，置于泥三角上用小火加热并不断搅拌，蒸发浓缩到溶液呈稀糊状为止（溶液的体积约为原体积的 1/4），立即停止加热，切不可蒸干（为什么不可蒸干?）。自然冷却至室温，减压过滤，用少量的 95% 乙醇洗涤晶体，抽滤至布氏漏斗下端无水滴。

f 干燥

将晶体连同滤纸一起转移到蒸发皿中，放在石棉网上，用小火加热并搅拌，以免结块，一直烘干至 NaCl 晶体不沾玻璃棒为止（搅拌时为防止蒸发皿摇晃，在石棉网上放置一个泥三角，并用坩埚钳钳住蒸发皿）。得到的 NaCl 晶体应是洁白松散的。自然冷却后称其质量，计算产率。最后把精盐放入指定容器中。

C 产品纯度检验

称取粗食盐和提纯后的精盐各 1 g，分别溶于 5 mL 蒸馏水中，然后各分盛于 5 支试管中。用下述方法对照检验它们的纯度，并记录检验结果和结论。

（1）SO_4^{2-} 的检验：加入 3 滴 2 mol · L^{-1} HCl 溶液（为什么要加入盐酸溶液?）和 2 滴 1 mol · L^{-1} $BaCl_2$ 溶液，观察有无白色的 $BaSO_4$ 沉淀生成。若有白色沉淀产生，表示有 SO_4^{2-} 存在。

（2）Ca^{2+} 的检验：加 2 mol · L^{-1} HAc 溶液使呈酸性❶，再加入 3 ~ 4 滴饱和 $(NH_4)_2C_2O_4$ 溶液，稍待片刻，观察是否有白色的 CaC_2O_4 沉淀生成。若有白色沉淀产生，表示有 Ca^{2+} 存在。

（3）Mg^{2+} 的检验：加入 5 ~ 6 滴 2 mol · L^{-1} NaOH 溶液，使溶液呈碱性，再加入 2 滴镁试剂 I❷，观察溶液的颜色和是否有蓝色沉淀产生。若有天蓝色沉淀生成，表示有 Mg^{2+} 存在。

---

❶ 检验 Ca^{2+} 时，加入 HAc 的目的：镁离子对此反应有干扰，也产生草酸盐沉淀，但草酸镁溶于醋酸，故加醋酸可排除镁离子的干扰。

❷ 镁试剂是一种有机染料，它在酸性溶液中呈黄色，在碱性溶液中呈红色或紫色，但被 $Mg(OH)_2$ 沉淀吸附后，则呈天蓝色，因此可用来检验 Mg^{2+} 的存在。

(4) Fe^{3+}的检验：加入2滴25% KSCN溶液和2滴2 mol·L^{-1} HCl。观察溶液是否变为血红色。若溶液呈血红色，表示有Fe^{3+}存在。

(5) K^+的检验：加入2～3滴1 mol·L^{-1}六亚硝基钴酸钠溶液［$Na_3Co(NO_2)_6$］，放置片刻，观察是否有亮黄色沉淀生成。若产生黄色沉淀，表示有K^+产生。

D 数据记录与处理

产品外观：________________

产　　量：________________

实际产率：________________

产品纯度检验结果填入表3-4。

表3-4 产品纯度检验结果

检验项目	实验现象				
	SO_4^{2-}	Ca^{2+}	Mg^{2+}	Fe^{3+}	K^+
粗食盐					
精盐					
结论					

E 课后思考题

(1) 为什么用毒性很大的$BaCl_2$而不用无毒性的$CaCl_2$来除SO_4^{2-}？

(2) 在实验中，为什么要先加入$BaCl_2$，后加入Na_2CO_3？顺序相反行吗？加入$BaCl_2$后，不经过滤，待加入Na_2CO_3后再一并过滤行吗？

(3) 除去Mg^{2+}、Ca^{2+}、Ba^{2+}等离子时，能否用其他可溶性碳酸盐代替Na_2CO_3？

(4) 在粗食盐的提纯中，步骤b、c两步生成的沉淀能否合并进行过滤？

(5) 用HCl除去CO_3^{2-}时，为什么要把溶液的pH值调到2～3？溶液过酸、过碱对产品有何影响？

(6) 如果成品的产率过低或过高，试分析其可能的原因。

【D】任务评价

根据中华人民共和国国家标准GB/T 1266—2006化学试剂氯化钠为无色结晶，溶于水，几乎不溶于乙醇。不同规格的氯化钠标准见表3-5。

表3-5 中华人民共和国国家标准GB/T 1266—2006氯化钠规格

名　称	优级纯	分析纯	化学纯
氯化钠NaCl，w/%	≥99.8	≥99.5	≥99.5
pH值（50 g/L，25 ℃）	5.0～8.0	5.0～8.0	5.0～8.0
硫酸根SO_4^{2-}，w/%	≤0.001	≤0.002	≤0.005

(1) 根据产品纯度检验结果判断，提纯后的产品是否除杂干净？

(2) 根据实验结果试判断产品是否符合国家标准。

【E】任务拓展

(1) 现代跟古代相比，有没有更先进的制盐技术？

（2）抗结剂添加在食盐中的主要作用，是为了保持食盐松散的状态，防止食盐黏结在一起。根据国家相关标准 GB 2760—2014《食品添加剂使用标准》规定，食盐中可以使用的添加剂，主要有二氧化硅、硅酸钙、柠檬酸铁铵（枸橼酸铁铵）、亚铁氰化钾（钠）这4种。网上流传过食盐中添加的亚铁氰化钾影响人体健康，请查阅相关资料，讨论“食盐中的抗结剂——亚铁氰化钾安全性问题”。

【F】思政与知识拓展

中国食盐之储备充足，无需恐慌

食盐作为厨房中不可或缺的调味品，是人们日常生活中必不可少的物品，也是国家重要的战略资源之一。中国作为世界上最大的盐产国之一，有着众多的产盐区域，食盐种类也非常多。中国食盐资源主要包括海盐、井盐、岩盐和湖盐（也称为池盐），其中井矿盐占比最大，约为61%；湖盐占比22%，海盐占比17%。

（1）海盐。海盐是通过海水蒸发结晶得到的，主要的生产基地集中在辽宁、河北、天津、山东和江苏等沿海地区。其中，长芦盐场是我国海盐产量最大的盐场，位于河北省和天津市的渤海沿岸，年产量约为300多万吨，占全国海盐总产量的1/4。

我国另外的两大海盐场分别是台湾省的布袋盐场和海南省的莺歌海盐场，年产量分别为60多万吨和30多万吨。

（2）井盐。井盐是从地下抽取富含盐分的卤水，将卤水提取后蒸发结晶而得到。从储量来看，我国井矿盐的总储量为433亿吨，其中四川、湖北、云南等地的储量较多，四川自贡井盐的历史最为悠久。

（3）岩盐。岩盐是从地下岩石层中开采出来的盐矿，产地主要分布在我国的中西部地区，其中“中国岩盐之都”河南省平顶山市叶县储量最大。叶县的岩盐资源储量高达3300亿吨，盐矿覆盖面积约为400平方公里，根据《中国居民膳食指南》推荐的每日食盐摄入量计算，按目前人口数量计算，可供应全国人民食用约33000年。

（4）湖盐（池盐）。湖盐是从咸水湖中蒸发结晶得到的。中国有三大著名的盐湖：察尔汗盐湖、茶卡盐湖和运城盐湖。其中察尔汗盐湖是中国最大的盐湖，食盐储量可供全球目前人口食用约1000年。

我国的食盐资源储量丰富，可持续开采，完全能够满足国内需求，并有充足的出口能力。我们应该相信科学，相信政府，保持理性，共同维护社会的稳定和繁荣。

（资料来源：网易网，我国主要食盐来源不是海盐，井矿盐占比六成，河南盐矿够吃三万年）

任务3.2 转化法制备硝酸钾

【A】任务提出

硝酸钾（potassium nitrate），化学式 KNO_3 是一种重要的化学品，广泛用于火药、炸药、肥料、火焰爆竹和食品加工等领域。它可以通过多种方法制备，其中一种方法是转化法。通过本实验掌握利用物质溶解度的不同制备硝酸钾。

（1）预习思考题：

1）怎样利用溶解度的差别从氯化钾、硝酸钠中制备硝酸钾；

2）实验成败的关键在何处？应采取哪些措施才能确保实验成功。

（2）实验目的：

1）利用物质溶解度随温度变化的差别，学习用转化法制备硝酸钾晶体。

2）学习溶解、过滤、间接热浴操作，学习用重结晶提纯物质。

【B】知识准备

3.2.1　重结晶

如果结晶所得的物质纯度不符合要求，需要重新加入一定溶剂进行溶解、蒸发和再结晶，这个过程称为重结晶。重结晶是提纯固体物质最常用最有效的方法之一。它适用于溶解度随温度变化较大，杂质含量（质量分数）<5%，提纯物和杂质的溶解度相差较大的一类化合物的提纯。其原理是利用待提纯固体物质中各组分在某种溶剂中的溶解度不同，或在同一溶剂中不同温度时的溶解度不同，而达到使它们相互分离的目的。

重结晶提纯法的一般过程：选择溶剂、溶解粗晶（制备饱和溶液）、除去杂质、析出晶体（蒸发溶剂或冷却滤液）、收集和洗涤晶体、晶体干燥。如果析出的晶体纯度不合要求，可反复上述操作，进行多次重结晶，直至纯度达到要求。

3.2.1.1　溶剂的选择

选择理想的溶剂是重结晶操作的关键，溶剂选择的原则一般是根据“相似相溶”原理，通常无机化合物的重结晶以水为溶剂，而有机化合物的重结晶常用有机溶剂或混合溶剂。理想的溶剂必须具备的条件：（1）不与被提纯物质起化学反应；（2）在较高温度时能溶解多量的被提纯物质，而在室温或更低的温度时只能溶解很少量的该种物质；（3）杂质在热溶剂中不溶（可趁热过滤除去）或在冷溶剂中易溶（结晶时留在母液中）；（4）溶剂有适宜的沸点，溶剂沸点应低于被提纯物质的熔点。溶剂沸点过低时，制成饱和溶液和冷却结晶的两步操作温差小，固体物溶解度改变不大，影响产率，而且低沸点的溶剂过滤操作时易损失；溶剂沸点过高，附着于晶体表面的溶剂不易除去；（5）溶剂无毒或毒性低，操作安全，回收率高。

3.2.1.2　饱和溶液的制备

一般用锥形瓶或圆底烧瓶来溶解固体。用有机溶剂进行重结晶时，应安装回流冷凝管。在圆底烧瓶中加入已称量好的粗产品和沸石，先加少量溶剂，安装回流冷凝管，加热溶液至沸或近沸，再从冷凝管口继续滴加溶剂直至固体物全部溶解，记下溶剂用量。若需趁热过滤，则溶剂量还需再过量20%。

3.2.1.3　脱色或除去不溶性杂质

若溶液中有不溶性杂质，应趁热过滤除去；若溶液有颜色，则应采用活性炭进行脱色处理。活性炭用量视杂质多少和颜色深浅而定，通常为粗产品质量的1%～5%。具体方法：待沸腾的饱和溶液稍冷后，加入适量的活性炭（沸腾时加易引起暴沸），加热煮沸或回流5～10 min，然后趁热过滤。

3.2.1.4　析晶

析晶即冷却结晶。一般析晶方法：在室温下，将饱和溶液静置，使之慢慢冷却至有晶体析出时，再用冷水或冰水进一步冷却，使析晶更完全。若溶液冷却后无晶体析出，可投入几粒小晶体（晶种），或用玻璃棒摩擦器壁，引发晶核形成，促使晶体析出。加入晶种的量不宜过多，而且加入后不要搅动，以免晶体析出太快影响纯度。

为了使析出的晶体形状好、颗粒大小均匀、不含杂质和溶剂，需要控制好饱和溶液的冷却速度。若冷却速度太快，晶体颗粒太小，表面积大而易吸附杂质，加大洗涤的困难。因此，不宜急冷和剧烈搅动溶液。若冷却速度太慢，晶体颗粒太大，易将母液和杂质包裹在晶体中。

3.2.1.5 收集和洗涤晶体

通常采用减压过滤的方法将晶体从母液中分离出来。为了除去晶体表面的母液，应选择合适的溶剂对晶体进行洗涤。

3.2.1.6 晶体的干燥

为了保证得到纯的晶体，必须对晶体进行干燥以彻底除去溶剂。具体的干燥方法要视溶剂的性质和晶体的稳定性来决定。溶剂的沸点比较低时，可在室温下自然干燥；溶剂沸点较高且晶体又不易分解和升华时，可用红外灯烘干或加热干燥；当晶体易吸水或吸水易发生分解时，应用真空干燥器干燥。

3.2.2 转化法制备硝酸钾的实验原理与制备

3.2.2.1 转化法制备硝酸钾的实验原理

工业上常采用转化法制备硝酸钾晶体，其反应如下：

$$NaNO_3 + KCl \longrightarrow NaCl + KNO_3$$

此反应是可逆的。根据氯化钠的溶解度随温度变化不大，而氯化钾、硝酸钠和硝酸钾在高温时具有较大或很大的溶解度而温度降低时溶解度明显减小（如氯化钾、硝酸钠）或急剧下降（如硝酸钾）的这种差别，将一定浓度的硝酸钠和氯化钾混合液加热浓缩，当温度达118～120 ℃时，硝酸钾溶解度增加很多，达不到饱和，不析出；而氯化钠的溶解度增加甚少，随浓缩、溶剂的减少，氯化钠析出。通过热过滤滤除氯化钠；再继续将此溶液冷却至室温，即有大量硝酸钾析出，氯化钠仅有少量析出，从而得到硝酸钾粗产品；再经过重结晶提纯，可得到纯品。硝酸钾等四种盐在不同温度下的溶解度见表3-6。

表3-6 硝酸钾等四种盐在不同温度下的溶解度 （g/100 g H_2O）

盐	温度/℃							
	0	10	20	30	40	60	80	100
KNO_3	13.3	20.9	31.6	45.8	63.9	110.0	169	346
KCl	27.6	31.0	34.0	37.0	40.0	45.5	51.1	56.7
$NaNO_3$	73	80	88	96	104	124	148	180
NaCl	35	35.8	36.0	36.3	36.6	37.3	38.4	39.8

【C】任务实施

3.2.2.2 转化法制备硝酸钾的制备

A 仪器与试剂

仪器包括量筒、烧杯、台秤、石棉网、三脚架、铁架台、热滤漏斗、布氏漏斗、吸滤瓶、真空泵、瓷坩埚、坩埚钳、温度计（200 ℃）、烧杯。

转化法制备硝酸钾

试剂包括硝酸钠（工业级）、氯化钾（工业级）、$AgNO_3$（0.1 mol·L^{-1}）、硝酸（5.0 mol·L^{-1}）、氯化钠标准溶液。

B　硝酸钾的制备

（1）在台秤上称取20 g硝酸钠和17 g氯化钾（取药量依据反应式给出的剂量比，可根据工业品的实际纯度自行折算），放入100 mL小烧杯中，加50.0 mL蒸馏水，加热至沸，使固体溶解（记下小烧杯中液面位置）。

（2）继续加热，并不断搅拌溶液，晶体逐渐析出（是什么?），当体积减小到原来的2/3（或热至118 ℃）时，趁热进行热过滤（漏斗颈应尽可能地短，为什么?），动作要快！承接滤液的烧杯预先加1.0 mL蒸馏水，以防降温时氯化钠达饱和而析出。

（3）滤液自然冷却。随着温度的下降，即有结晶析出（是什么?）。注意，不要骤冷，以防结晶过于细小。用减压过滤法过滤，尽量抽干。得到的晶体为粗产品，称重。

C　粗产品的重结晶

（1）除保留少量（0.1～0.2 g）粗产品供纯度检验外，按粗产品∶水＝2∶1（质量比）的比例，将粗产品溶于蒸馏水中。

（2）加热、搅拌，待晶体全部溶解后停止加热。若溶液沸腾时，晶体还未全部溶解，可再加极少量蒸馏水使其溶解。

（3）待溶液冷却至室温后抽滤，水浴烘干，得到纯度较高的硝酸钾晶体，称量。

D　纯度检验

（1）定性检验：分别取0.10 g粗产品和一次重结晶得到的产品放入两支小试管中，各加入2.0 mL蒸馏水配成溶液。在溶液中分别滴入1滴5 mol·L^{-1} HNO_3酸化，再各滴入0.1 mol·L^{-1} $AgNO_3$溶液2滴，观察现象，进行对比，重结晶后的产品溶液应为澄清，若有沉淀生成，则产品应再次重结晶。

（2）产品中氯含量的测定。

1）氯化物标准溶液的配制（1 mL含0.1 mg·L^{-1} Cl^-）。依据GB 602—2011的方法配制：称取0.165 g于500～600 ℃灼烧至恒重的分析纯氯化钠，溶于水，移入1000 mL容量瓶中，稀释至刻度。

2）试剂级氯化物浊度的测定：分别量取0.15 mL、0.30 mL、0.70 mL的氯化物标准溶液，稀释至25 mL，即得优级纯、分析纯和化学纯级别的氯化物标准溶液，分别加入2 mL 5 mol·L^{-1} HNO_3和0.1 mol·L^{-1} $AgNO_3$溶液，摇匀，放置10 min，然后与产品试样中总氯量的测定进行对照。

3）产品氯化物浊度的测定：称取1.0 g试样（称准至0.01 g），加热至400 ℃使其分解，于700 ℃马弗炉中灼烧15 min，冷却，溶于蒸馏水中（必要时过滤），稀释至25 mL，加2 mL 5 mol·L^{-1} HNO_3和0.1 mol·L^{-1} $AgNO_3$溶液，摇匀，放置10 min。与试剂级氯化物浊度的测定结果进行对照，即可得到产品含氯量的标准级别，所呈浊度不得大于标准。

E　课后思考题

（1）何谓重结晶？本实验都涉及哪些基本操作，应注意什么？

（2）制备硝酸钾晶体时，为什么要把溶液进行加热和热过滤？

（3）本实验中，影响 KNO_3 产率的主要因素有哪些？

【D】任务评价

根据中华人民共和国国家标准 GB 647—2011 化学试剂硝酸钾的氯最高含量（指标以%计）：优级纯 0.0015，分析纯 0.005，化学纯 0.01。

本实验要求重结晶后的硝酸钾晶体含氯量达化学纯为合格，否则应再次重结晶，直至合格，最后称量，计算产率，并与前几次的结果进行比较。

【E】知识拓展

硝酸钾

硝酸钾是一种无机化合物，化学式为 KNO_3，俗称火硝或土硝，为无色透明斜方晶体或菱形晶体或白色粉末，无臭，味苦咸，易溶于水，能溶于液氨和甘油，不溶于丙酮和无水乙醇。在工业、农业、食品等领域，硝酸钾具有广泛的应用。

（1）工业领域。硝酸钾是强氧化剂，与有机物接触能引起燃烧和爆炸，是制造烟花爆竹、黑色火药的原料，被列入《易制爆危险化学品名录》，并按照《易制爆危险化学品治安管理办法》管控。工业硝酸钾还可以应用于制作强化玻璃。

（2）农业领域。钾和氮是农作物生长必需的营养元素，硝酸钾富含钾和氮元素，具有高溶解性，有效成分能迅速被吸收且无残留，常用作农作物和花卉的复合肥料。

（3）食品领域。硝酸钾具有抗菌、增色、增味的作用，提高食品的品质和风味，常用作食品防腐剂和增色剂，如腌肉、午餐肉中常用硝酸钾作防腐剂。硝酸钾还可用作面粉改良剂，增加面粉的弹性和韧性。中国规定在肉类制品中硝酸钾最大使用量为 0.5 g/kg，残留量不得超过 0.03 g/kg。

硝酸钾在医学上用作利尿剂，还被作为牙膏的一种成分。硝酸钾应用于太阳能储能是一大亮点。硝酸钾的应用多样化，使其成为地球上最有用的化合物之一。

（资料来源：百度百科硝酸钾；百度百家号，淮纺泰聚化工有限公司，农业硝酸钾作用效果；圣和化工厂家，食品添加剂-硝酸钾的应用介绍；范德生物，硝酸钾的介绍、应用）

任务 3.3　硫酸亚铁铵的制备

【A】任务提出

硫酸亚铁铵是一种重要的化工原料，用途十分广泛。它可以作净水剂；在无机化学工业中，它是制取其他铁化合物的原料，如用于制造氧化铁系颜料、磁性材料、黄血盐和其他铁盐等；它还有许多方面的直接应用，如可用作印染工业的媒染剂，制革工业中用于鞣革，木材工业中用作防腐剂，医药中用于治疗缺铁性贫血，农业中施用于缺铁性土壤，畜牧业中用作饲料添加剂等，还可以与鞣酸、没食子酸等混合后配置蓝黑墨水。

通过硫酸亚铁铵的制备实验巩固之前学习的溶解、蒸发浓缩、结晶、过滤等基本操作。

（1）预习思考题：

1）列出硫酸铵投加量的计算公式；

2）定量分析中常用哪种物质来配制亚铁离子的标准溶液？为什么。

（2）实验目的：

1）了解复盐的一般特性及制备硫酸亚铁铵的方法；

2）掌握水浴、减压过滤、蒸发、pH 值试纸等基本操作；

3）了解无机制备的投料、产量、产率的有关计算以及产品纯度的检验方法。

【B】知识准备

3.3.1 复盐与配合物

复盐（double salt）是由两种或两种以上简单盐所组成的具有特定性质的化合物。复盐含有相似晶格、大小相近的离子，从而这些离子在一起会形成复盐。复盐的溶解度一般比简单盐小，溶于水后电离出的离子，跟组成它的简单盐电离出的离子相同。使两种简单盐的混合饱和溶液结晶，可以制得复盐。如，使 $CuSO_4$ 和 $(NH_4)_2SO_4$ 的溶液混合结晶，能制得硫酸铜铵 $[(NH_4)_2SO_4 \cdot CuSO_4 \cdot 6H_2O]$。

配合物是配位化合物的简称，又称络合物，是一类具有特征化学结构的化合物，由中心原子（或离子）和配体通过配位键结合而形成，是一类非常广泛和重要的化合物。配合物在水中解离出内界（配离子）和外界。配合物与原来各组分的性质不同，配合物都具有一定的空间构型，有特定的理、化性质。

配离子在溶液中的解离与弱电解质的电离平衡相似，也有解离平衡常数，在溶液中仅可以微弱地解离出极少量的中心原子（离子）和配位体。如将 $CuSO_4$ 溶于氨水中得到硫酸四氨合铜（Ⅱ）（$[Cu(NH_3)_4]SO_4$），其中 $[Cu(NH_3)_4]^{2+}$ 称为内界（配离子），Cu 称为中心离子，NH_3 称为配体，SO_4^{2-} 称为外界。$[Cu(NH_3)_4]^{2+}$ 仅可以解离出极少量的 Cu^{2+} 和 NH_3，溶液中以 $[Cu(NH_3)_4]^{2+}$ 为主。

3.3.2 制备实验中有关的计算

3.3.2.1 理论产量的计算

在化学中，理论产量是假设所有反应物完全消耗并且反应完成时，化学反应中可以产生的最大产物量。此数值是根据限制反应物（不足量的反应物）的摩尔数及各化学计量关系计算得到的。

理论产量计算的步骤。

（1）配平化学方程式。平衡的化学方程式是起点，它显示了反应中涉及的反应物和产物及其各自的摩尔比。

（2）确定限制反应物。即首先被完全消耗的反应物。限制反应物决定了反应中可以形成的最大产物量。

（3）计算限制反应物的摩尔数。使用其摩尔质量将限制反应物的质量或体积转换为摩尔。

（4）使用化学计量。根据限制反应物和产物之间的摩尔比，应用化学计量法确定所形成产物的摩尔数。

（5）将摩尔数转为质量。使用其摩尔质量将产物的摩尔数转换为质量，这就是理论产量。

3.3.2.2　产率的计算

实际产量是指在真实实验中获得的产物的质量，由于各种因素，一般会低于理论产量。

产率是指在化学反应中（尤其在可逆反应当中），某种产物的实际产量与理论产量的比值。

$$产率=\frac{实际产量}{理论产量}\times 100\%$$

3.3.3　硫酸亚铁铵制备的实验原理与制备

3.3.3.1　硫酸亚铁铵制备的实验原理

硫酸亚铁铵［$(NH_4)_2SO_4 \cdot FeSO_4 \cdot 6H_2O$］，商品名为莫尔盐，为浅蓝绿色单斜晶体，能溶于水但难溶于乙醇，不易被空气氧化，并且价格低，制造工艺简单，容易得到较纯净的晶体，因此应用广泛。在定量分析中常用来配制亚铁离子的标准溶液。

铁屑溶于稀硫酸生成硫酸亚铁：

$$Fe + H_2SO_4 \longrightarrow FeSO_4 + H_2\uparrow$$

一般亚铁盐在空气中易被氧化，例如，硫酸亚铁在中性溶液中能被溶于水中的少量氧气氧化，进而与水作用，甚至析出棕黄色的碱式硫酸铁（或氢氧化铁）沉淀：

$$4Fe^{2+} + 2SO_4^{2-} + 6H_2O + O_2 \longrightarrow 2[Fe(OH)_2]_2SO_4\downarrow + 4H^+$$

若向硫酸亚铁溶液中加入等物质的量的硫酸铵，则生成复盐硫酸亚铁铵。像所有的复盐那样，硫酸亚铁铵在水中的溶解度比组成它的每一组分硫酸亚铁或硫酸铵的溶解度都小，三种盐的溶解度见表3-7。因此，蒸发浓缩含 $FeSO_4$ 和 $(NH_4)_2SO_4$ 溶液，冷却后，复盐首先结晶，可得浅到绿色的硫酸亚铁铵（六水合物）晶体。

$$FeSO_4 + (NH_4)_2SO_4 + 6H_2O \longrightarrow (NH_4)_2SO_4 \cdot FeSO_4 \cdot 6H_2O$$

表3-7　三种盐的溶解度　　($g/100\ g\ H_2O$)

温度/℃	$FeSO_4 \cdot 7H_2O$	$(NH_4)_2SO_4$	$(NH_4)_2SO_4 \cdot FeSO_4 \cdot 6H_2O$
10	20.0	73.0	17.2
20	26.5	75.4	21.6
30	32.9	78.0	28.1

若溶液的酸性减弱，则亚铁盐中 Fe^{2+} 与水作用的程度将会增大。在制备硫酸亚铁铵过程中，为了使 Fe^{2+} 不与水作用，溶液要保持足够的酸度。

成品按国家标准配成溶液与各种标准溶液进行比色或比浊，以确定杂质的含量范围，称为限量分析。如果成品溶液的颜色或浊度不深于标准溶液，则杂质含量低于某一规定的限度。

用目视比色法（或目视比浊法）可估计产品中所含杂质 Fe^{3+} 的量。Fe^{3+} 能与 SCN^- 生成红色物质［$Fe(SCN)$］$^{2+}$，当红色较深时，产品中含 Fe^{3+} 较多；当红色较浅时，产品中含 Fe^{3+} 较少。因此，用所制备的硫酸亚铁铵晶体与 KSCN 溶液在比色管中配成待测液，将其余含一定量的 Fe^{3+} 所配制的标准溶液的红色进行比较，根据红色的深浅程度即可知待测液中 Fe^{3+} 的含量，从而可确定产品的等级。

使用比色法或比浊法时应注意：（1）待测溶液与标准溶液产生颜色或浊度的实验条

件要一致。(2) 比色时，将比色管塞子打开，从管口垂直向下观察，这样观察液层比从比色管侧面观察的液层要厚得多，能提高观察的灵敏度。

【C】任务实施

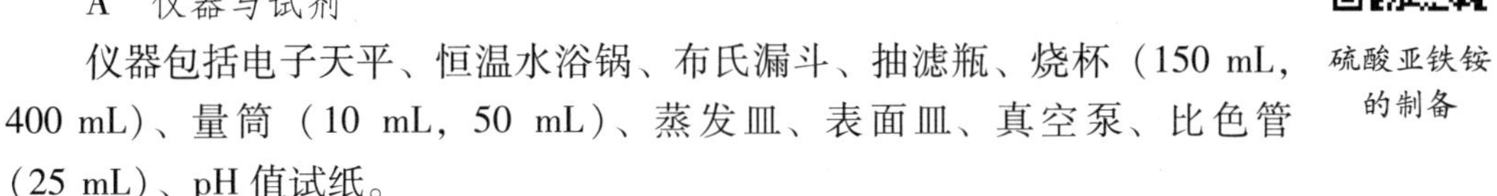

硫酸亚铁铵的制备

3.3.3.2　硫酸亚铁铵的制备

A　仪器与试剂

仪器包括电子天平、恒温水浴锅、布氏漏斗、抽滤瓶、烧杯（150 mL，400 mL）、量筒（10 mL，50 mL）、蒸发皿、表面皿、真空泵、比色管（25 mL）、pH 值试纸。

试剂包括铁屑、H_2SO_4 溶液（2 mol · L^{-1}）、HCl 溶液（2 mol · L^{-1}）、25% KSCN 溶液、$(NH_4)_2SO_4(s)$、无水乙醇。

B　硫酸亚铁的制备

称取 2 g 铁屑，放入 100 mL 锥形瓶中，加入 15 mL 3 mol · L^{-1} H_2SO_4溶液（H_2SO_4 的浓度为什么选用 3 mol · L^{-1}?），放在水浴上加热，温度控制在 70 ~ 75 ℃（保持低于 80 ℃）（反应温度为什么要低于 80 ℃?），直至不再有大量气泡冒出，表示反应基本完成，反应过程中要经常取出锥形瓶摇晃，适当补充水分，保持原总体积（反应过程中为什么要不断地补充水，加水加多了对实验有什么影响?）。趁热减压过滤（为什么要趁热过滤?），用少量热水洗涤锥形瓶及漏斗上的残渣（锥形瓶及漏斗上的残渣为什么要用热的蒸馏水洗涤，洗涤液是否要弃去?），抽干。将滤液和洗涤液转移至洁净的蒸发皿中，将留在锥形瓶中及滤纸上的残渣取出，用滤纸吸干后称量，从而计算出溶液中所溶解的铁屑的质量，进而计算出溶液中生成的 $FeSO_4$ 的量。

C　硫酸亚铁铵的制备

根据溶液中 $FeSO_4$ 的量，按关系式 $n[(NH_4)_2SO_4] : n(FeSO_4) = (0.8 \sim 0.9) : 1$，称取所需的 $(NH_4)_2SO_4(s)$ 配制成 $(NH_4)_2SO_4$ 饱和溶液（如何配制 $(NH_4)_2SO_4$ 饱和溶液?），加入上述制得的 $FeSO_4$ 溶液中，充分搅拌均匀后，并用 3 mol · L^{-1} H_2SO_4 溶液调节至 pH 值为 1 ~ 2（为什么要保持溶液呈强酸性?），水浴加热（温度控制多少度?），浓缩至表面出现结晶薄膜为止（蒸发浓缩时是否需要搅拌? 为什么?），静置缓慢冷却至室温（能否不冷却至室温?），$(NH_4)_2SO_4 \cdot FeSO_4 \cdot 6H_2O$ 浅绿色晶体析出，采用减压法过滤除去母液，并用少量无水乙醇洗去晶体表面附着的水分（为什么要用乙醇而不用蒸馏水洗涤晶体?），抽干。将晶体取出，摊在两张滤纸之间，轻压吸干，观察晶体的颜色和形状，称重，计算产率。

D　Fe^{3+} 限量分析（目视比色法）

硫酸亚铁铵试剂质量标准中要检查的项目很多，有硫酸亚铁铵的含量、水不溶物、pH 值、氯化物、磷酸盐、Fe(Ⅲ)、铅、锌等。本实验仅作 Fe(Ⅲ) 的限量分析。

a　Fe(Ⅲ) 标准溶液的配制（由预备室配制）

称取 0.8634 g $NH_4Fe(SO_4)_2 \cdot 12H_2O$ 溶于少量水中，加 2.5 mL 浓 H_2SO_4 溶液，移入 1000 mL 容量瓶中，用水稀释至刻度。此溶液中含 Fe^{3+} 为 0.1000 g · L^{-1}。

b　标准色阶的配制（由预备室配制）

标准色阶的配制取 3 支 25 mL 比色管，按顺序编号，依次加入 Fe^{3+} 标准溶液 0.5 mL、

1.0 mL、2.0 mL；再分别加入2 mL 2 mol · L^{-1} HCl溶液和1 mL 25% KSCN溶液，最后加无氧水至25 mL刻度，摇匀。

一级标准含Fe^{3+} 0.05 mg · g^{-1}，二级标准含Fe^{3+} 0.10 mg · g^{-1}，三级标准含Fe^{3+} 0.20 mg · g^{-1}。

c 产品级别的确定

称1.0 g产品于25 mL比色管中，用15 mL不含氧的蒸馏水（如何制备不含氧的蒸馏水?）溶解之，待其全溶后，加入2 mL 2 mol · L^{-1} HCl溶液和1 mL 25% KSCN溶液，继续加无氧水至25 mL刻度线，摇匀，然后与标准色阶溶液（由实验室配置）进行目视比色，确定产品级别（在进行比色操作时，可在比色管下衬白瓷板。为了消除周围光线的影响，可用白纸包住盛溶液部分比色管的四周。从上往下观察，对比溶液的深浅程度确定产品的等级）。

E 实验结果

产品颜色：________________

产品形状：________________

产品质量：________________

理论产量：________________

实际产率：________________

产品等级：________________

F 课后思考题

（1）本实验中前后两次水浴加热的目的有何不同?

（2）浓缩时是否蒸发至干？为什么?

（3）能否将最后产物 $(NH_4)_2SO_4 \cdot FeSO_4 \cdot 6H_2O$ 直接放在蒸发皿内加热干燥？为什么?

（4）限量分析时，为什么要用不含氧的蒸馏水?

（5）冷却结晶的快慢对产品质量有何影响?

【D】任务评价

根据中华人民共和国国家标准GB/T 661—2011化学试剂六水合硫酸铁（Ⅱ）（硫酸亚铁铵）中规定试剂硫酸亚铁铵为浅蓝绿色结晶，分析纯中Fe^{3+}含量（质量分数）≤0.01%，对应二级标准；化学纯中Fe^{3+}含量（质量分数）≤0.02%，对应三级标准。

根据实验结果，判断产品符合国家标准中的哪个规格。

【E】知识拓展

蓝黑墨水的由来

如果你用蓝黑墨水写日记，就会发现，今天写的日记，每个字都是蓝色的，而昨天写的那页，每个字却都变为蓝黑色的。这是什么原因?

这是一种化学变化的结果。蓝黑墨水的主要成分是鞣酸亚铁和一种蓝色有机染料。蓝黑墨水开始写出的字呈蓝色，一段时间后无色的鞣酸亚铁氧化成黑色的鞣酸铁，所以昨天的字迹便由蓝色变成蓝黑色。这就是蓝黑墨水变色的奥秘。

墨水最早由煤烟和水制作而成，这种墨水容易沉淀，用之前都要摇晃一下，使用很不方便。之后，人们在墨水里加入胶水，墨水因此变稠，但煤烟不易析出。

后来，化学家发现黑色的鞣酸铁可以牢牢地黏附在纸、布等纤维上。但是鞣酸铁不溶于水，不能直接使用，而鞣酸亚铁能溶于酸性的水溶液，且在空气中会慢慢氧化成鞣酸铁。因此化学家利用富含鞣酸的虫瘿加上鞣酸亚铁和胶水制造墨水，但是这种墨水写的字必须要经过一段时间后才能变得清晰。之后人们在墨水中加入了一种蓝色染料，得到的蓝黑墨水写出的字一直都是清晰的，不会褪色。这就是蓝黑墨水的由来。

使用蓝黑墨水时要注意：

(1) 随时把墨水瓶盖盖上。因为蓝黑墨水中的鞣酸亚铁与空气接触后，会生成鞣酸铁沉淀，会堵塞钢笔尖，甚至会写不出字。

(2) 更换不同品牌的墨水时，要把钢笔内管洗干净再吸墨水。因为不同品牌的墨水混合后，可能会产生大量沉淀，堵塞笔尖，甚至会破坏色素，墨水颜色变淡。

当然，今天大多数人都已经不再使用墨水笔书写了，甚至已开始采用无纸化数字方式进行文字的记录、交流与记载，但不能不知道墨水的由来以及其包含的化学知识，这是人类不断进步发展的基础。

(资料来源：微信公众号，上海科普. 365 天科普，蓝墨水居然是这么来的)

任务 3.4　碱式碳酸铜的制备

【A】任务提出

实验课程除了教授学生基本操作技能，更应该培养学生自主独立设计实验的能力。通过碱式碳酸铜的制备条件的探究，优化选择反应条件，制定最佳实验方案，以培养学生独立设计实验的能力，使学生得到初步的科研能力训练。

(1) 预习思考题：

1) 哪些铜盐适合于制取碱式碳酸铜？写出硫酸铜溶液和碳酸钠反应的化学方程式；

2) 讨论反应条件（如反应温度、反应物浓度及反应物配比）对反应产物的影响。

(2) 实验目的：

1) 通过查阅资料，了解碱式碳酸铜的制备原理和方法；

2) 通过实验探索制备碱式碳酸铜的合适条件；

3) 初步学会设计实验方案，培养独立分析、解决问题及设计实验的能力。

【B】知识准备

3.4.1　设计性实验

3.4.1.1　设计实验方案的基本原则

设计实验方案要根据实验的目的、实验条件、人力、物力等因素决定。一般应遵循以下五个基本原则。

A　目标性原则

所谓目标性原则就是指设计实验方案要围绕一定的实验目标进行。这就要求在设计实验方案之前，要明确目标。一般来说，在确定了实验总目标之后，还要把总目标分解为若干个子目标。根据这些目标决定实验内容、实验方法和实验条件。

B 科学性原则

所谓科学性原则是指在设计实验方案时，要依据一定的科学原理和科学知识。具体地说，在设计化学实验方案时要遵循有关的化学原理、定量、规则及相关的化学知识。

C 逻辑性原则

所谓逻辑性原则是指在设计实验方案时，要遵循正确的逻辑方法。只有依照正确的逻辑方法，才能保证相应的实验结果具有说服力。

D 现实性原则

所谓现实性原则是指在设计实验方案时，要考虑现有的实验条件及仪器设备能力、资金及环境保护等方面的限制因素。其中任何一项条件不能满足，则实验方案就难以实现。

E 简明性原则

所谓简明性原则是指在设计实验方案时，要尽量使实验方案简单、易行、省时、省力、省钱。这样的方案，才是好的实验方案。

3.4.1.2 实验方法设计

目标、要求明确之后，选择正确的实验方法、技术路线及实施步骤等就是所谓的实验方法设计。下面介绍几种常见的实验方法。

A 单因素实验法与多因素实验法

影响实验结果的因素往往有多种。如果做实验时，改变其中某一因素而固定其他因素，从而确定这一因素对实验结果的影响，这种方法叫单因素实验法。如果做实验时，同时改变两种或两种以上因素来确定多种因素对实验结果的影响，这种实验方法叫多因素实验法。

在化学实验中，通常采用单因素实验法。如本书中测定反应速率的实验就是典型的单因素实验法。

B 正交实验

在工业生产和科学研究的实践中，所需要考察的因素往往比较多，而且因素的水平数也常常多于两个，如果对每个因素的每个水平都相互搭配进行全面实验，实验次数是惊人的。例如，对于3因素4水平的实验，若在每个因素的每个水平搭配（或称水平组）上只做1次实验，就要做4^3(64）次实验；对于4因素4水平的因素，全面实验次数至少为4^4(256）次实验；对于5因素4水平的实验，全面实验次数至少为4^5(1024）次实验。可见，随着因素数的增加，实验次数增加得更快。另外，要用相当长的时间对这么多实验数据进行统计分析计算，也将是非常繁重的任务，需要花费大量的人力、物力。如果用正交设计来安排实验，则实验次数会大大减少，而且统计分析的计算也将变得简单。

正交实验设计（orthogonal design）简称正交设计（orthoplan），它是利用正交表(orthogonal table）科学地安排与分析多因素实验的方法，是最常用的实验设计方法之一。

正交实验设计总的来说包括两部分：一是实验设计；二是数据处理。基本步骤可简单归纳为以下6点。

(1）明确实验目的，确定评价指标。任何一个实验都是为了解决某一个问题，或为了得到某些结论而进行的，所以任何一个正交实验都应有一个明确的目的，这是正交实验设计的基础。

实验指标是表示实验结果物性的值，如产品的产量、产品的纯度等。可以用它来衡量或考核实验效果。

(2) 挑选因素，确定水平。影响实验指标的因素很多，但由于实验条件所限，不可能全面考察，所以应对实际问题进行具体分析，并根据实验目的，选出主要因素，略去次要因素，以减少要考察的因素数。如果对问题了解不够，可以适当多取一些因素。确定因素的水平数时，一般尽可能使因素的水平数相等，以方便实验数据处理。最后列出因素水平表。

以上两点主要靠专业知识和实践经验来确定，是正交实验设计能够顺利完成的关键。

(3) 选正交表，进行表头设计。根据因素数和水平数来选择合适的正交表。一般要求，因素数≤正交表列数，因素水平数与正交表对应的水平数一致，在满足上述条件的前提下，选择较小的表。例如，对于 4 因素 3 水平的实验，满足要求的表有 $L_9(3^4)$，$L_{27}(3^{13})$ 等，一般可以选择 $L_9(3^4)$，但是如果要求精度高，并且实验条件允许，可以选择较大的表。选择正交表，可参考相关专著或文献。

表头设计就是将实验因素安排到所选正交表相应的列中。

(4) 明确实验方案，进行实验得到结果。根据正交表和表头设计确定每个实验的方案，然后进行实验，得到以实验指标形式表示的实验结果。

(5) 对实验结果进行统计分析。对正交实验的分析，通常采用两种方法：一种是直观分析法（或称极差分析法）；另一种是方差分析法。通过实验结果分析可以得到因素主次顺序、最优方案等有用信息。

(6) 进行实验验证，做进一步分析。最优方案是通过统计分析得出的，还需要进行实验验证，以保证最优方案与实际一致，否则还需要进行新的正交实验。

C 平行实验

平行实验是指在实验条件均相同的情况下，重复进行的两次或两次以上的实验。进行平行实验的目的是防止过失误差，减小随机误差。例如，在测定实验中，通常要进行平行试验，在完全相同的实验条件下重复进行若干次实验，把几次平行实验结果（有过失误差的结果弃去）的平均值作为正确的测定结果。对于一个新的科学发现，如果条件允许，往往也要进行平行实验来检验实验结果的重现性和可靠性。

D 对照实验

对照实验是指在改变若干个实验因素（通常是一个因素）而其他因素完全相同的条件下进行的两个或两个以上的实验。在化学分析中，有时需要用标准样和试样做对照实验，这样可以检验实验操作是否正确，仪器、试剂等是否可靠。

E 空白实验

空白实验是一种特殊的对照实验，它是把研究系统与不含研究对象的空白介质系统作对照。例如，在用分光光度法测定离子浓度时，常用去离子水或再加入对应的相关试剂（但无被检验离子）作空白，调节分光光度计至吸光度为零。这样就可以消除空白介质和比色皿的吸光作用对实验结果的影响。

3.4.1.3 实验条件设计

设计实验方案，不仅要选择实验方法，而且要确定实验条件。化学实验的条件一般包括反应时的温度、压力，反应物的聚集状态，反应物的用量或浓度，介质的酸碱性，是否需要搅拌等。大学无机及分析化学实验课中的实验一般都是常压下的敞开系统，压力多为常压。因此，确定实验条件主要是要决定反应物的浓度、用量、介质的酸碱性（pH 值）和实验时的温度（是否需要加热以及加热的方式）等。

实验时的温度和介质的酸碱性常在实验原理中或在选择实验方法时就已确定，所以设计实验条件的任务主要是选择试剂的浓度和用量。

反应物浓度的选择：如果反应物是溶液（通常是水溶液），首先要决定的是反应物的浓度，根据实验原理和特定反应的性质，选用的浓度有稀溶液（如 $0.1\ mol \cdot L^{-1}$ 以及更小的浓度）、中等浓度溶液（如 $1.0\ mol \cdot L^{-1}$，$2.0\ mol \cdot L^{-1}$ 等）和浓溶液（接近饱和或接近纯液体）。在定性的试管实验中，反应物浓度多数选 $0.1\ mol \cdot L^{-1}$，根据具体反应可以提高或降低。调节介质酸碱性的试剂（酸或碱）多数选中等浓度，有时也用浓溶液。定量或半定量及某些定性实验中试剂的浓度要通过计算或实验确定。

3.4.1.4 设计性实验的基本过程

在了解了设计实验方案的基本原则以及常用的实验方法之后，要完成一个设计性实验还需要学习掌握下列过程。

A 确定实验题目

教师给定实验题目或学生与指导教师协商后，以其自主兴趣拟定题目。

B 明确实验目的和要求

根据实验题目，学生要搞清需达到的目的或要求。

C 查阅资料，制订实验方案

查阅相关资料，包括查阅教科书、参考书或相关的手册、国家标准，以及研究论文等文献。例如合成与分析方案的拟订，其过程如下。

通过查阅资料，可以找到若干合成或分析方法。经分析、比较后选择和拟订合适的实验方案。如对试样分析，需根据试样的组成、被测组分的性质和含量、测定的要求、存在的干扰成分及本实验室的具体条件，来选择测定方法。

实验方案应包括：(1) 实验目的；(2) 方法及其原理；(3) 所需试剂和仪器（注明规格、浓度和配制方法）；(4) 实验步骤；(5) 实验结果的处理方法；(6) 实验中应注意的事项；(7) 参考文献。

D 教师审阅

学生写出书面实验方案，交给教师审阅，如果设计方案合理，实验条件具备，可按自己设计的方案进行实验。如有设计不完善之处，由教师给予修改，对于不合理的方案，则要退回重新设计。

E 完成实验

设计实验要求学生独立完成，实验中所需试剂均由学生配制；以规范的基本操作进行实验；实验中仔细观察、及时记录、认真思考。

实验结束后，要写出实验报告，报告包括下列内容：(1) 实验题目；(2) 实验背景及原理；(3) 实验方案；(4) 所用试剂、仪器；(5) 实验原始数据；(6) 实验结果及分析；(7) 实验方案的评价及问题的讨论。

3.4.2　碱式碳酸铜制备的实验原理与制备

3.4.2.1　碱式碳酸铜制备的实验原理

碱式碳酸铜［$Cu_2(OH)_2CO_3$］为天然孔雀石的主要成分，是暗绿色或淡蓝绿色的单斜晶体。它不溶于冷水和乙醇，但能溶于氰化物、氨水、铵盐和碱金属碳酸盐的水溶液中，形成二价铜的氨配合物，也能溶于酸，形成相应的盐。碱式碳酸铜具有热不稳定性，加热至 200 ℃即分解，在水中的溶解度很小，新制备的试样在沸水中很易分解。

【C】任务实施

3.4.2.2　碱式碳酸铜的制备

A　仪器与试剂

学生通过查阅资料自行列出所需仪器与试剂的清单，经指导教师检查认可，方可进行实验。

仪器包括电子天平、烧杯、试管、恒温水浴锅、烘箱、循环水式真空泵、布氏漏斗、抽滤瓶、量筒、玻璃杯、滤纸。

试剂包括 $CuSO_4(s)$、$Na_2CO_3(s)$、$NaHCO_3$、$BaCl_2$ 溶液（1 $mol \cdot L^{-1}$）。

B　反应物溶液的配制

配制 0.5 $mol \cdot L^{-1}$ $CuSO_4$ 溶液和 0.5 $mol \cdot L^{-1}$ Na_2CO_3 溶液各 100 mL。

C　制备反应条件的探索

a　$CuSO_4$ 溶液和 Na_2CO_3 溶液的合适配比

于 4 支试管内各加入 2.0 mL 0.5 $mol \cdot L^{-1}$ $CuSO_4$ 溶液，然后分别取 0.5 $mol \cdot L^{-1}$ Na_2CO_3 溶液 1.6 mL、2.0 mL、2.4 mL 及 2.8 mL，依次加入另外 4 支编号的试管中。将 8 支试管放在 75 ℃的恒温水浴锅中加热。几分钟后，依次将 4 只试管的 $CuSO_4$ 溶液分别倒入另外 4 只试管的 Na_2CO_3 溶液中，按照表 3-8 配比剂量进行编号。振荡试管，使溶液充分混合均匀，比较各试管中沉淀生成的速度、沉淀的数量及颜色，从中得出两种反应物溶液以何种比例相混合，碱式碳酸铜生成速度较快，含量较高。

表 3-8　实验现象记录

试　剂	试　管　号			
	1	2	3	4
$CuSO_4$/mL	2.0	2.0	2.0	2.0
Na_2CO_3/mL	1.6	2.0	2.4	2.8
沉淀生成速度				
沉淀质量				
沉淀颜色				

思考：

（1）各试管中沉淀的颜色为何会有差别？估计何种颜色产物的碱式碳酸铜含量最高？

（2）若将 Na_2CO_3 溶液倒入 $CuSO_4$ 溶液，其结果是否会不同？

b 反应温度的确定

在3支试管中，各加入2.0 mL 0.5 mol·L^{-1} $CuSO_4$溶液，另取3支试管，各加入由上述实验得到的合适用量的0.5 mol·L^{-1} Na_2CO_3溶液。从这两列试管中各取1支，将它们分别置于室温、50 ℃、100 ℃的恒温水浴锅中加热。数分钟后将$CuSO_4$溶液倒入相同温度的Na_2CO_3溶液中，振荡混匀并观察现象，将观察结果记录在表3-9中，由实验结果确定制备反应的最佳适合温度。

表3-9 实验现象记录

试　剂	温度/℃		
	室温	50	100
$CuSO_4$/mL	2.0	2.0	2.0
Na_2CO_3/mL			
沉淀生成速度			
沉淀质量			
沉淀颜色			

思考：

(1) 反应温度对本实验有何影响？

(2) 反应在何种温度下进行会出现褐色产物？这种褐色物质是什么？

D 碱式碳酸铜的制备

取60 mL 0.5 mol·L^{-1} $CuSO_4$溶液，根据上面实验确定的反应物合适配比及适宜温度制取碱式碳酸铜。待沉淀完全后，应立即停止加热，静置，至沉淀物下沉后采用倾析法洗涤沉淀物数次，直至沉淀物中不含SO_4^{2-}为止，减压过滤抽干。通过加入Ba^{2+}检验SO_4^{2-}是否存在。

将所得产品在烘箱中于100 ℃烘干，待冷至室温后，称重并计算产率。

E 课后思考题

(1) 思考哪些铜盐适合制取碱式碳酸铜，并写出相应的化学方程式。

(2) 除反应物的配比和反应温度对本实验的结果有影响外，反应物的种类、反应物进行的时间等是否对产物的质量也会有影响？

【D】任务评价

通过本实验的学习，你对设计实验有什么收获？请写出实验心得。

【E】任务拓展

自己设计一个实验，测定产物中铜及碳酸根离子的含量，分析所制得的碱式碳酸铜的质量。

【F】知识拓展

矿物界的孪生姐妹——孔雀石与蓝铜矿

孔雀石的化学式$Cu_2(OH)_2CO_3$，古称“绿青”“石绿”或“青琅玕”；颜色为孔雀绿色，颜色有深有浅，不透明；晶体结构为单斜晶系，单晶呈柱状、针状，有时可形成燕尾双晶。摩氏硬度3.5~4.5，密度3.5~4.1 $g \cdot cm^{-3}$。孔雀石因其花纹与孔雀的尾羽十分相似而得名，传说中的“绿色宝石”指的就是孔雀石。

蓝铜矿的化学式$Cu_3(OH)_2(CO_3)_2$，古称“石青”，颜色有浅蓝色和深蓝色两种，呈透明至半透明状。晶体结构为单斜晶系，密集的颗粒状、晶体簇状、放射状或壳状、膜状聚集体是自然界常见的。摩氏硬度3.5~4，密度3.7~3.9 $g \cdot cm^{-3}$。

孔雀石与蓝铜矿产于铜矿床氧化带中，是含铜的硫化物被空气氧化之后生成的次生物，两种矿物常常共生或伴生，可以相互转化，这是地质勘探人员寻找原生铜矿的重要标志。因为，从分子式可看出，当处于地下密闭干燥且二氧化碳丰富的环境时，孔雀石可以转化为蓝铜矿；而暴露于地表环境时，接触到外界空气和水分的蓝铜矿会发生风化作用，使CO_2减少，含水量增加，易转化为孔雀石，这种转化有时还会出现保留了蓝铜矿的晶体形态，而成分变成孔雀石的有趣情况（即蓝铜矿假象）。

孔雀石和蓝铜矿都是碱性碳酸盐矿物，彼此共存，就像铜矿家族的一对孪生姐妹。孔雀石和蓝铜矿，已不再用作炼铜材料，但这对姐妹花以自身的美学价值（作为玉料、颜料等）以及科学价值（作为寻找硫化铜矿床的标志物），在艺术、博物学等方面发挥着重要的作用。

（资料来源：河北省地矿局第五地质大队网站．[矿物科普] 矿物界的孪生姐妹——孔雀石与蓝铜矿）

【技能目标】 掌握溶解、加热、蒸发浓缩、结晶、重结晶等基本操作。

【方法特点】 仔细观察，规范操作，熟能生巧。

项目4　化学反应基本原理的验证

【项目目标】 培养学生基本实验技能以及数据记录与处理、结果分析与讨论的能力。

【项目描述】 本专题为几种化学反应基本原理的验证实验，旨在训练学生对一些基本仪器如酸度计、分光光度计等使用技能以及实验观察、数据记录与处理、结果分析与讨论的能力。同时，有助于学生巩固对基本理论和知识的理解和掌握。

任务4.1　醋酸平衡常数与解离常数的测定

【A】任务提出

酸碱解离平衡是溶液中存在的四大平衡之一，而酸碱解离平衡常数则是酸碱强度的定量标志。通过学生自己动手实验，掌握平衡解离常数 $Ka^{\ominus}$ 的存在与意义。

（1）预习思考题：

1）pH 怎么换算为氢离子浓度；

2）本实验的相对误差如何计算。

（2）实验目的：

1）掌握醋酸的标准解离常数和解离度的测定方法，加深对标准解离常数和解离度的理解；

2）复习移液管、容量瓶和溶液配制的使用方法；

3）学习使用酸度计的使用。

【B】知识准备

4.1.1　酸度计的使用

测定溶液的 pH 值虽然可以用 pH 值试纸或比色法，但不精确，而且对有色溶液或混浊溶液难以测量。酸度计则不受上述限制，而且可以比较准确地测定出各种水溶液的 pH 值。

酸度计也称 pH 值计，是测定溶液 pH 值的精密仪器，也可用来测量电动势，由电极和电动势测量部分组成。

4.1.1.1　基本原理

利用酸度计测 pH 值的方法是电位测定法。它是将测量电极（玻璃电极）与参比电极（甘汞电极）一起浸泡在被测溶液中，组成一个原电池（现也常用一只复合电极代替玻璃电极和甘汞电极）。由于甘汞电极的电极电势不随溶液 pH 值变化，在一定温度下是定值，而玻璃电极的电极电势随溶液 pH 值的变化而变化，所以他们组成的原电池的电动势也只随溶液的 pH 值而变化。

设原电池电动势为E_{MF}，则25 ℃时：

$$E_{MF}=E_{甘汞}-E_{玻}=E^{\ominus}_{甘汞}-E^{\ominus}_{玻}+0.059\text{pH 值}$$

酸度计的主体是一个精密的电位计，用来测量上述原电池的电动势，并直接用pH刻度值表示出来。因而从酸度计上可以直接读出溶液的pH值。

A　电极

a　玻璃电极

pH值玻璃电极是对氢离子活度有选择性响应的电极。在电位分析法中，pH值玻璃电极是指示电极。pH值玻璃电极的结构，如图4-1所示。玻璃电极的主要部分是头部的球泡，用特殊玻璃吹制而成的薄膜小球，内装pH值一定的内参比溶液（通常为0.1 mol·L^{-1} HCl溶液），溶液中插一个Ag-AgCl内参比电极。

当玻璃电极浸入被测溶液内，被测溶液的氢离子与电极球泡表面水化层进行离子交换，球泡内层也同样产生电极电势，由于内层氢离子不变，而外层氢离子在变化，因此内外层的电势差也在变化，它的大小决定于膜内外溶液的氢离子浓度。

玻璃电极具有以下优点：使用方便；可用于测量有颜色的、混浊的或胶态溶液的pH值；测定时，pH值不受氧化剂或还原剂的影响；所用溶液较少，测量时不破坏溶液本身，测量后溶液仍能使用。它的缺点是头部球泡非常薄，容易破损。

安装玻璃电极时，其下端玻璃球泡必须比甘汞电极陶瓷芯端稍高一些，以免在下移电极或摇动溶液时被碰破。

新使用或长期不用的玻璃电极，在使用前必须在蒸馏水中浸泡24 h以上。电极插头应保持清洁干燥，切忌与污物接触。

b　参比电极

电位法中常用饱和甘汞电极作参比电极。饱和甘汞电极由汞、甘汞和氯化钾饱和溶液组成，如图4-2所示。它的电极反应是：

$$Hg_2Cl_2+2e^-═══2Hg+2Cl^-$$

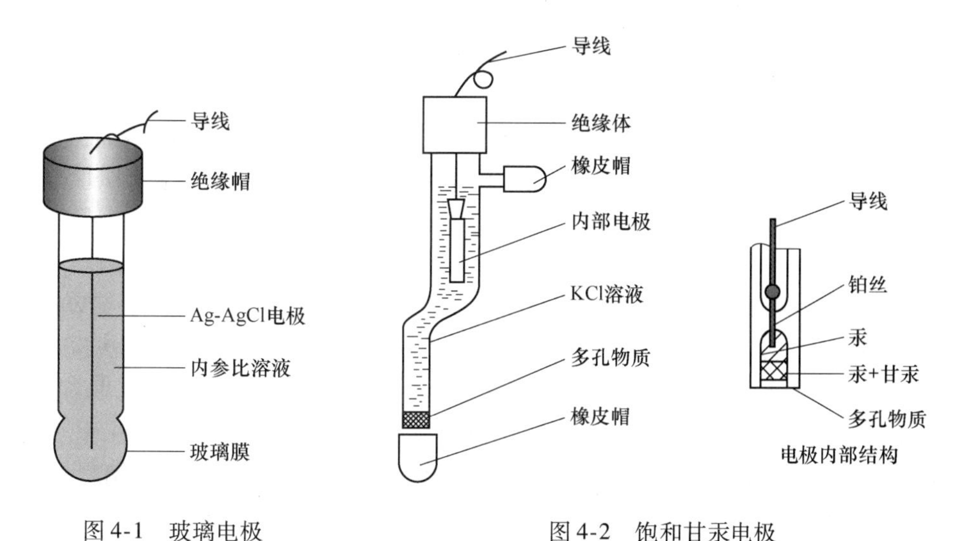

图4-1　玻璃电极　　　　图4-2　饱和甘汞电极

饱和甘汞电极的电位稳定，不随溶液pH值的变化而变化。在一定的温度下，它的电极电势是不变的，在 25 ℃时，为 0.2415 V。

甘汞电极在初次使用前，应浸泡在饱和氯化钾溶液内，不要与玻璃电极同泡在蒸馏水中。使用甘汞电极时，应把上面的小橡皮帽及下端橡皮套拔去，以保持液位压差，不用时才把它们套上。甘汞电极不用时，应将电极保存在氯化钾溶液中。

c 复合电极

把 pH 值玻璃电极（指示电极）和 Ag-AgCl 电极（参比电极）组合在一起的电极就是 pH 值复合电极。根据外壳材料的不同复合电极分塑壳和玻璃壳两种。相对于两个电极而言，复合电极最大的优点就是使用方便。pH 值复合电极主要由电极球泡、玻璃支持杆、内参比电极、内参比溶液、外参比电极、外参比溶液、液接界、电极帽、电极导线、加液孔、外壳等组成，结构如图 4-3 所示。

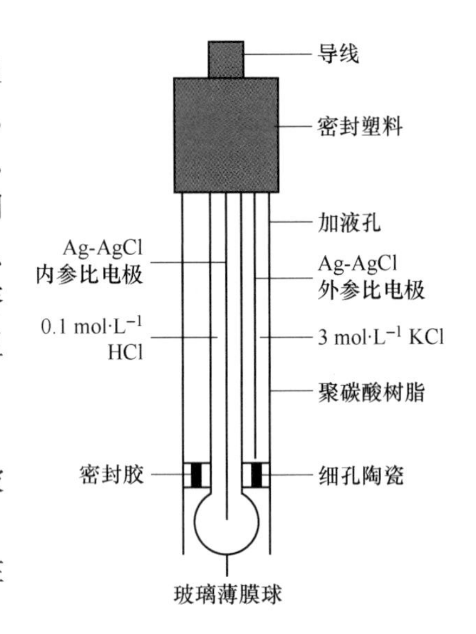

图 4-3 pH 值复合电极

复合电极在溶液中组成如下原电池：

（－）内参比电极｜内参比溶液｜电极球泡｜｜被测溶液｜外参比溶液｜外参比电极（＋）

复合电极的电动势 E 为以上各界面电势之和，在一定条件下：

$$E = K + \frac{2.303RT}{F}\text{pH 值}$$

式中，K 随各电极和各种测量条件而变。因此，只能用比较法，即用已知 pH 值的标准缓冲溶液定位，通过酸度计中的定位调节器消除式中的常数 K，以便保持相同的测量条件来测量被测溶液的 pH 值。

pH 值复合电极的特点是参比溶液有较高的渗透速度、液接界电位稳定重现、测量精度较高。当参比电极减少或受污染后可以补充或更换 KCl 溶液。使用时，应将加液孔打开，以增加液体压力，加速电极响应，当参比液液面低于加液孔 2 cm 时，应及时补充新的参比液。

电极头部配有一个保护套，内装电极浸泡液（为 3.0 $mol \cdot L^{-1}$ KCl 溶液），电极头长期浸泡其中，使用时拔出洗净即可。使用时保护套应竖直放置，并周期性地更换浸泡液。

B 电动势测量

酸度计可用于测量电动势。测出的电动势经阻抗变换后进行直流放大，带动电表直接显示出溶液的 pH 值。目前，国产的酸度计型号繁多，精度不同，使用的方法也有差异。

4.1.1.2 酸度计及使用维护

pH 值计有多种型号，但基本组成和使用方法相近，以上海雷磁 pHS-3C 型酸度计（图 4-4）为例说明。pHS-3C 型酸度计是一种精密数字显示 pH 值计，其测量精度为 0.01 pH 值或 1 mV。操作简单，pH 值、mV 可直读。

A pHS-3C 酸度计的使用

pHS-3C 酸度计按键与各个接口、插座示意图，如图 4-5 所示，其操作步骤如下。

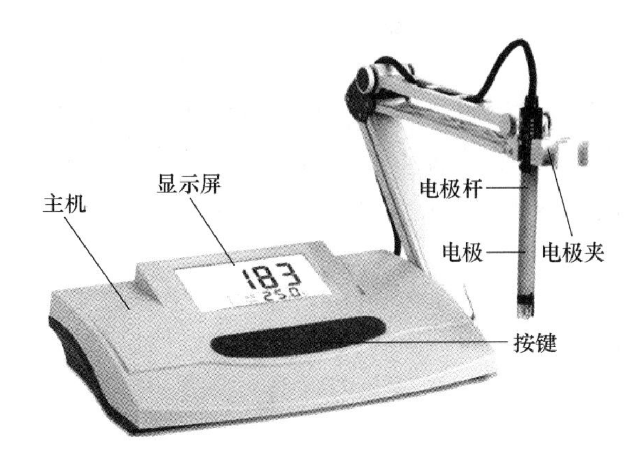

图 4-4　酸度计

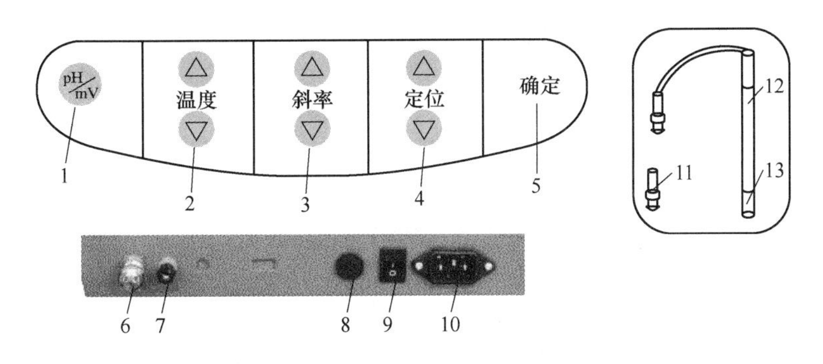

图 4-5　pHS-3C 酸度计按键及背面面板示意图

1—pH/mV 键；2—温度键；3—斜率键；4—定位键；5—确定键；6—测量电极接口；7—参比电极接口；8—保险丝座；9—电源开关；10—电源插座；11—Q9 短路插头；12—pH 值复合电极；13—电极保护套

a　开机准备

(1) 首先从测量电极接口上拔去 Q9 短路插头，再将复合电极插入测量电极接口中，调节电极夹至适当的位置（如不用复合电极，则在测量电极接口插入玻璃电极，参比电极接口插入参比电极）。

(2) 小心取下复合电极底端的电极套，用蒸馏水清洗电极后用滤纸吸干。

(3) 打开电源开关，按“pH/mV”键，进入 pH 值测量状态，预热 30 min。

(4) 拉下复合电极上端的橡皮套，使其露出上端小孔。

b　仪器的标定

(1) 配制标准缓冲溶液：配制 pH 值为 6.86、pH 值为 4.00 或 pH 值为 9.18 的标准溶液，分别倒入干燥清洁的烧杯中。校正液与被测溶液的 pH 值越接近，则测试精度越高。

(2) 温度校正：先用温度计测量标准溶液的温度，再按“温度”键调节为溶液温度值。按“确定”键回到 pH 值测量状态。

(3) 定位校准：把用蒸馏水清洗过并吸干水分的电极插入 pH 值为 6.86 的标准缓冲溶液中，注意要确保电极的玻璃球泡能浸没在溶液中。轻轻摇动小烧杯使电极所接触的溶液均匀。待读数稳定后，按“定位”键，调至该温度下标准溶液的 pH 值。按“确定”键回到 pH 值测量状态。

(4) 调节斜率：取出电极，用蒸馏水清洗电极，并用滤纸轻轻吸取电极上的多余水珠后，插入 pH 值为 4.00 的标准溶液（若待测溶液为碱性，则用 pH 值为 9.18 的标准缓冲溶液），读数稳定后按“斜率”键，调至该温度下标准溶液的 pH 值。按“确定”键回到 pH 值测量状态。

仪器标定一旦完成，定位和斜率按键不能再按。如果触动此键，此时仪器 pH 值指示灯闪烁，请不要按“确定”键，而是按“pH/mV”键，使仪器重新进入 pH 值测量即可，而无须再进行标定。一般情况下，在 24 h 内仪器不需要再标定。换用新电极时，仪器必须重新标定。标定结束，用蒸馏水清洗电极后即可对被测溶液进行测量。

c 溶液 pH 值测定

将标定好的电极清洗干净并用滤纸吸干后，浸入被测溶液中，等读数稳定后，显示屏上的读数即为该被测溶液的 pH 值。

注：对精度要求较高的测试，需修正被测溶液的温度偏差。方法是：先测量被测溶液的温度，按“温度”键调节为溶液温度值，然后将电极浸入被测溶液中。

d 测试完毕，关机，洗净电极

洗净并用滤纸吸干的复合电极套上电极保护套或浸泡在 3.0 $mol \cdot L^{-1}$ KCl 溶液中，以备下次使用，仪器测量电极接口应套上 Q9 短路插头。

B 酸度计使用中的注意事项

酸度计的正确使用与维护，可保证仪器正常可靠地使用，特别是 pH 值计这一类的仪器，它具有很高的输入阻抗，而使用环境需经常接触化学药品，所以更需合理维护。

(1) 仪器的输入端（测量电极接口）必须保持干燥清洁。仪器不用时，将 Q9 短路插头插入测量电极接口，防止灰尘及水汽浸入。

(2) 复合电极使用前，检查电极前端的球泡。正常情况下，电极应该透明而无裂纹；球泡内要充满溶液，不能有气泡存在。

(3) 测量浓度较大的溶液时，尽量缩短测量时间；用后应仔细清洗，防止被测液黏附在电极上而污染电极。

(4) 清洗电极时，不要用滤纸擦拭玻璃膜，而应用滤纸吸干，避免损坏玻璃薄膜，防止交叉污染，影响测量精度。

(5) 电极不能用于强酸、强碱或其他腐蚀性溶液。电极严禁在脱水性介质如无水乙醇、重铬酸钾等溶液中使用。

(6) 小心使用电极，不能作为搅拌器使用；拿放电极时，请勿接触电极膜，电极膜的损伤会导致精度降低和出现响应迟缓现象。

(7) 对精度要求高的测量，pH 值电极应置于 3.0 $mol \cdot L^{-1}$ KCl 溶液中浸泡 6 h 进行活化，校正和测量最好在同一温度同一时间下进行，以减少因电极活化不够，温度、时间差异带来的误差。

(8) 校正步骤不可以混淆，否则仪器平衡破坏，数值严重失真。切记：电极浸在 pH 值为 6.86 标准缓冲溶液，只能调节“定位”按键；浸在 pH 值为 4.00（或 pH 值为 9.18）标准缓冲溶液中，只能调节“斜率”按键，不能混淆，否则无法校准。

（9）每更换一种溶液，都必须将电极清洗后用滤纸吸干，以免造成溶液不纯，数据不准确。

（10）配成的标准缓冲溶液，其存放期一般为2～3个月，超过时间或有霉变、浑浊等情况，应重新配制。

4.1.2　测定实验简介

4.1.2.1　测定实验方法

A　直接测定法

通过仪器能直接测出测量目标的结果（数据）就是直接测定法。例如，物质的质量、体积、熔点、溶解度等可以分别用称量仪器、容量仪器、测温仪器等直接测出相应的数据，属于直接测定法。

B　间接测定法

测定目标不能由仪器直接测出结果（数据），而是要先测出与之相关的其他数据，然后经过计算得到所需结果，这种测定方法叫间接测定法。例如，弱电解质的解离度、解离常数的测定，化学反应的反应级数、反应速率常数的测定等都要用间接测定法测定。

在间接测定实验中，首先要进行命题转换，把不能直接测得的物理量转换成可以直接测定的物理量，然后设计实验方案，进行测定。

测定实验中的命题转换一般是通过相关的计算关系式实现的。例如，测定醋酸标准平衡常数 $Ka^{\ominus}$ 时，通过公式

$$Ka^{\ominus}=\frac{[H^+][Ac^-]}{[HAc]}=\frac{[H^+]^2}{C_{HAc}-[H^+]}$$

把测定 $Ka^{\ominus}$ 转化为测定溶液的氢离子浓度，即溶液的pH值。在实验中配制一系列已知浓度的溶液，测定溶液的pH值，计算出醋酸的 $Ka^{\ominus}$。

4.1.2.2　测试实验要求

A　建立测量精确度的概念

如前所述，测定实验是利用仪器、仪表测量所需要的目标值。首先要根据测量需要明确目标值的精确度和测量范围，然后选择对应测量仪器。记录实验数据时，要根据测量仪器保留对应的有效数字位数。以称量为例，可选用托盘天平或分析天平，具体选择哪种仪器要根据需要而定。

（1）若要配制0.1000 $mol\cdot L^{-1}$ $K_2Cr_2O_7$ 溶液100.00 mL，其浓度的绝对误差为 ±0.0001 $mol\cdot L^{-1}$，相对误差为

$$\frac{\pm 0.0001}{0.1000}\times 100\% = \pm 0.1\%$$

需要称取的 $K_2Cr_2O_7$ 的质量为2.9419 g。不同称量仪器的相对误差为

$$\frac{\pm 0.1}{2.9419}\times 100\% = \pm 3\% \quad (0.1\ g\ 托盘天平)$$

$$\frac{\pm 0.0001}{2.9419}\times 100\% = \pm 0.003\% \quad (万分之一克分析天平)$$

显然，托盘天平的称量误差超过了±0.1%，不能满足要求。这时应选用分析天平。

（2）若要配制 0.1 mol · L^{-1} NaCl 溶液 100 mL，类似的分析可以知道，选用 0.1 g 托盘天平即可满足称量要求。

B 培养在实验中减小乃至消除实验误差的意识

在测定实验中，因为主客观各种原因，可能会产生系统误差、偶然误差和过失误差等。

为了消除过失误差，减小偶然误差，一般都要进行平行测定实验。所谓平行测定实验即在测量方法、实验条件相同的条件下重复进行两次或两次以上的实验。最后将平行测定实验的几项结果的实验数据（偏差较大的数据舍去）取平均值作为正确的测量结果。例如，在摩尔气体常数测定实验中，用两份锌片，按相同的实验方法重复进行两次实验，最后对两次测量结果取平均值，作为测定结果。这种测定实验就是平行实验法。

为了减小系统误差，通常采用对照实验、空白实验、校准仪器等方法。在测定实验中，常见的对照实验法有两种：一种是用已知准确含量的标准试样和未知含量的试样一同进行测定，根据两种试样的测量数据和标准样的含量计算出未知试样的含量；另一种对照实验是用多个标准试样进行测定实验，将测得的数据对相应的浓度描点作图，得到所谓的标准曲线。然后测定未知试样，根据未知试样的测定数据在标准曲线上查找与之相应的浓度即为未知试样的浓度。

有关减少和消除实验误差的更详细知识参见本书 2.2.3.2 节。

C 按照有效数字进行实验记录和实验数据处理

如前所述，对应于每一种仪器，有一定的测量精度，记录实验数据时要保留正确的有效数字位数。进行实验数据处理时，要按照有效数字计算规则进行计算，详细规则见本书 2.2.3.3 节。

4.1.3 醋酸标准平衡常数与解离度测定的实验原理与测定

4.1.3.1 醋酸标准平衡常数与解离度测定的实验原理

醋酸（CH_3COOH，简写为 HAc）是一元弱酸，在水溶液中存在如下解离平衡：

$$HAc(aq) + H_2O(l) = H_3O^+(aq) + Ac^-(aq)$$

其解离常数的表达式为：

$$Ka^{\ominus} = \frac{\{[H_3O^+]/C^{\ominus}\}\{[Ac^-]/C^{\ominus}\}}{\{[HAc]/C^{\ominus}\}}$$

或简写为

$$Ka^{\ominus} = \frac{[H^+][Ac^-]}{[HAc]}$$

式中，$[H^+]$、$[Ac^-]$、$[HAc]$ 分别为 H^+、Ac^-、HAc 的平衡浓度；$C^{\ominus}$为标准浓度（即 1 mol · L^{-1}）。

A pH 值法实验原理

弱酸 HAc 的起始浓度为 C_{HAc}，并且忽略水的解离，则平衡时：

$$[HAc] = C_{HAc} - [H^+]$$

$$[Ac^-] \approx [H^+]$$

$$Ka^{\ominus}=\frac{[H^{+}]^{2}}{C_{HAc}-[H^{+}]}$$

在一定温度下，用pH值计可测定一系列已知浓度的醋酸溶液的pH值，根据pH值 $=-\lg[H^{+}]$，求出［H^{+}］，代入上式，可求出一系列的 $Ka^{\ominus}$，取平均值，即为该温度下醋酸的解离常数。

B　缓冲溶液pH值法实验原理

在缓冲溶液中

$$pH值=pKa^{\ominus}(HA)-\lg\frac{c(HA)}{c(A^{-})}$$

当配制等浓度的HAc和NaAc缓冲溶液，此时，$[Ac^{-}]=[HAc]$，则pH值为 $pKa^{\ominus}(HA)$，可见，在一定温度下，如果测得醋酸溶液中 $[Ac^{-}]=[HAc]$ 时的pH值，即可计算出醋酸的解离常数。

另外也可求得醋酸的解离度 α。

$$\alpha=\frac{[H^{+}]}{c(HAc)}\times100\%$$

【C】任务实施

4.1.3.2　醋酸标准平衡常数与解离度的测定

A　仪器与试剂

仪器包括pH值计、碎滤纸、移液管（25 mL）、吸量管（5 mL，10 mL）、容量瓶（50 mL 4个）、小烧杯（50 mL，100 mL）、吸管、玻璃棒。

试剂包括标准HAc溶液（0.1 $mol\cdot L^{-1}$，由实验室配制并标定）、NaAc溶液（0.1 $mol\cdot L^{-1}$）、NaOH溶液（0.1 $mol\cdot L^{-1}$）、酚酞（2 $g\cdot L^{-1}$，乙醇溶液）。

B　pH值法实验步骤

a　配制不同浓度的HAc溶液

将4只干燥洁净的小烧杯编成1~4号（烧杯为什么要干燥？如果来不及烘干，如何操作保证溶液的浓度不被改变?），将3只干净的容量瓶编成1~3号。用4号烧杯盛已知准确浓度的HAc溶液约50 mL，然后用吸量管从烧杯中吸取5.00 mL、10.00 mL标准HAc溶液分别放入1号、2号容量瓶中，用移液管从烧杯中吸取25.00 mL标准HAc溶液放入3号容量瓶中，分别在3个容量瓶中加入蒸馏水至刻度，充分摇匀，并计算这三种HAc溶液的准确浓度。

b　测定不同浓度的HAc溶液的pH值

将上述容量瓶中的HAc溶液分别对号倒入干燥洁净的烧杯中。用pH值计按1~4号烧杯（HAc浓度由小到大）的顺序（为什么要按HAc浓度由小到大的顺序测定pH值?），依次测定醋酸溶液的pH值，并记录实验数据（pH值的有效数字是几位?）。

c　缓冲溶液pH值法

从1号容量瓶中用吸量管吸取10.00 mL已知准确浓度的HAc溶液于1号烧杯中，加入1滴酚酞溶液，然后用滴管逐滴加入0.1 $mol\cdot L^{-1}$ NaOH溶液（注意：一边滴一边搅拌），至酚酞变粉红色且半分钟内不褪色为止。再从1号容量瓶中吸取10.00 mL HAc溶液加入1号烧杯中，用玻棒搅拌均匀，即得等浓度的HAc和NaAc混合溶液，用pH值计测定该混合溶液的 pH 值。

分别用2号、3号容量瓶中的已知准确浓度的 HAc 溶液，重复上述操作，并分别测定所得混合溶液的 pH 值。

C 数据记录与处理

以 pH 值法为例，缓冲溶液 pH 值法的数据记录表格请自行设计。

标准醋酸溶液浓度 c_{HAc}__________________（准确至小数点后四位）。

实验数据与计算见表4-1。

表4-1 实验数据与计算 测定时温度______℃

实验编号	1	2	3	4
V_{HAc}/mL	5.00	10.00	25.00	50.00
V_{NaAc}/mL	0.00	0.00	0.00	0.00
V_{H_2O}/mL	45.00	40.00	25.00	0.00
c_{HAc}/mol·L^{-1}				
pH 值				
$[H^+]$/mol·L^{-1}				
$[Ac^-]$/mol·L^{-1}				
α				
$Ka^{\ominus}$				
$\overline{Ka}^{\ominus}$				
相对误差				
标准偏差				

D 课后思考题

（1）实验中所用的烧杯、移液管、吸量管等，应用哪种溶液润洗？容量瓶是否需用 HAc 溶液润洗？有时候，吸量管不能直接伸入容量瓶中吸取溶液，则可以将容量瓶中的溶液倒入一个干净的烧杯中，请问该烧杯是否需要润洗？

（2）用 pH 值计测定溶液的 pH 值时，各用什么标准溶液定位？

（3）如果改变所测 HAc 溶液的温度，则解离度和标准解离常数有无变化？

【D】任务评价

比较 pH 值法和缓冲溶液 pH 值法测定弱酸电离常数的优劣性。从实验原理角度出发，分别指出 pH 值法和缓冲溶液 pH 值法实验过程中，能引起实验误差的主要原因有哪些？（文献值：25 ℃时 $Ka^{\ominus}=1.76\times10^{-5}$）

【E】任务拓展

根据本实验的原理，试设计测定 $NH_3\cdot H_2O$ 解离度和解离常数的实验方案。

【F】知识拓展

紫罗兰的启示——波义耳发现酸碱指示剂的故事

酸碱指示剂在不同 pH 值的溶液中呈现不同的颜色，常用来检验溶液的酸碱性。酸碱指示剂的发现是化学家善于观察、勤于思考、用于探索的结果。该化学家就是“把化学确立为科学”的近代化学之父——英国科学家罗伯特·波义耳。

出身贵族的玻义耳是一个兴趣广泛的科学家，很喜欢鲜花，但他没有时间逛花园，只好在房间里摆上几个花瓶，让园丁每天送些鲜花来观赏。

一天，园丁把一盆美丽的紫罗兰送到他的书房，波义耳随手拿了一束紫罗兰走进实验室，把鲜花放在实验桌上就开始了实验。波义耳做实验时不小心将浓盐酸溅到了紫罗兰的花瓣上，爱花的波义耳急忙把冒烟的紫罗兰用水冲洗了一下，然后插在花瓶中。过了一会波义耳发现紫蓝色的紫罗兰变成了红色，这一现象引起了波义耳的极大兴趣：“莫非是盐酸的缘故?”（教师提示：善于观察、思考并提出问题是一种科学素养!）

于是，他请助手将紫罗兰花瓣分别放入不同的酸液中，结果发现花瓣均变成了红色。“这么说，酸液能使紫罗兰由紫色变成红色。也就是说，我们可以用紫罗兰的花瓣来判别一种溶液是不是酸液了!”（教师提示：结合实际，能够把所观察的新现象与实际应用结合，这是发明、创新的关键!）

玻义耳为这个意外的发现兴奋不已，“那么，碱液是不是也能使紫罗兰改变颜色呢?”（教师提示：深度思考，可使你能成为一个或优秀或杰出或伟大的科学家或工程师!）之后，波义耳又用碱性溶液进行了实验，结果发现，碱性溶液都能使紫罗兰变成蓝色。

此后，波义耳把从药草、树皮和各种植物的根中提取的汁液分别与酸碱相互作用，发现大部分花草受酸或碱作用都能改变颜色。其中从石蕊苔藓提取的紫色浸液效果最好，它遇酸变红，遇碱变蓝。（教师提示：不满足于现状，善于举一反三!）

玻义耳是位不容易满足的科学家，他觉得用浸液来鉴别溶液的酸碱性还是不够方便。于是他又开动了脑筋。几番思考之后，他终于想出了一个最简单易行的办法：用这种溶液把纸浸透，再把纸烘干。这样，带着溶液成分的纸片，就成了最早的酸碱试纸。

今天使用的石蕊试纸、酚酞试纸、pH 值试纸，就是根据波义耳的发现原理研制而成的。此后，要鉴别溶液的酸碱性质，可就容易多了。

（资料来源：百度百科，酸碱指示剂）

任务4.2 化学反应速率与活化能的测定

【A】任务提出

研究化学反应时经常遇到下面四个问题：（1）反应能否进行?（2）反应进行时伴随的能量变化如何?（3）反应能进行到何种程度?（4）反应将以怎样的速率进行?化学热力学主要就是研究前三个问题，而第四个问题则属于化学动力学的范畴。通过本实验，学习测定反应的反应速率与活化能，推测反应机理。

（1）预习思考题：

1）取用试剂的量筒没有分开专用，对实验有什么影响；

2）在加入 $(NH_4)_2S_2O_8$ 时，先计时后搅拌或先搅拌后计时，对实验结果有何影响；

3）实验中若先加 $(NH_4)_2S_2O_8$ 溶液，最后加 KI 溶液，对实验结果有何影响。

（2）实验目的：

1）了解温度、浓度和催化剂对化学反应速率的影响；

2）测定过 $(NH_4)_2S_2O_8$ 与 KI 反应的反应速率，并依次求得该反应的反应级数、反应速率常数和反应的活化能，掌握测定反应速率的方法。

【B】知识准备

4.2.1 温度计

温度计是实验室中用来测量温度的仪器。其中利用物质的体积、电阻等物理性质与温度的函数关系制成的温度计为接触式温度计。测温时，必须将温度计触及被测体系，使温度计和被测体系达成热平衡，两者温度相等，从而由被测物质的特定物理参数直接或间接地换成温度，如水银温度计就是根据温度与水银体积变化的关系，直接在玻璃管上刻相应的温度值。

测量溶液的温度时，温度计不能靠在容器上或插到容器底部，且水银球应处于溶液中的一定位置，正确的方法如图4-6(d) 所示。

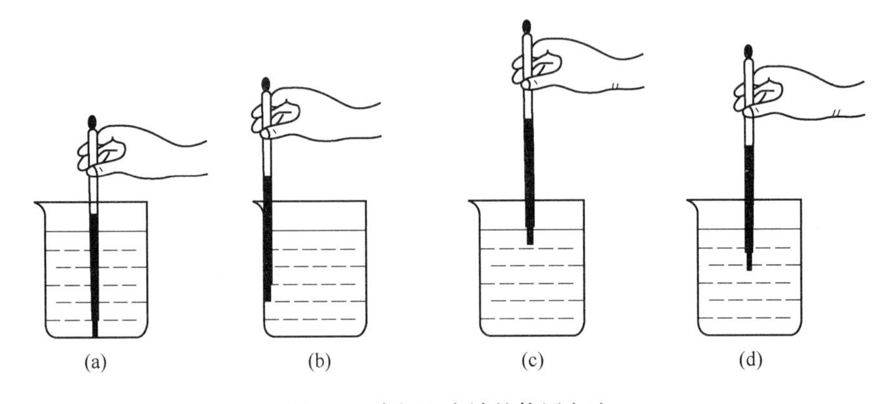

图4-6 水银温度计的使用方法

（a）错误一；（b）错误二；（c）错误三；（d）正确

每支温度计都有一定的测温范围，水银温度计可用于 -30 ~ 360 ℃区间，实验室中常用的有 0 ~ 100 ℃、0 ~ 250 ℃、0 ~ 360 ℃三种规格。若测量低于 -30 ℃，甚至于 -200 ℃温度区间的温度时，可以使用封在玻璃管中不同的烃类化合物温度计来测量；若要测量高温时可用热电偶或辐射高温计等来测量。在使用温度计测量温度时应该注意以下几点。

（1）根据所测温度的高低选择合适的温度计，例如要测量温度在 200 ℃左右时，最好选择 0 ~ 250 ℃的温度计，而不要选 0 ~ 100 ℃（易胀破）或 0 ~ 360 ℃（精度差）的温度计。

（2）根据实验要求选择合适精度的温度计，如利用冰点下降法测化合物的相对分子质量时，最好选用刻度为 1/10 的温度计，可准确测到 0. 01 ℃。对于一般的温度，则没有必要使用如此高精度的温度计（价格偏高）。

（3）利用温度计测量时，要使温度计浸入液体的适中位置，不要使温度计接触容器的底部或壁。

（4）不能将温度计当搅拌棒使用，以免碰破水银球。

（5）刚刚测量高温的温度计取出后不能立即用凉水冲洗，也不要放置在温度较低的水泥台上，以免水银球炸裂。

(6) 使用温度计时要轻拿轻放，不要随意甩动。如温度计不慎被打碎后，要立即告诉指导教师，同时由于水银会挥发，要开窗通风，并应对洒出的水银立即回收；不能回收时，要立即用硫黄覆盖清扫处理。

4.2.2 化学反应速率与活化能测定的实验原理与采用命题转化原理的测定

4.2.2.1 化学反应速率实验原理

化学反应速率是以单位时间内反应物浓度的减少或生成物浓度的增加来表示的。化学反应的特性决定了反应速率，此外，外界条件（如浓度、温度、催化剂等）也会影响化学反应速率。

$(NH_4)_2S_2O_8$ 与 KI 在水溶液中发生如下反应：

$$S_2O_8^{2-}(aq) + 3I^- = 2SO_4^{2-}(aq) + I_3^- \quad (4\text{-}1)$$

根据速率方程，该反应的反应速率可表示为：

$$\nu = \frac{dc_{S_2O_8^{2-}}}{dt} = kc_{S_2O_8^{2-}}^{\alpha} \cdot c_{I^-}^{\beta}$$

式中，ν 是反应的瞬时速率；$dc_{S_2O_8^{2-}}$ 为在 dt 时间内减少的浓度；若 $c_{S_2O_8^{2-}}$、c_{I^-} 是初始浓度，则 ν 表示反应的初始速率 ν_0；k 是反应速率常数；α 与 β 之和是反应级数。

A 采用命题转化原理测定化学反应速率方法原理一

由于在实验中无法直接测得微观变化量 $dc_{S_2O_8^{2-}}$ 和 dt，故在实验中以宏观变化量 $\Delta c_{S_2O_8^{2-}}$ 和 Δt 代替，而以平均速率 $-\frac{\Delta c_{S_2O_8^{2-}}}{\Delta t}$ 代替瞬时速率 $-\frac{dc_{S_2O_8^{2-}}}{dt}$。

在本实验中，Δt 时间内反应物浓度变化很小，可近似地用平均速率代替初始速率：

$$\bar{\nu} = \frac{\Delta c_{S_2O_8^{2-}}}{\Delta t} \approx kc_{S_2O_8^{2-}}^{\alpha} \cdot c_{I^-}^{\beta}$$

为了得到 Δt 时间内 $S_2O_8^{2-}$ 的浓度改变值 $\Delta c_{S_2O_8^{2-}}$，需要在混合 $(NH_4)_2S_2O_8$ 与 KI 溶液的同时，加入一定体积的已知浓度的 $Na_2S_2O_3$ 溶液和淀粉，这样在反应式（4-1）进行的同时，还有以下反应发生：

$$2S_2O_3^{2-}(aq) + I_3^- = S_4O_6^{2-}(aq) + 3I^- \quad (4\text{-}2)$$

反应式（4-2）进行得非常快，几乎是瞬间完成，而反应式（4-1）慢得多。由此，由反应式（4-1）生成的 I_3^- 会立即与 $S_2O_3^{2-}$ 反应生成无色的 $S_4O_6^{2-}$ 和 I^-。因此，在反应开始的一段时间内，溶液呈无色，看不到碘与淀粉反应所呈现的特有蓝色。但当 $Na_2S_2O_3$ 一旦耗尽，由反应式（4-1）生成的微量 I_3^- 就会立即与淀粉作用，使溶液呈蓝色。

从开始反应到溶液呈现蓝色，标志 $S_2O_3^{2-}$ 已耗尽，所以这段时间 Δt 内，$S_2O_3^{2-}$ 浓度的改变值 $\Delta c_{S_2O_3^{2-}}$ 实际上就是 $Na_2S_2O_3$ 的起始浓度。

从反应式（4-1）和式（4-2）的关系可以看出，每消耗 1 mol $S_2O_8^{2-}$ 就要消耗 2 mol 的 $S_2O_3^{2-}$，即：

$$\Delta c_{S_2O_8^{2-}} = \frac{1}{2}\Delta c_{S_2O_3^{2-}}$$

由于在 Δt 时间内，$S_2O_3^{2-}$ 已全部耗尽，所以 $\Delta c(S_2O_3^{2-})$ 实际上就是反应开始时 $Na_2S_2O_3$ 的浓度，即 $-\Delta c(S_2O_3^{2-})=c_0(S_2O_3^{2-})$。

这里的 $c_0(S_2O_8^{2-})$ 为 $Na_2S_2O_3$ 的起始浓度。在本实验中，由于每份混合液中 $Na_2S_2O_3$ 的起始浓度都相同，因而 $\Delta c(S_2O_3^{2-})$ 也是相同的，这样，只要记下从反应开始到出现蓝色所需要的时间（Δt），把反应速率 ν 的测定转化为测定从反应开始到显色的时间 Δt，就可以算出一定温度下该反应的平均反应速率：

$$\bar{\nu}=-\frac{\Delta c_{S_2O_8^{2-}}}{\Delta t}=-\frac{\Delta c_{S_2O_3^{2-}}}{2\Delta t}=\frac{c_0(S_2O_3^{2-})}{2\Delta t}\approx kc_{S_2O_8^{2-}}^{\alpha}\cdot c_{I^-}^{\beta}$$

按照初始速率法，通过改变反应物 $S_2O_8^{2-}$ 和 I^- 的初始浓度，测定消耗等摩尔浓度 $\Delta c_{S_2O_3^{2-}}$ 的 $S_2O_3^{2-}$ 所需要的不同时间间隔 Δt，计算不同反应的反应物初始浓度条件下的反应初始速率，即可求出反应级数 α 和 β，进而求得反应的总级数（$\alpha+\beta$），再由下式求出反应的速率常数：

$$k=\frac{\bar{\nu}}{c^{\alpha}(S_2O_8^{2-})\cdot c^{\beta}(I^-)}$$

也可采用作图法求算反应级数和速率常数。由速率方程

$$\nu=kc_{S_2O_8^{2-}}^{\alpha}\cdot c_{I^-}^{\beta}$$

两边取对数得

$$\lg\nu=\lg k+\alpha\lg c_{S_2O_8^{2-}}+\beta\lg c_{I^-}$$

当 c_{I^-} 不变时，以 $\lg\nu$ 对 $\lg c_{S_2O_8^{2-}}$ 作图，可得一直线，斜率为 α。同时，当 $c_{S_2O_8^{2-}}$ 不变时，以 $\lg\nu$ 对 $\lg c_{I^-}$ 作图，可得一直线，斜率为 β。反应级数则为 $\alpha+\beta$。将求得的 α 和 β 代入速率方程，即可求得反应速率常数 k。

对于大多数化学反应，当温度升高时，其反应速率都会显著地增大。温度对反应速率的影响主要体现在对速率常数 k 的影响上。在大量实验的基础上，1889 年瑞典科学家阿仑尼乌斯（S. A. Arrhenius）提出了温度和反应速率常数之间的经验关系式：

$$k=Ae^{-\frac{Ea}{RT}}$$

或用对数形式表示：

$$\lg\{k\}=\lg A-\frac{Ea}{2.303RT}$$

式中，A 为给定反应的特征常数；e 为自然对数的底；Ea 为反应的活化能，$kJ\cdot mol^{-1}$；R 为摩尔气体常数，$8.314\ J\cdot mol^{-1}\cdot K^{-1}$；$T$ 为热力学温度，K。

求出不同温度时的 k 值后，以 $\lg\{k\}$ 对 $1/T$ 作图，可得一直线，由直线的斜率 $\left(-\frac{Ea}{2.303RT}\right)$ 可求得反应的活化能 Ea。这便是本实验测定反应活化能的理论依据。

B　采用命题转化原理测定化学反应速率方法原理二

Cu^{2+} 可以加快 $(NH_4)_2S_2O_8$ 与 KI 反应的速率，Cu^{2+} 的加入量不同，加快的反应速率也不同。

根据以上命题转化的原理，可以进行如下的实验设计。

（1）用单因素实验法在第一组实验中，固定 I^- 的初始浓度，变化 $S_2O_8^{2-}$ 浓度作为对照实验，测反应时间 Δt；在第二组实验中固定 $S_2O_8^{2-}$ 的初始浓度，变化 I^- 浓度作为对照实验，测反应时间 Δt。

（2）由于用 Δc 和 Δt 分别代替 dc 和 dt，因此 Δc 的数据越小越好。即在实验中 $Na_2S_2O_3$ 溶液的浓度要尽可能选一个较小的数值，而且在各号试样中是等同的，并且 $(NH_4)_2S_2O_8$ 溶液和 KI 溶液的浓度相对于 $Na_2S_2O_3$ 的浓度要大得多。

（3）为了保持各号试样中的离子强度不变，不足的量用 KNO_3 溶液（相对于 KI 溶液）或 $(NH_4)_2SO_4$ 溶液［相对于 $(NH_4)_2S_2O_8$ 溶液］补充。

本实验成败的关键是所用溶液的浓度要准确，因此取用试剂的量筒千万不能混淆，以免污染试剂，从而改变了试剂的浓度。尤其是量取 $(NH_4)_2S_2O_8$ 的量筒必须专用，千万不能量取其他试剂。

【C】任务实施

4.2.2.2　采用命题转化原理的测定

A　仪器与试剂

仪器包括恒温水浴锅、量筒（10 mL 4 个，5 mL 2 个）、烧杯（100 mL 5 个）、秒表、温度计（0 ~ 100 ℃）和大试管。

试剂包括 KI（0.2 $mol \cdot L^{-1}$）、$Na_2S_2O_3$（0.05 $mol \cdot L^{-1}$）、$(NH_4)_2S_2O_8$（0.2 $mol \cdot L^{-1}$）、KNO_3（0.2 $mol \cdot L^{-1}$）、$(NH_4)_2SO_4$（0.2 $mol \cdot L^{-1}$）、$Cu(NO_3)_2$（0.02 $mol \cdot L^{-1}$）和淀粉溶液（0.2%）。

（注：KI 溶液应为无色透明溶液，不宜使用碘析出的浅黄色溶液；$(NH_4)_2S_2O_8$ 溶液现配现用，因为时间长了 $(NH_4)_2S_2O_8$ 易分解，如所配制的 $(NH_4)_2S_2O_8$ 溶液 pH 值小于 3，表明 $(NH_4)_2S_2O_8$ 晶体已变质，不适宜本实验使用。所用试剂中如混有少量 Cu^{2+}、Fe^{3+} 等杂质，对反应会有催化作用，可滴入几滴 0.10 $mol \cdot L^{-1}$ EDTA 溶液。）

B　浓度对化学反应速度的影响——反应级数、速率常数的测定

室温下，按表 4-2 中实验编号 1 的试剂用量要求，用量筒（每种试剂所用的量筒都应在洗涤后贴上标签，以免混乱），分别量取 KI 溶液、$Na_2S_2O_3$ 溶液和淀粉溶液于 100 mL 干燥的烧杯中，混合均匀，然后用量筒量取 $(NH_4)_2S_2O_8$ 溶液，迅速倒入上述混合液中（为什么必须越快越好？如果缓慢加入对实验有何影响?），立即计时，不断用玻棒搅拌（或把烧杯放在电磁搅拌器上搅拌），仔细观察。当溶液刚出现蓝色时，立即停止秒表，记录反应时间和室温。

用同样的方法按表 4-2 中的重复进行实验编号 2 ~ 5。为了保持反应体系的总体积不变，在实验编号 2 ~ 5 中，所减少的 KI 或 $(NH_4)_2S_2O_8$ 溶液的用量分别用 KON_3 和 $(NH_4)_2SO_4$ 溶液来补充（为什么?）。在每次实验过程中尽可能使温度大致保持相同。

注意：在进行实验 3 时，由于加入的 $(NH_4)_2S_2O_8$ 溶液体积较少，为了避免因有一部分残留在量筒内而影响实验结果，可将 $(NH_4)_2SO_4$ 加到 $(NH_4)_2S_2O_8$ 中，然后一齐加进装有混合液的烧杯中。

计算每次实验的反应速率 ν，并填入表 4-2 中。

表 4-2 浓度对反应速度的影响 室温________℃

实验编号	1	2	3	4	5
$V[(NH_4)_2S_2O_8]$/mL	10	5	2.5	10	10
$V(KI)$/mL	10	10	10	5	2.5
$V(Na_2S_2O_3)$/mL	3	3	3	3	3
V(淀粉溶液)/mL	1	1	1	1	1
$V(KNO_3)$/mL				5	7.5
$V[(NH_4)_2SO_4]$/mL		5	7.5		
$c_0(S_2O_8^{2-})/mol \cdot L^{-1}$					
$c_0(I^-)/mol \cdot L^{-1}$					
$c_0(S_2O_3^{2-})/mol \cdot L^{-1}$					
反应时间 Δt/s					
$\Delta c(S_2O_3^{2-})/mol \cdot L^{-1}$					
$\nu/mol \cdot L^{-1} \cdot s^{-1}$					
反应级数	$\alpha =$				
	$\beta =$				
$k/(mol \cdot L^{-1})^{1-\alpha-\beta} \cdot s^{-1}$					
k 的平均值					

用表 4-2 实验 1、2、3 的数据，依据初始速率法求 α；用实验 1、4、5 的数据求出 β，再求出（$\alpha+\beta$）；再由 $k=\frac{\bar{\nu}}{c^{\alpha}(S_2O_8^{2-})\cdot c^{\beta}(I^-)}$ 求出各实验的 k，并把计算结果填入表 4-2。

C 温度对化学反应速度的影响——活化能 Ea 的测定

按表 4-2 中实验 1 的试剂用量，把 KI 溶液、$Na_2S_2O_3$ 溶液和淀粉溶液放入干燥的烧杯中，再把（NH_4）$_2S_2O_8$ 溶液放入干的大试管中，然后将两个烧杯同时放入温水中加热至溶液温度高于室温 5 ℃时，把（NH_4）$_2S_2O_8$ 溶液快速倒入 KI 等混合溶液中，同时按下秒表计时并用玻棒不断搅拌。当溶液一显蓝色，立即按停秒表，将反应时间 Δt 和温度记录在表 4-3 中（编号 6）。

注意：将烧杯放入水浴中时要防止烧杯在水浴中飘动。待溶液达到热平衡后（在烧杯及水浴中各放一温度计，从两种读数检查是否达到热平衡）再混合溶液开始计时。反应时也要保持所需的反应温度（若加入（NH_4）$_2S_2O_8$ 后将盛反应液的容器移出恒温水浴反应，对实验结果有何影响?）。

分别在温度高于室温 10 ℃、15 ℃的条件下，重复上述实验。将数据和实验结果填入表 4-3 中（编号 7、8）。

表 4-3　温度对反应速率的影响

实　验　编　号		1	6	7	8
反应温度/℃					
热力学温度 T/K					
反应时间 Δt/s					
反应速率 ν/mol · L^{-1} · s^{-1}					
反应速率常数 k/(mol · L^{-1})$^{1-\alpha-\beta}$ · s^{-1}					
lg{k}					
$\frac{1}{T}$/K^{-1}					
斜率					
反应活化能 Ea/kJ · mol^{-1}	测定值				
	文献值				
相对误差/%					

注：1. 此温度选择适用于室温低于 10 ℃的情况。

2. 若室温高于 15 ℃，可将温度条件改为低于室温 5 ℃、室温和高于室温 5 ℃、10 ℃四种温度下进行。

利用表 4-3 中各次实验的 k 和 T，作 lg{k} 对 $1/T$ 图，求出直线的斜率，进而求出反应式（4-1）的活化能 Ea。

D　催化剂对化学反应速度的影响

在室温下，按照表 4-2 中实验 1 的试剂用量，把 KI 溶液、$Na_2S_2O_3$ 溶液和淀粉溶液加到 100 mL 干燥烧杯中，再加入 1 滴 $Cu(NO_3)_2$ 溶液，搅匀，然后迅速加入 $(NH_4)_2S_2O_8$ 溶液，同时计时并不断搅拌，当溶液刚呈现蓝色时，记下反应时间。实验结果填入表 4-4 [为了使实验中的溶液离子强度和总体积保持不变，不足 10 滴的用 0.2 mol · L^{-1} $(NH_4)_2SO_4$ 溶液补足]。

再一次按表 4-2 编号 1 的试剂用量配制溶液，分别加入 5 滴、10 滴 $Cu(NO_3)_2$ 溶液，重复上述操作，记录溶液变蓝的时间，填入表 4-4。

表 4-4　催化剂对反应速率的影响

实　验　编　号	9	10	11
加入 $Cu(NO_3)_2$ 溶液的滴数	1	5	10
反应时间 Δt/s			
反应速率 ν/mol · L^{-1} · s^{-1}			

将表 4-4 中的反应速率与表 4-2 中的进行比较，你能得出什么结论？

E　课后思考题

（1）化学反应方程式，能否确定反应级数？用本实验结果加以说明。

（2）若不用 $S_2O_8^{2-}$，而用 I^- 或 I_3^- 的浓度来表示反应速度，则反应速度常数 k 是否相同？具体说明。

（3）$Na_2S_2O_3$ 的用量过多或过少，对实验结果有何影响？

（4）实验中为什么可以由反应液出现蓝色的时间长短来计算反应速度？反应液出现蓝色后，反应是否终止了？

【D】任务评价

（1）总结上述三部分实验结果，说明浓度、温度、催化剂对化学反应速率的影响。

（2）活化能的文献数据为 $Ea = 518\ kJ \cdot mol^{-1}$，将实验值与文献值比较，并分析产生误差的原因。

【E】任务拓展

将表4-2的数据进行重新处理，采用作图法求得反应级数 α、β，并计算反应速率常数 k。并分析为什么通过计算法和作图法得到的结果有差异。

【F】知识拓展

千万亿分之一升的水，能将化学反应速率提升百万倍？
——水微滴研究

水是维持生命的必要物质。工业以及农业生产中，水亦是不可或缺的重要原料；化学实验室中，水也是重要的溶剂。水微滴（water microdroplet）是指体积很小的水滴，其直径范围约为1 μm至1000 μm，广泛存在于大气层的云和雾中，家庭中所使用的超声波加湿器就是一个良好的水微滴发生器。

20世纪70年代，美国化学家John Brauman就发现许多气相反应的速率远高于相应的液相反应。80年代，美国化学家John Fenn发展出了“电喷雾离子化法（electrospray ionisation）”，将反应物电离成带电的水微滴送进质谱仪进行快速分析，进而推动了蛋白组学领域的开辟，因此获得了2002年的诺贝尔化学奖。随后，很多研究都表明：许多化学反应在微滴中的反应速率远大于其在水溶液中对应的速率，加速倍率最高能达到 10^6 量级。随着研究的不断深入，微滴化学的潜力被越来越多的学者发现，关于水微滴的研究迅速成为化学领域的热点。

目前水微滴在有机化学合成、固氮固碳和生命起源等领域显示出了巨大的应用潜力。2018年，Zare团队尝试在水微滴中利用气态氧将多种醛类氧化成对应羧酸，克服了传统方法所带来的高昂成本和危害环境的缺点；科学家研究了甘氨酸和丙氨酸在水微滴中的反应，发现水微滴可能在生命起源中扮演了关键的角色，为未来的生命科学研究提供新的启示；2023年4月有研究者发现了一种利用水微滴在常温常压下将氮气和水转化为氨的方法，同年12月又提出了一种利用水微滴将氮气和二氧化碳一步转化为尿素的方法。通过利用水微滴，部分化学反应需要的实验室条件从严苛的高温高压转变为常温常压，在大大降低化学反应所需能耗的同时，提升了反应的安全性，使得化学合成向着更清洁、高效和安全发展。

水是最常见但也是最神奇的物质。哪怕是一“滴”水，它只有千万亿分之一升，却能够将一些化学反应的速率提升约10倍甚至100万倍，所展现出的催化效应令无数科学家瞠目结舌，然而其加速反应的机理却不明确，甚至存在很大争议。对于全球科学家而言，微滴化学的发展既是一项巨大的挑战，也是一个难得的机遇。

（资料来源：微信公众号，千万亿分之一升的水，能将化学反应速率提升百万倍）

任务4.3　分光光度法测定碘酸铜的溶度积常数

【A】任务提出

沉淀反应是一种历史悠久的化学反应，由于它在分离中有着独特的地位，在目前，它不但经常应用，而且在不断的发展之中。溶度积常数是沉淀反应应用和研究过程中最为重要的参数，无论是沉淀的生成还是沉淀的溶解，它都是研究过程中的定量依据。

（1）预习思考题：

1）本实验中配制 $[Cu(NH_3)_4]^{2+}$ 溶液时，加入1∶1的 $NH_3 \cdot H_2O$ 的量是否要准确？能否用量筒量取；

2）假如在过滤 $Cu(IO_3)_2$ 饱和溶液时有 $Cu(IO_3)_2$ 固体穿透滤纸，将对实验结果产生什么影响；

3）为保证 $Cu(IO_3)_2$ 饱和溶液不被稀释，在过滤时应采取哪些措施；

4）查阅资料，获得 $Cu(IO_3)_2$ 的理论溶度积常数 $K_{sp}^{\ominus}$，并计算 $Cu(IO_3)_2$ 饱和溶液中 $[Cu^{2+}]$ 是多少。

（2）实验目的：

1）了解分光光度法测定碘酸铜溶度积常数的原理和方法；

2）加深对沉淀溶解平衡和配位平衡的理解；

3）学习分光光度计的使用方法。

【B】知识准备

4.3.1　分光光度计的工作原理、结构与使用

分光光度计是利用分光光度法对物质进行定性和定量分析的仪器。分光光度法是基于物质对不同波长的光波具有选择性吸收能力而建立起来的分析方法。按工作波长范围分类，分光光度计一般可分为紫外分光光度计、可见分光光度计、紫外-可见分光光度计等。其中紫外-可见分光光度计使用得最多，主要应用于无机物和有机物含量的测定。分光光度计还可分为单光束和双光束两类。目前在教学中常用的有721型、722型、723型。这里以722型为例介绍。

4.3.1.1　分光光度计的工作原理

A　物质对光的选择性吸收

当光束照射到物质上，光与物质发生相互作用，产生反射、散射、吸收或透射，如图4-7所示。若被照射的是均匀溶液，则光的散射可以忽略。

当一束白光如日光或白炽灯等通过某一有色溶液时，一些波长的光被溶液吸收，另一些波长的光则透过。透射光（或反射光）刺激人眼而使人感觉到颜色的存在。人眼能感觉到的光称为可见光。在可见光区，不同波长的光呈现不同的颜色，因此溶液的颜色由透射光的波长所决定。因为透射光和吸收光可组成白光，故称这两种光互为补色光，两种颜色互为补色。如硫酸铜溶液因吸收白光中的黄色光而呈现蓝色，黄色与蓝色即互为补色。

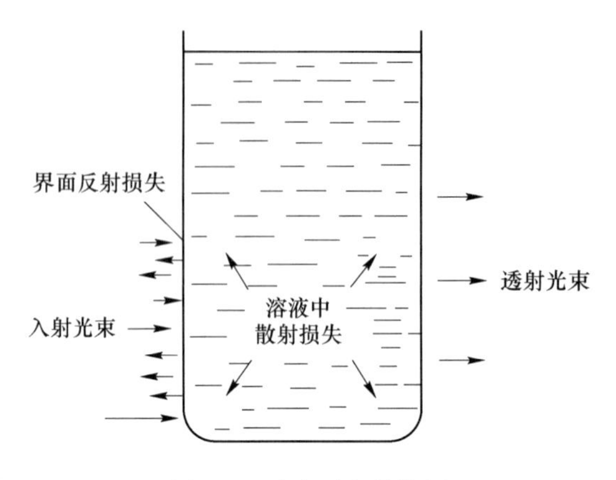

图4-7 溶液对光的作用

B 光的吸收基本定律——Lambert-Beer 定律

白光通过棱镜或衍射光栅的色散，形成不同波长的单色光。一束单色光通过有色溶液时，溶液中溶质能吸收其中的部分光。物质对光的吸收是有选择性的，一种物质对不同波长光的吸收程度不同。用透光率或吸光度（或光密度）表示物质对光的吸收程度。

$$T=\frac{I_t}{I_0}$$

$$A=\lg\frac{I_0}{I_t}=\lg\frac{1}{T}$$

式中，T 为透光率；I_0 为入射光强度；I_t 为透射光强度；A 为吸光度。

显然，T 越小，A 越大，即溶液对光的吸收程度越大。

Lambert-Beer 定律总结了溶液对光的吸收定律：一束平行单色光通过液层厚度为 b 的均匀透明的有色溶液时，有色溶液对光的吸收 A 与溶液的浓度 c 和液层厚度 b 的乘积成正比，即

$$A=acb$$

式中，A 为吸光度；a 为吸光系数，与入射光波长、吸光物质与溶剂的性质和溶液温度有关；b 为液层厚度，待测样品通常盛装在比色皿中，因此，b 常指比色皿厚度。

如被测物质溶液的浓度 c 以 $mol\cdot L^{-1}$ 为单位，则此时的吸光系数称为摩尔吸光系数，用符号 ε（或 κ）表示，其单位为 $L\cdot mol^{-1}\cdot cm^{-1}$。于是上式可改写为：

$$A=\varepsilon cb$$

ε 是吸光物质在特定波长和溶剂的情况下的一个特征常数，数值上相当于 $1\ mol\cdot L^{-1}$ 吸光物质在 1 cm 光程中的吸光度，是吸光物质吸光能力的量度。它可作为定性鉴定参数，也可用以估量定量方法的灵敏度：ε 值越大，方法的灵敏度越高。通常选择摩尔吸光系数大的有色化合物进行测定，选择具有最大 ε 值的波长作为入射光。一般认为：$\varepsilon<1\times10^4\ L\cdot mol^{-1}\cdot cm^{-1}$ 灵敏度较低；ε 在 $1\times10^4\sim6\times10^4\ L\cdot mol^{-1}\cdot cm^{-1}$ 属中等灵敏度；$\varepsilon>6\times10^4\ L\cdot mol^{-1}\cdot cm^{-1}$ 属高灵敏度。

由实验结果计算 ε 时，常以被测物质的总浓度代替吸光物质的浓度，这样计算的 ε 值实际上是表观摩尔吸光系数。ε 与 a 的关系为：

$$\varepsilon = Ma$$

式中，M 为物质的摩尔质量。

Lambert-Beer 定律是分光光度法进行定量分析的理论基础。Lambert-Beer 定律的适用条件：一是必须使用单色光；二是吸收发生在均匀的介质中；三是吸收过程中，吸光物质互相不发生作用。

因此 Lambert-Beer 定律存在局限性。

（1）只有单色光即单一波长的光辐射吸收，才严格遵循 Lambert-Beer 定律。用杂光源照射，吸光度 A 与浓度不成直线关系。

（2）Lambert-Beer 定律仅适用于稀溶液。高浓度溶液里，粒子间相互影响增大，可改变吸光能力，使吸光度 A 与浓度不成直线关系。

（3）混合物溶液可能相互干扰多种物质共存，其光吸收可能相互干扰，因此，必须尽可能除去引起干扰的物质。

（4）吸光反应控制在一定的范围。一般吸光度 A 应控制在 0.2 ~ 0.8 之间，过低或过高测定误差均大大增加，实际测量时，多控制在 0.1 ~ 0.65 之间。

C　吸收曲线（光谱）与（标准）工作曲线

通常用光的吸收曲线（光谱）来描述有色溶液对光的吸收情况。将不同波长的单色光依次通过一定浓度的有色溶液，分别测定其吸光度 A，以波长 λ 为横坐标，以吸光度 A 为纵坐标作图，所得的曲线称为光的吸收曲线（光谱），见图4-8。最大的吸收峰对应的单色光波长称为最大吸收波长 λ_{max}，选用 λ_{max} 的光进行测量，光的吸收程度最大，测定的灵敏度最高。

一般在测量样品前，先测工作曲线，即在与测定样品相同的条件下，先测量一系列已知准确浓度的标准溶液的吸光度 A，画出 A-c 的曲线，即（标准）工作曲线（见图4-9）。待样品的吸光度 A 测出后，就可以在工作曲线上求出相应的浓度 c。

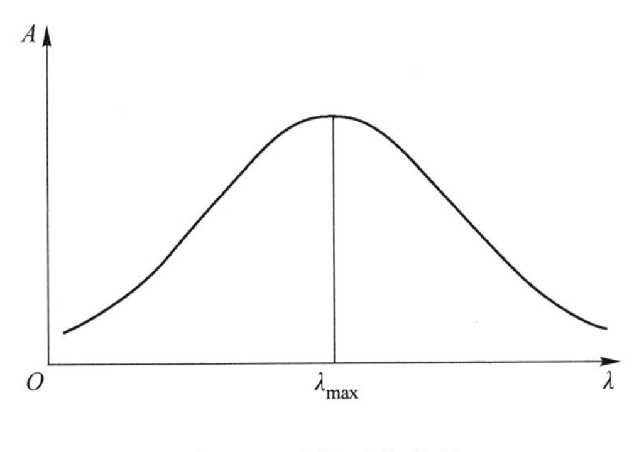

图4-8　光的吸收曲线

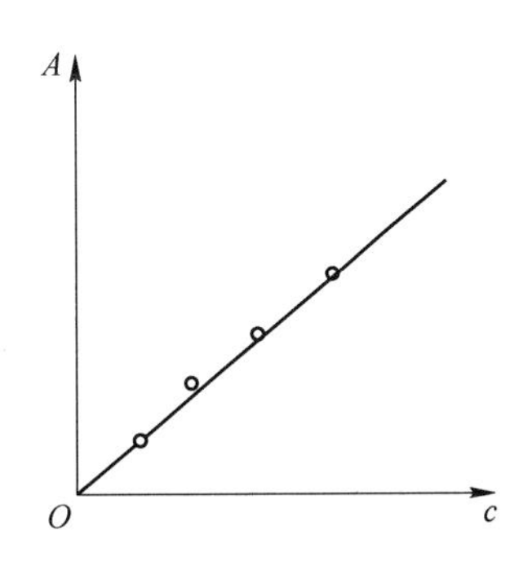

图4-9　工作曲线

4.3.1.2　分光光度计的基本结构

A　光度法与目视比色法比较

光度法与目视比色法都是通过比较与被测量溶液的颜色来进行被测物质吸光度 A 测定的，光度法与目视比色法比较，具有下列优点。

（1）使用仪器代替人眼进行测量，消除了人的主观，从而提高了准确度。

（2）测定溶液中有其他有色物质共存时，可以选择适当的单色光和参比溶液来消除干扰，因而可提高选择性。

（3）在分析大批试样时，使用标准工作曲线法可简化手续，加快分析速度。

B 分光光度计的基本结构

尽管光度计的种类和型号繁多，但它们都是由光源、单色器、吸收池、检测系统和信号显示系统几部分组成，如图4-10所示。

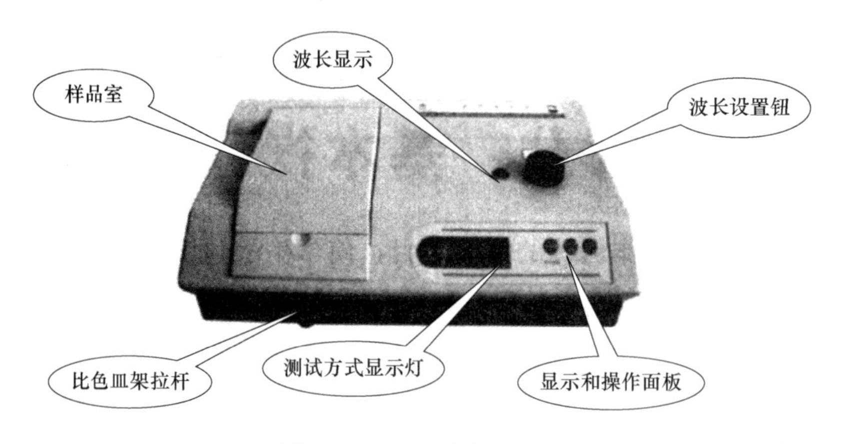

图4-10 722型分光光度计

由光源发出的光经单色器获得一定波长单色光照射到样品溶液，部分光被样品吸收，透过的光经检测系统将光强度转变为电信号变化，并经信号知识系统调制放大后，显示或打印出结果。

（1）光源：在吸光度的测量中，要求光源在使用波长范围内提供连续光谱，光强应足够大，有良好的稳定性，使用寿命长。

在可见光区测量时，常用钨灯或碘钨灯作为光源，它发出的光的波长范围为320～2500 nm。在紫外光区测定时，常采用氢灯或氘灯，它们发出波长范围为180～375 nm的连续光谱。

（2）单色器：将光源发出的连续光谱分解为单色光的元件称为色散元件，与入射狭缝、出射狭缝、色散元件和透射系统一起组成单色器。常用的色散元件为棱镜或光栅。

需要指出的是：无论何种单色器，出射光光束常混有少量与仪器所指示波长非常不同的光波，即“杂散光”。杂散光会影响吸光度的正确测量，其产生主要原因是光学部件和单色器的外内壁的反射和大气或光学部件表面上尘埃的散射等。为了减少杂散光，单色器用涂以黑色的罩壳封起来，通常不允许任意打开罩壳。

（3）吸收池：吸收池为用于盛放试样的液槽，也称比色皿。分光光度计中使用的比色皿都是两面透光、另两面为毛玻璃的方形容器。

制作比色皿的材料主要为光学玻璃或石英。前者只能用于测量可见光区的吸光度；后者既可测量可见光区，也可测量紫外光区的吸光度。比色皿的厚度有0.5 cm、1 cm、2 cm、3 cm、4 cm等规格，其中1 cm的应用最普遍。

每台仪器配套的比色皿不能与其他仪器上的比色皿单个调换。

（4）检测系统：检测系统是一种光电转换元件，利用光电效应使透过光强度能转换成电流进行测量。对光电转换器的要求是：光电转换有恒定的函数关系，响应灵敏度高、速度要快，噪声低。稳定性高，产生的电信号易于检测放大等，常用的光电转换器组成有：光电池、光电管、光电倍增管。

（5）信号显示系统：信号显示系统的作用是把光电流或放大的信号以适当方式显示或记录下来，便于计算和记录。信号显示器有指示仪表、数字显示和自动记录装置。

4.3.1.3　分光光度计的使用

现以722型分光光度计为例，讲解分光光度计的使用。722型分光光度计有吸光度 A、透射比 T、样品浓度 c、斜率测量 F 等测量方式，可根据需要选择合适的测量方式。

（1）开机预热：打开电源开关，显示屏亮，打开样品室盖，预热20 min。为了防止光电管疲劳，预热仪器时和不测定时应将试样室盖打开，使光路切断。

（2）选定波长：根据实验要求，旋转“波长设定”旋钮，选择所需的波长。每重设波长需重调零。

（3）调零：打开样品室盖（或放入黑体），在T方式下按“0% T”键调透射比零（调零）。此时，显示器显示“BLA”，稳定后显示：“.000”。

（4）调满：关上样品室盖，将盛参比溶液的比色皿放入试样室内比色皿架中，并对准光路（注意：比色皿透明的面朝入射光），按“$\frac{0A}{100\%T}$”键调100%透射比（调满度）。此时，显示器显示“BLA”，稳定后显示：“100.0”。

重复步骤（3）和（4），直至仪器显示稳定，仪器调试完成，可以进行测量。

（5）测量。

1）吸光度 A 测量：将盛有待测溶液的比色皿放入比色皿座架中的其他格内，盖上试样室盖。将参比液置于光路中，按“MODE”键将测试方式设置为吸光度 A 方式，A 方式指示灯亮。此时若读数不为零，按“$\frac{0A}{100\%T}$”键调整吸光度为0，显示器显示：“.000”。

轻轻拉动试样架拉手，使待测溶液进入光路，此时数字显示值即为该待测溶液的吸光度值。重复上述步骤1～2次，读取相应的吸光度值，取平均值。

通过测定标准溶液和未知溶液的吸光度，绘制 A-c 工作曲线，根据未知溶液的吸光度可从工作曲线上找出对应的浓度值。

2）透射比 T 测量：T 方式下测定透射比。

3）浓度 c 测量：按“MODE”键将设置为浓度 c 方式，此时 c 方式指示灯亮，将已知浓度的标准样品放入光路，按“▲$\left(\text{即}\frac{0A}{100\%T}\right)$”或“▼（即0% T）”键，使得数字显示值为所需要的样品浓度值，按“ENTER（即PRINT）”键确认（浓度值只能输入整数值，设定范围为0～1999）。

将被测样品依次推入光路，此时数字显示值即为被测样品的浓度值。

4）斜率 F 测量：F 模式下，按“▲$\left(\text{即}\frac{0A}{100\%T}\right)$”或“▼（即0% T）”键输入已知的标准样品斜率值，直至显示出标准样品斜率时，按“ENTER（即PRINT）”键确认，此时，测试方式指示灯自动指示向“C”（斜率只能输入整数值）。

将被测样品依次推入光路，即可读出被测样品的浓度值。

（6）关机：测试完毕，关闭仪器电源开关，将比色皿取出并洗净，并将比色皿座架用软纸擦净，在记录本上登记，罩好仪器罩。

4.3.1.4 分光光度计使用注意事项

（1）仪器长时间不用时，在光源室和试样室内应放置数袋防潮的硅胶，保持其干燥性，发现硅胶变色立即更新或加以烘干再用。

（2）仪器工作几个月或经搬动之后，要检查波长的准确性，以保证测定的可靠性。在搬动或移动仪器时，注意小心轻放。

（3）仪器使用时，注意每改变一次波长，都要用参比溶液校正吸光度为零、透射比为100%。

（4）连续使用时间不应超过2 h，最好间歇30 min再使用。若连续测定时间过长，会造成读数漂移，因此每次读数后应随手打开试样室盖。

（5）每次实验结束要检查试样室是否有溢出的溶液，及时擦净，以防止废液对试样室部件的腐蚀。

（6）为了避免仪器积灰和沾污，在停止工作时，用防尘罩套住整个仪器。

（7）比色皿使用中的注意事项。

1）比色皿要配对使用，因为相同规格的比色皿仍有或多或少的差异，致使光通过比色溶液时，吸收情况有所不同。可于毛玻璃面上做好记号，使其中一只专置参比溶液，另一只专置标准溶液或试液。同时还应注意比色皿放入比色皿槽架时应有固定朝向。

2）注意保护比色皿的透光面，避免擦伤或被硬物划伤；拿取时，手指应捏住其毛玻璃的两面，以免沾污或磨损透光面。

3）如果试液是易挥发的有机溶剂，则应加盖后，放入比色皿槽架中。

4）倒入溶液前，应先用该溶液淋洗内壁3次，倒入量不可过多，以比色皿高度的3/4为宜，以防太满溢出腐蚀光度计。并以吸水性好的软纸吸干比色皿外壁的溶液，再用擦镜纸擦至透明，然后再放入比色皿槽架中测量。指纹、油腻或四壁的积污都会影响其透光率。

5）每次使用完毕后，应用去离子水仔细淋洗，并以吸水性好的软纸吸干外壁水珠，放回比色皿盒内。

6）不能用强碱或强氧化剂浸洗比色皿，而应用稀盐酸或有机溶剂清洗，再用水洗涤，最后用去离子水淋洗3次。

7）不得在火焰或电炉上进行加热或烘烤比色皿。

4.3.1.5 参比溶液的选择原则

测定吸光度时，由于入射光的反射及溶剂、试剂等对光的吸收都会造成透射光通量的减弱。为了使光通量的减弱仅与溶液中待测物质的浓度有关，需要选择合适组分的溶液作为参比溶液（又称空白溶液），先以参比溶液来调节吸光度A为零，再测待测溶液的吸光度。这样可以消除显色溶液中其他有色物质的干扰，抵消比色皿和试剂对入射光的吸收，比较真实地反映了待测物质对光的吸收，因而也就可以比较真实地反映出待测物质的浓度。因此，分光光度法中，选择合适的参比溶液至关重要。

（1）溶剂参比：如果试液、显色剂及其他共存组分均无色，仅待测组分与显色剂的反应产物有吸收时，可采用溶剂作参比溶液（通常溶剂为水），此参比溶液称为溶剂参比，这种参比溶液可消除溶剂、吸收池等因素的影响。

（2）试剂参比：如果显色剂或其他试剂有颜色（在测定波长有吸收），而试样没有颜色，则用试剂参比溶液，即按显色反应相同条件，只不加试样，同样加入显色剂和其他试剂作为参比溶液，此参比溶液称为试剂参比。这种参比溶液可消除试剂中的组分产生的影响。

（3）试样参比：如果显色剂无色，而试样存在其他有色离子，但不与显色剂反应，可用试样参比溶液，即将试液与显色溶液做相同处理，只是不加显色剂。这种参比溶液可以消除有色离子的干扰。

（4）褪色参比：如果显色剂和试样都有颜色，可以先在试样中加入某种褪色剂（也称掩蔽剂），选择性地与被测组分配位（或改变其价态），生成稳定无色的配合物，使已显色的产物褪色，再按照测定方法顺序加入显色剂及其他试剂，用此溶液作参比溶液，称为褪色参比溶液。如用铬天青 S 与 Al^{3+} 反应显色后，可以加入 NH_4F 夺取，形成无色的 AlF_6^-。将此褪色后的溶液作参比可以消除显色剂的颜色及样品中微量共存离子的干扰。褪色参比是一种比较理想的参比溶液，但遗憾的是并非任何显色溶液都能找到适当的褪色方法。

也可以改变加入试剂的顺序，使被测组分不发生显色反应，可以把此溶液作为参比溶液消除干扰。

4.3.2　碘酸铜的溶度积常数测定的实验原理与测定

4.3.2.1　碘酸铜的溶度积常数测定的实验原理

碘酸铜是难溶强电解质，在其饱和水溶液中，存在着下列平衡：

$$Cu(IO_3)_2(s) \rightleftharpoons Cu^{2+} + 2IO_3^-(aq)$$

在一定温度下，平衡溶液中 Cu^{2+} 离子浓度与 IO_3^- 离子浓度（更确切地说应该是活度，但由于难溶强电解质的溶解度很小，离子强度也很小，一般情况下则忽略它们之间的差别）平方的乘积是一个常数。

$$K_{sp}^{\ominus} = [Cu^{2+}][IO_3^-]^2$$

$K_{sp}^{\ominus}$ 称为溶度积常数。它和其他平衡常数一样，随温度的不同而改变。因此，能测得在一定温度下碘酸铜中的 $[Cu^{2+}]$ 和 $[IO_3^-]$，就可以求算出该温度下 $Cu(IO_3)_2$ 的 $K_{sp}^{\ominus}$。

对于 $Cu(IO_3)_2$ 固体溶于纯水后制得的 $Cu(IO_3)_2$ 饱和溶液，溶液中 $[IO_3^-]=2[Cu^{2+}]$。

实验成功的关键在于使体系在一定温度下达到溶解平衡。要达到溶解平衡可有两种途径：（1）将难溶固体直接溶于蒸馏水从而获得饱和溶液，但若溶解过程极慢，可造成测定的 $K_{sp}^{\ominus}$ 实验值较真实值小；（2）为确保体系 $K_{sp}^{\ominus}$ 是在平衡状态时测得的，可增加几组不同条件下的实验。通过改变（额外加入）难溶固体组成中的阳离子或阴离子浓度，以不同的方式达到平衡（需保持体系离子强度一致）。若几次测得的 $K_{sp}^{\ominus}$ 相差无几，表明结果的可信度高；若某次结果相差较大，说明体系未达到平衡或操作中出现错误使该次实验失败。

测定 $Cu(IO_3)_2$ 溶度积常数的方法有多种，如碘量法、分光光度法、电导法等。本实验采用分光光度法测定溶液中 Cu^{2+} 的浓度。在实验条件下，Cu^{2+} 浓度很小，几乎不吸收可见光，因而直接进行吸光度测定，灵敏度很低。

为了提高灵敏度，在 $Cu(IO_3)_2$ 饱和溶液中加入过量氨水与 Cu^{2+} 作用生成深蓝色的配离子 $[Cu(NH_3)_4]^{2+}$，增大 Cu^{2+} 对可见光的吸收。该配离子对波长 600 nm 的光具有强吸收，而且在一定浓度下，它对光的吸收程度（用吸光度 A 表示）与溶液浓度成正比，利用这一原理绘制标准曲线：用一系列已知浓度的 Cu^{2+} 溶液，加入过量 $NH_3 \cdot H_2O$，使生成蓝色 $[Cu(NH_3)_4]^{2+}$，在分光光度计上测定有色溶液在 600 nm 波长下的吸光度 A，以 A 为纵坐标，$[Cu^{2+}]$ 为横坐标，绘制 $A \sim [Cu^{2+}]$ 关系曲线（即为标准曲线）。

因此，由分光光度计测得碘酸铜饱和溶液中 Cu^{2+} 和 NH_3 作用后生成的铜氨离子 $[Cu(NH_3)_4]^{2+}$ 溶液的吸光度，利用工作曲线并计算就能确定饱和溶液中的 $[Cu^{2+}]$。利用平衡时 $[Cu^{2+}]$ 和 $[IO_3^-]$ 关系，即可计算出 $Cu(IO_3)_2$ 的 $K_{sp}^{\ominus}$。

【C】任务实施

4.3.2.2 碘酸铜的溶度积常数的测定

A 仪器与试剂

仪器包括吸量管（2 mL）、移液管（25 mL）、容量瓶（50 mL 6 个）、天平、温度计（273 ~ 373 K）、分光光度计、烧杯（250 mL，50 mL）、量筒、漏斗架、玻璃漏斗、定量滤纸。

试剂包括 $CuSO_4$（固体，0.100 $mol \cdot L^{-1}$）、KIO_3（固体）、$NH_3 \cdot H_2O$ 溶液（7 $mol \cdot L^{-1}$）、$BaCl_2$ 溶液（1 $mol \cdot L^{-1}$）。

B $Cu(IO_3)_2$ 固体的制备

（1）称取 0.5 g $CuSO_4 \cdot 5H_2O$ 置于 250 mL 小烧杯中，加入 10 mL 热蒸馏水（如何决定加水量?），搅拌至晶体全部溶解。

（2）另称取 0.8 g KIO_3 于另一小烧杯中，加入 30 mL 热蒸馏水，加热，搅拌至晶体全部溶解，并保持近沸状态。

（3）边搅拌，边将 $CuSO_4$ 溶液滴加到 KIO_3 溶液中（更改加入顺序有什么不同?），得到绿色 $Cu(IO_3)_2$ 沉淀，近沸状态下继续加热搅拌 5 min（如何判断反应是否完全?）。取下烧杯静置分层，倾析法除去上层清液。向沉淀中加入 30 ~ 40 mL 热蒸馏水，充分搅拌后静置，直至沉淀完全沉降后，倾去上清液。按上述操作重复洗涤沉淀至上清液无 SO_4^{2-} 为止（怎样检验 SO_4^{2-}?）。

C $Cu(IO_3)_2$ 饱和溶液的制备

将上述制得的 $Cu(IO_3)_2$ 沉淀加入 80 mL 近沸的蒸馏水（应该用什么仪器量水?），保温搅拌 10 min 后取下，让溶液自然冷却至室温。用干燥的漏斗和双层滤纸在常压下过滤上层清液，滤液收集于一个干燥的烧杯中。过滤时，不能将 $Cu(IO_3)_2$ 沉淀转入漏斗中。

D 工作曲线的绘制

（1）分别用吸量管吸取 0.40 mL、0.80 mL、1.20 mL、1.60 mL 和 2.00 mL 0.100 $mol \cdot L^{-1}$ $CuSO_4$ 溶液于 5 个 50 mL 容量瓶中（按顺序标记为 1 ~ 5 号），各加入 5 mL 7 $mol \cdot L^{-1}$ $NH_3 \cdot H_2O$（氨水的用量是否准确，是否用量筒量取?），摇匀，用蒸馏水稀释至刻度，再摇匀。计算各个容量瓶中 Cu^{2+} 的准确浓度。

（2）以蒸馏水作参比液，选用 1 cm 比色皿，在波长为 600 nm 处，用分光光度计测定上述各溶液的吸光度 A。以吸光度 A 为纵坐标，[Cu^{2+}] 为横坐标绘制工作曲线。

E　饱和溶液中 Cu^{2+} 浓度的测定

用移液管吸取 25.00 mL 过滤后的 $Cu(IO_3)_2$ 饱和溶液于 50 mL 容量瓶中（标记为6号），加入 5 mL 7 mol·L^{-1} $NH_3 \cdot H_2O$，摇匀，用蒸馏水稀释至刻度，再摇匀。按上述测工作曲线同样条件测定溶液的吸光度 A。根据工作曲线求出饱和溶液中的 [Cu^{2+}]。

F　实验结果

a　标准曲线的绘制

将数据填入表4-5。

表4-5　标准曲线绘制

编　号	1	2	3	4	5
$V(CuSO_4)$/mL	0.40	0.80	1.20	1.60	2.00
$V(NH_3 \cdot H_2O)$/mL	5	5	5	5	5
定容/mL	50.00	50.00	50.00	50.00	50.00
相应的 [Cu^{2+}]c/mol·L^{-1}					
吸光度 A					

以 A 值为纵坐标，[Cu^{2+}] 为横坐标绘制工作曲线（手工绘图或电脑绘图均可）。

b　计算 $Cu(IO_3)_2$ 的溶度积 $K_{sp}^{\ominus}$

将6号容量瓶的溶液按照标准曲线绘制的方法平行测定三次，从工作曲线上查出 [Cu^{2+}]，进而计算 $Cu(IO_3)_2$ 的溶度积 $K_{sp}^{\ominus}$，数据填入表4-6。

表4-6　$Cu(IO_3)_2$ 的溶度积 $K_{sp}^{\ominus}$ 的计算

编　号	Ⅰ	Ⅱ	Ⅲ
吸光度 A			
Cu^{2+} 浓度 c/mol·L^{-1}			
平衡浓度 [Cu^{2+}] $=2c$/mol·L^{-1}			
平衡浓度 [IO_3^-] $=2$[Cu^{2+}]/mol·L^{-1}			
$K_{sp}^{\ominus}=[Cu^{2+}][IO_3^-]^2$			
$K_{sp}^{\ominus}$ 的平均值			
$K_{sp}^{\ominus}$ 的文献值			
相对误差			

G　课后思考题

（1）怎样制 $Cu(IO_3)_2$ 饱和溶液？如果 $Cu(IO_3)_2$ 溶液未达饱和，对测定结果有何影响？

（2）Cu^{2+} 浓度的测定方法有哪些？

（3）使用分光光度计时，可否打开仪器前盖进行测量，为什么？

【D】任务评价

将实验测得值与文献值比较，并分析误差来源。

【E】任务拓展

除本法外，你还知道哪些测定碘酸铜溶度积的方法？其原理是什么？

任务4.4 磺基水杨酸铜配位化合物的组成及稳定常数的测定

【A】任务提出

随着科学技术的发展，配合物在科学研究和生产实践中显示出越来越重要的意义，配合物不仅在化学领域里得到广泛的应用，并且对生命现象也具有重要的意义。人体内各种酶（生物催化剂）的分子几乎都含有以配合状态存在的金属元素。配合物的应用非常广泛，了解配合物的性质非常有必要。

（1）预习思考题：

1）本实验测定的每份溶液 pH 值是否需要一致？如不一致对结果有何影响；

2）本实验如何选用参比溶液。

（2）实验目的：

1）掌握溶液中配合物的组成和稳定常数的测定方法；

2）了解分光光度法测定配合物稳定常数的基本原理。

【B】知识准备

4.4.1 磺基水杨酸铜配位化合物的组成及稳定常数测定的实验原理与测定

4.4.1.1 磺基水杨酸铜配位化合物的组成及稳定常数测定的实验原理

配合物 ML_n（省去电荷）的组成和稳定常数可利用吸光光度法测定工作曲线来确定，该法也称为连续摩尔分数变化法。最简单的一种情况是中心离子 M 溶液和配体 L 溶液在实验波长下没有吸收，同时没有逐级配合物生成。具体操作如下：在一定体积的溶液中，维持 M 和 L 总的物质的量不变，但两者的摩尔分数连续变化。这一系列溶液中，有些中心离子是过量的，有些配体是过量的，这两部分的溶液中，配离子的浓度都不是最大值，只有当溶液中金属离子与配体的摩尔比和配离子的组成一致时，配离子的浓度才是最大。由于金属离子和配体基本无色，所以配离子的浓度越大，溶液的颜色越深，吸光度值也就越大。这样测定这一系列溶液的吸光度，并作吸光度-配体摩尔分数图（A-x_L 图），则吸光度极大值相对应的溶液组成便是该配合物的组成。

假如吸光度极大值对应的横坐标为 x_{max}，则 $n = x_{max}/(1 - x_{max})$。

如图 4-11 可以看出，延长曲线两边的直线部分，相交于一点，此点为最大吸收处，对应配体的物质的量分数 $x_L = 0.5$，有

$$\frac{\text{配体物质的量}}{\text{中心离子物质的量}} = \frac{\text{配体物质的量分数}}{\text{中心离子物质的量分数}} = \frac{x_L}{x_M} = \frac{0.5}{1-0.5} = 1$$

由此可知，该配离子或配合物的组成为 ML 型。

利用等摩尔系列法还可以求算配合物的稳定常数。由图 4-11 可见，当 M 浓度较低，

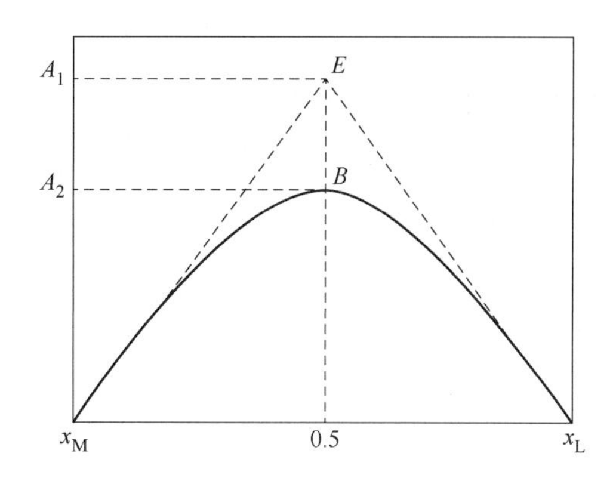

图4-11　配合物吸光度组成图

L浓度较高，或当M浓度较高，L浓度较低时，吸光度A与配合物浓度几乎成直线关系；当M和L浓度之比接近配合物组成时，吸光度A与配合物浓度之间的关系出现了近于平坦状态（为什么?）。从理论上讲，根据Beer定律应该得到以E为交点的两条线，但实验上在顶端出现了弯曲部分，这是由于部分配合物解离所致。将实验图形上两侧直线部分加以延长，相交即找到了交点E，显然与E点（其吸光度为A_1）相对应的溶液的组成（即金属离子配体溶液体积比或物质的量之比）即为该配合物的组成。E点相当于假定配合物在溶液中完全不电离时的极大值（A_1），因为只有在组成与配离子组成一致的溶液中形成配合物的浓度最大，因而对光的吸收也最大。比如A_1对应的组成比（V_M∶V_L）为1∶1，配合物为ML，若组成比为1∶2，则配合物为ML_2。

图中B点则为实验测得的吸光度极大值（A_2）。显然配合物的稳定常数K越小，电离度越大，则A_1与A_2的差值就越大，所以对于配位平衡：

	ML_n	$\rightleftharpoons$	M	+	nL
起始浓度	c		0		0
平衡浓度	$c(1-\alpha)$		$c\alpha$		$nc\alpha$

其电离度α为：

$$\alpha = \frac{A_1 - A_2}{A_1} \times 100\%$$

其表观稳定常数$K_{稳}$：

$$K_{稳} = \frac{[ML_n]}{[M][L]^n} = \frac{1-\alpha}{n^n \alpha^{n+1} c^n}$$

式中，c为E点相对应的溶液中M离子的总浓度。

Cu^{2+}与磺基水杨酸（HO—C_6H_3(COOH)—$SO_3H \cdot 2H_2O$，简记为H_3L）在pH值为5.0左右形成1∶1的亮绿色配离子，在pH值为8.5以上形成1∶2的深绿色配离子。本实验在pH值为4.5～4.8的溶液中选用波长440 nm的光测定与Cu^{2+}与磺基水杨酸所形成配合物的组成和配位常数。在该条件下，Cu^{2+}与磺基水杨酸对光没有吸收，而配合物有强吸收，所以可用上述方法测定。

【C】任务实施

4.4.2 磺基水杨酸铜配位化合物的组成及稳定常数的测定

A 仪器与试剂

仪器包括分光光度计、电磁搅拌器、pH 值计、精密 pH 值试纸（pH 值为 3.8 ~5.4）、吸量管（10 mL）、烧杯（50 mL 13 个）、容量瓶（50 mL 13 个）、酸式滴定管（50 mL 2 支）、吸水纸。

试剂包括 $Cu(NO_3)_2$ 溶液（0.05 mol · L^{-1}）、磺基水杨酸（0.05 mol · L^{-1}）、NaOH（1.0 mol · L^{-1}，0.05 mol · L^{-1}）、HNO_3 溶液(0.01 mol · L^{-1})、KNO_3 溶液(0.10 mol · L^{-1})。

B 系列溶液的配制

（1）配制溶液：通过滴定管往 13 个编号的 50 mL 烧杯中分别加入相应量的 0.05 mol · L^{-1} $Cu(NO_3)_2$ 溶液和 0.05 mol · L^{-1}磺基水杨酸溶液，配制系列混合溶液（见表 4-7）。

表 4-7 不同浓度磺基水杨酸铜配合物吸光度 室温________℃

溶液编号	$V(H_3L)$/mL	$V(Cu^{2+})$/mL	$x_L = V_L/(V_L + V_M)$	吸光度 A
1	0.0	24.0		
2	2.0	22.0		
3	4.0	20.0		
4	6.0	18.0		
5	8.0	16.0		
6	10.0	14.0		
7	12.0	12.0		
8	14.0	10.0		
9	16.0	8.0		
10	18.0	6.0		
11	20.0	4.0		
12	22.0	2.0		
13	24.0	0.0		
入射光波长________ nm，比色皿规格________ cm				

（2）粗调 pH 值：在电磁搅拌器搅拌下，慢慢滴加 1.0 mol · L^{-1} NaOH 溶液依次调节各溶液 pH 值约为 4（以精密 pH 值试纸检测）。

（3）微调 pH 值：改用 0.05 mol · L^{-1} NaOH 溶液在酸度计上调节各溶液 pH 值在 4.5 ~ 4.8 之间（此时溶液为黄绿色，无沉淀。若有沉淀产生，说明 pH 值过高，Cu^{2+}已水解）。若不慎 pH 值超过 5，可用 0.01 mol · L^{-1} HNO_3 溶液调回，各溶液均应在 pH 值为 4.5 ~ 4.8 之间有统一的确定值。溶液的总体积不得超过 50 mL。

（4）定容：将调好 pH 值的上述溶液分别转入 50.00 mL 的容量瓶中，用 pH 值为 4.5 ~4.8 的 0.10 mol · L^{-1} KNO_3 溶液定容。

C　等摩尔系列法测定配离子或配合物的吸光度

在波长为440 nm下，用1 cm比色皿在分光光度计分别测定每个混合溶液的吸光度并记录。

D　数据记录与处理

以吸光度A为纵坐标，磺基水杨酸摩尔分数x_L为横坐标，作A-x_L图，求出配合物CuL_n的组成和表观稳定常数$K_{稳}$。

E　课后思考题

（1）如果溶液中同时有几种不同组成的有色配合物存在，能否用本实验方法测定它们的组成和稳定常数？为什么？

（2）实验记录中为何记录室温？

（3）用KNO_3溶液定容的原因？直接用水定容行不行？

（4）使用分光光度计时应注意什么？

【D】任务评价

由《分析化学手册》查得铜-磺基水杨酸配合物稳定常数如下：

25 ℃　　离子强度0.1　　　　$\lg K_1 = 9.60$　　$\lg K_2 = 6.92$

20 ℃　　离子强度0.1～0.5　　$\lg K_1 = 9.50$　　$\lg K_2 = 6.80$

将实验测得值与文献值比较，并分析测量值偏离文献值的影响因素。

【E】任务拓展

测定配合物的稳定常数的方法有哪些？比较之，各有什么特点？举例说明。

【F】知识拓展

芳香化合物π配位“三部曲”

芳香化合物是一类具有苯环结构的化合物。苯，是最简单的芳香化合物，化学式C_6H_6。苯分子是平面分子，12个原子处于同一平面。

为了解释苯环的化学结构，德国化学家凯库勒提出了单双键交替的环形结构。关于凯库勒悟出苯分子的环形结构的经过，一直是化学史上的趣闻。据他自己说，一天他在书房中打起了瞌睡，梦见碳原子的长链变成长蛇，而蛇突然咬住了自己的尾巴，并旋转不停。对此，凯库勒说：“让我们学会做梦，先生们，也许我们能因此发现真理。”

随着量子力学的发展，发现不连续的单双键结构无法解释苯的电子的运动方式。根据杂化轨道理论，提出苯环的碳原子间成键是被离域π电子覆盖。芳香化合物中共轭环状π键的发现，开启了独具特色的化学转化领域。

20世纪中叶，研究者发现芳香环可通过π键与过渡金属发生配位作用，形成类似三明治夹心结构的分子。通过对这一类配位作用的研究，科学家们建立了关于芳香环-过渡金属π配合物反应的广泛体系，但催化应用却长期处于待开发状态。西湖大学石航团队自2018年开始探索并逐步建立了π配位的催化体系。

舞曲一：一石二鸟。

1979年斯坦福大学Trost教授开发出烯丙基钯类型的1,3-偶极体，而40余年之后，这项工作将过渡金属π配位形成偶极体的催化化学由烯烃类化合物推展到了芳烃类化合物。西湖大学石航团队基于此原理，将烷基苯与双（苯磺酰）乙烯在铑催化下发生脱氢（3+2）环加成反应，一步生成碳碳键，直接将两个分子成为结构复杂的并环产物。

舞曲二：弱弱相亲。

石航团队将催化反应体系进一步拓展，将弱亲电试剂（芳基氯代物和溴代物）和弱亲核试剂（六氟异丙醇）在铑的π配位作用下，制备具有多氟取代的烷基芳基醚，实现了"双弱试剂"之间的芳香亲核取代反应。此原理也被广泛用于含芳香环结构的药物合成，比如抗抑郁类药物氯米帕明、抗抑郁药伏硫西汀等。

舞曲三：步步相接。

石航团队在萘-三羰基铬配合物的作用下进行选择性芳环交换，将三羰基铬转移到二芳基甲酮（或乙烯）的一个芳香环上，将该芳香环平面变为立体的桶状结构，再利用已知催化剂控制氢化反应的立体选择性，实现了二芳基甲酮和二芳基乙烯的立体选择性不对称氢化。

（资料来源：西湖大学网站，石航实验室．芳香化合物π配位"三部曲"，石航实验室最新研究成果）

任务4.5 酸碱平衡与沉淀溶解平衡

【A】任务提出

盐类水解是中和反应的逆反应，水解后溶液的酸碱性决定于盐的性质。沉淀反应是电解质溶液中进行的最简单、最广泛的反应之一，广泛应用于科学实验和化工生产中。本实验的学习，目的在于引导学生掌握弱电解质的解离平衡的影响规律以及溶度积规则，并能运用原理预测、验证、分析某些实验现象。

（1）预习思考题：

1）缓冲溶液的pH值由哪些因素决定？其中主要的决定因素是什么；

2）是否一定要在碱性条件下，才能生成氢氧化物沉淀？不同浓度的金属离子溶液，开始生成氢氧化物沉淀时，溶液的pH值是否相同。

（2）实验目的：

1）了解同离子效应对弱电解质电离平衡的影响规律；

2）掌握缓冲溶液的配制方法及缓冲机理；

3）了解盐类的水解规律和溶度积规则的应用。

【B】知识准备

4.5.1 同离子效应

强电解质在水中全部解离，弱电解质在水中部分解离。在一定温度下，弱酸、弱碱的解离平衡如下：

$$HA(aq)+H_2O(l) \longrightarrow H_3O^+(aq)+A^-(aq)$$

$$B(aq)+H_2O(l) \longrightarrow BH^+(aq)+OH^-(aq)$$

在弱电解质溶液中，加入与弱电解质含有相同离子的强电解质，解离平衡向生成弱电解质的方向移动，使弱电解质的解离度下降，这种现象称为同离子效应。

弱酸及其盐或弱碱及其盐的混合溶液，当将其稀释或在其中加入少量的酸或碱时，溶液的 pH 值改变很小，这种溶液称作缓冲溶液。缓冲溶液的 pH 值可用下式计算：

$$\text{pH 值} = pKa^{\ominus}(\text{HA}) - \lg\frac{c(\text{HA})}{c(\text{A}^-)}$$

缓冲溶液的 pH 值可以用 pH 值试纸或 pH 值计来测定。

缓冲溶液的缓冲能力与组成缓冲溶液的弱酸（或弱碱）及其共轭碱（或酸）的浓度有关，当弱酸（或弱碱）与它的共轭碱（或酸）浓度较大时，其缓冲能力较强。此外，缓冲能力还与 $c(\text{HA})/c(\text{A}^-)$ 有关，当比值接近 1 时，其缓冲能力最强。此比值通常选在 0.1 ~ 10 范围之内。

缓冲溶液的缓冲能力是有限的，当加入大量的酸、碱或稀释程度过大时，其缓冲能力就会遭到破坏。

4.5.2 盐类的水解

盐类的水解是指由组成盐的离子和水电离出来的 OH^- 或 H^+ 作用，生成弱酸或弱碱的过程。水解反应是吸热反应，因此升高温度和稀释溶液有利于水解的进行。有些盐水解后只能改变溶液的 pH 值，有些盐水解后既能改变溶液的 pH 值又能产生沉淀或气体。例如，$BiCl_3$ 水解能产生难溶的 BiOCl 白色沉淀，同时使溶液的酸度增加。其水解反应的离子方程式为：

$$Bi^{3+} + Cl^- + H_2O \Longrightarrow BiOCl(s) + 2H^+$$

一种能水解呈酸性的盐和另一种能水解呈碱性的盐相混合时，将加剧两种盐的水解。例如，将 $Al_2(SO_4)_3$ 溶液与 $NaHCO_3$ 溶液混合，$Cr_2(SO_4)_3$ 溶液与 Na_2CO_3 溶液混合或 NH_4Cl 溶液与 Na_2CO_3 溶液混合时都会发生这种现象。有关离子方程式分别为：

$$Al^{3+} + 3HCO_3^- + H_2O \Longrightarrow Al(OH)_3(s) + 3CO_2$$

$$Cr^{3+} + 3CO_3^{2-} + 3H_2O \Longrightarrow Cr(OH)_3(s) + 3HCO_3^-$$

$$NH_4^+ + 3CO_3^{2-} + H_2O \Longrightarrow NH_3 \cdot H_2O + HCO_3^-$$

4.5.3 溶度积规则

4.5.3.1 难溶电解质沉淀-溶解平衡原理

在难溶电解质的饱和溶液中，未溶解的难溶电解质和溶液中相应的离子之间建立了多相离子平衡，称为沉淀-溶解平衡，用通式表示如下：

$$A_mB_n \Longrightarrow mA^{n+}(aq) + nB^{m-}(aq)$$

其平衡常数的表达式为 $K_{sp}^{\ominus} = [c(A^{n+})/c^{\ominus}]^m \cdot [c(B^{m-})/c^{\ominus}]^n$，称为溶度积。

根据溶度积规则可判断沉淀的生成和溶解，当将 A^{n+} 和 B^{m-} 两种溶液混合时，如果：

$Q > K_{sp}^{\ominus}$ 溶液过饱和，有沉淀析出。

$Q = K_{sp}^{\ominus}$ 处于平衡状态，溶液为饱和溶液。

$Q < K_{sp}^{\ominus}$ 溶液未饱和，无沉淀析出。

当在含有两种或两种以上离子的溶液中，逐滴加入某种共同的沉淀剂时，这些离子则

按其 Q 达到 $K_{sp}^{\ominus}$ 时所需沉淀剂浓度由小到大的次序先后生成沉淀析出，这种现象称为分步沉淀。

使一种难溶电解质转化为另一种难溶电解质，即把一种沉淀转化为另一种沉淀的过程称为沉淀的转化。对于同一种类型的沉淀，溶度积大的难溶电解质易转化为溶度积小的难溶电解质。对于不同类型的沉淀，能否进行转化，要具体计算溶解度。两种沉淀间相互转化的难易程度要根据沉淀转化反应的标准平衡常数确定。

利用沉淀反应和配位溶解可以分离溶液中的某些离子。

【C】任务实施

4.5.3.2 难溶电解质的转换

A 仪器与试剂

仪器包括试管、量筒（25 mL 2 个）、表面皿、广泛 pH 值试纸、精密 pH 值试纸（3.8～5.4）、红色石蕊试纸、烧杯（50 mL 4 个）和点滴板。

试剂包括 HCl 溶液（2 $mol \cdot L^{-1}$）、HAc 溶液（0.1 $mol \cdot L^{-1}$，1 $mol \cdot L^{-1}$）、$NH_3 \cdot H_2O$ 溶液（0.1 $mol \cdot L^{-1}$，6 $mol \cdot L^{-1}$）、NaOH 溶液（0.1 $mol \cdot L^{-1}$，1 $mol \cdot L^{-1}$，2 $mol \cdot L^{-1}$）、NaAc 溶液（0.1 $mol \cdot L^{-1}$，1 $mol \cdot L^{-1}$）、NaCl 溶液（0.1 $mol \cdot L^{-1}$）、NH_4Cl 溶液（0.1 $mol \cdot L^{-1}$，1 $mol \cdot L^{-1}$）、Na_2CO_3 溶液（0.1 $mol \cdot L^{-1}$，1 $mol \cdot L^{-1}$）、$Fe(NO_3)_3$（0.1 $mol \cdot L^{-1}$）、$BiCl_3$（0.1 $mol \cdot L^{-1}$）、$Al_2(SO_4)_3$（0.1 $mol \cdot L^{-1}$）、$NaHCO_3$（0.5 $mol \cdot L^{-1}$）、$MgCl_2$（0.1 $mol \cdot L^{-1}$）、KI 溶液（0.1 $mol \cdot L^{-1}$，2 $mol \cdot L^{-1}$）、$AgNO_3$ 溶液（0.1 $mol \cdot L^{-1}$）、K_2CrO_4（0.1 $mol \cdot L^{-1}$）、$Pb(NO_3)_2$（0.1 $mol \cdot L^{-1}$）、NH_4Ac（s）、$NaNO_3$（s）、酚酞、甲基橙和甲基红。

B 同离子效应和缓冲溶液的实验与观察

（1）在试管中加入 2 mL 0.1 $mol \cdot L^{-1}$ $NH_3 \cdot H_2O$，再加入一滴酚酞溶液，观察溶液显什么颜色？再加入少量 NH_4Ac 固体，摇动试管使其溶解，观察溶液颜色有何变化？说明原因。

（2）在试管中加入 2 mL 0.1 $mol \cdot L^{-1}$ HAc 溶液，再加入一滴甲基橙溶液，观察溶液显什么颜色？再加入少量 NH_4Ac 固体，摇动试管使其溶解，观察溶液颜色有何变化？说明原因。

C 盐类水解的实验与观察

（1）A、B、C、D 是四种失去标签的盐溶液，只知它们是 0.1 $mol \cdot L^{-1}$ 的 NaCl、NaAc、NH_4Cl、Na_2CO_3 溶液，试通过精密 pH 值试纸测定其 pH 值并结合理论计算确定 A、B、C、D 各为何物。将结果填入表 4-8，解释现象并比较说明。

表 4-8 盐类的水解

pH 值	NH_4Cl (0.1 $mol \cdot L^{-1}$)	NaAc (0.1 $mol \cdot L^{-1}$)	Na_2CO_3 (0.1 $mol \cdot L^{-1}$)	NaCl (0.1 $mol \cdot L^{-1}$)
实验 pH 值				
理论 pH 值				

（2）在两支试管中，都加入 2 mL 去离子水和 3 滴 0.1 $mol \cdot L^{-1}$ $Fe(NO_3)_3$ 溶液，摇

匀，将其中一支试管用小火加热。观察两支试管中的溶液颜色有何不同？说明原因。

（3）在一支试管中加入3滴0.1 mol·L^{-1} $BiCl_3$溶液，再加入2 mL水，有什么现象出现？若再加入几滴2 mol·L^{-1} HCl溶液，有何变化？试解释观察到的现象。

（4）在一支试管中加入1 mL 0.1 mol·L^{-1} $Al_2(SO_4)_3$溶液，再加入1 mL 0.5 mol·L^{-1} $NaHCO_3$溶液，有何现象出现？以水解平衡移动的观点解释。

（5）在一支试管中加入1 mL 1 mol·L^{-1} NH_4Cl溶液，再加入1 mL 1 mol·L^{-1} Na_2CO_3溶液，试证明有NH_3产生。写出反应的离子方程式。

D　缓冲溶液的性质

欲用0.1 mol·L^{-1}的HAc溶液和0.1 mol·L^{-1}的NaAc溶液配制pH值为4.5的缓冲溶液10 mL，应该怎么配制？先进行计算，再按计算的量用量筒量取后，混合均匀，用精密pH值试纸检查所配溶液是否符合要求（若换成相同浓度的HAc和NaOH溶液，又该如何配制pH值为4.5的缓冲溶液?）。

按照表4-9量取3 mL溶液于试管中，再分别滴加溶液，摇匀后再用精密pH试纸测定溶液的pH值，并填入表4-9。

表4-9　缓冲溶液的性质

实验编号	溶液类型	理论pH值	实测pH值	加1滴2 mol·L^{-1} HCl溶液后pH值	加1滴2 mol·L^{-1} NaOH溶液后pH值	加2 mL纯水后pH值	
						理论pH值	实测pH值
1	3mL缓冲液HAc-NaAc						
2	3 mL纯水						
3	3 mL 0.1 mol·L^{-1} HAc						
4	3 mL 0.1 mol·L^{-1} NaAc						

针对以上实验结果，说明缓冲溶液的性质。

注意：对本实验所配制的缓冲溶液，若要使其pH值变化一个单位，需要加入多少的酸和碱溶液？通过实验验证。

E　缓冲溶液的缓冲容量

（1）缓冲容量与缓冲组分浓度的关系。

1）0.5 mol·L^{-1} HAc-NaAc缓冲溶液的配制：使用10 mL量筒量取10 mL 1.0 mol·L^{-1} HAc溶液于50 mL烧杯中，再量取10 mL 1.0 mol·L^{-1} NaAc溶液加入，玻璃棒搅拌均匀即得到20 mL 0.5 mol·L^{-1} HAc-NaAc缓冲溶液，备用。

2）0.25 mol·L^{-1} HAc-NaAc缓冲溶液的配制：3 mL 0.5 mol·L^{-1} HAc-NaAc缓冲溶液和3 mL去离子水混合即可。

3）0.05 mol·L^{-1} HAc-NaAc缓冲溶液的配制：使用10 mL量筒量取10 mL 0.1 mol·L^{-1} HAc溶液于50 mL烧杯中，再量取10 mL 0.1 mol·L^{-1} NaAc溶液加入烧杯中，玻璃棒搅拌均匀即得到20 mL 0.05 mol·L^{-1} HAc-NaAc缓冲溶液，备用。

取3支试管，按照表4-10分别加入溶液。在3支试管中分别滴入2滴甲基红指示剂，溶液呈什么颜色（甲基红在pH值小于4.2时呈红色，pH值大于6.3时呈黄色）？然后在3支试管中分别逐滴加入1 mol·L^{-1} NaOH溶液（每加1滴均需振荡均匀），直至溶液的颜色变成黄色。记录各试管中所滴入 1 mol·L^{-1} NaOH 溶液的滴数，说明哪一管中缓冲溶液的缓冲容量大。缓冲容量与缓冲组分浓度的关系见表 4-10。

表 4-10 缓冲容量与缓冲组分浓度的关系

试管编号	溶液类型	体积/mL	加入 NaOH 溶液的滴数	缓冲容量与缓冲组分浓度的关系
1	0.05 mol·L^{-1} HAc-NaAc	6		
2	0.25 mol·L^{-1} HAc-NaAc	6		
3	0.5 mol·L^{-1} HAc-NaAc	6		

（2）缓冲溶液与缓冲组分比值的关系。取 3 支试管，按照表 4-11 的比例混合溶液。用精密 pH 值试纸分别测量溶液的 pH 值。然后在每支试管中各加入 0.9 mL 0.1 mol·L^{-1} NaOH 溶液，混匀后再用精密 pH 值试纸分别测量溶液的 pH 值。说明哪一试管中缓冲溶液的缓冲容量大。缓冲容量与缓冲组分比值的关系见表 4-11。

表 4-11 缓冲容量与缓冲组分比值的关系

试管编号	溶液类型	中和前 pH 值		中和后 pH 值		缓冲容量与缓冲组分比值的关系
		理论	实测	理论	实测	
1	0.1 mol·L^{-1} HAc 5 mL 0.1 mol·L^{-1} NaAc 5 mL					
2	0.1 mol·L^{-1} HAc 2 mL 0.1 mol·L^{-1} NaAc 8 mL					
3	0.1 mol·L^{-1} HAc 1 mL 0.1 mol·L^{-1} NaAc 9 mL					

F 沉淀的生成和溶解

（1）在两支试管中各加入 0.5 mL 0.1 mol·L^{-1} $MgCl_2$ 溶液和几滴 6 mol·L^{-1} $NH_3 \cdot H_2O$，至沉淀生成。然后在其中一支试管中加入几滴 2 mol·L^{-1} HCl，观察现象。在另一支试管中加入几滴 1 mol·L^{-1} NH_4Cl，观察现象并作出解释。

（2）在 3 支试管中各加入 2 滴 0.1 mol·L^{-1} $Pb(NO_3)_2$ 溶液和 2 滴 0.1 mol·L^{-1} KI 溶液，摇荡试管，观察现象。在第 1 支试管中加 5 mL 去离子水，摇荡，观察现象；在第 2 支试管中加少量 $NaNO_3$(s)，摇荡，观察现象；第 3 支试管中加过量的 2 mol·L^{-1} KI 溶液，观察现象，分别解释之。

G 分步沉淀

（1）在试管中加入几滴 0.1 mol·L^{-1} $AgNO_3$，然后再滴入几滴 0.1 mol·L^{-1} K_2CrO_4 溶液，摇匀，观察现象写出有关反应式。

（2）在试管中加入几滴 0.1 mol·L^{-1} $Pb(NO_3)_2$，然后再滴入几滴 0.1 mol·L^{-1} K_2CrO_4 溶液，摇匀，观察现象写出有关反应式。

（3）在一支试管中加入 2 滴 0.1 mol·L^{-1} $AgNO_3$ 和 2 滴 0.1 mol·L^{-1} $Pb(NO_3)_2$ 溶液，用蒸馏水稀释至 5 mL，摇匀，然后逐滴加入 0.1 mol·L^{-1} K_2CrO_4 溶液，每加一滴都要充分振荡至物料颜色不变为止，观察颜色变化，写出反应方程式，并解释现象。

H　沉淀的转化

在试管中加入5滴0.1 mol·L^{-1} $AgNO_3$和3滴0.1 mol·L^{-1} K_2CrO_4溶液，振荡，得到沉淀后再逐滴加入0.1 mol·L^{-1} NaCl溶液，充分振荡，观察现象并解释。写出反应方程式，并计算沉淀转化反应的标准平衡常数。

I　课后思考题

（1）实验室配制$BiCl_3$溶液时，能否直接将固体$BiCl_3$溶于水，应如何配制？

（2）影响盐类水解的因素有哪些？

（3）若分离Ag^+、Fe^{3+}、Ba^{2+}三种离子，可先用盐酸使Ag^+生成AgCl沉淀而从溶液中析出，选择盐酸为沉淀剂的原因是什么？是否可以用浓盐酸，如何判断AgCl沉淀完全？

（4）哪些因素会影响沉淀的生成和溶解？

【D】任务评价

根据溶解度计算，在$AgNO_3$溶液和$Pb(NO_3)_2$混合溶液中，逐滴加入K_2CrO_4溶液，哪种沉淀先生成？为什么？

【E】知识拓展

沉淀反应与应用

沉淀反应就是向已知的某种溶液中，加入能够与之反应的溶液或试剂，使得溶液中的溶质与所加试剂发生化学反应，而且生成物在此水溶液中微溶或不溶，从而沉淀下来。沉淀反应在不同领域应用广泛。

（1）分离提纯方面。可利用沉淀反应除去杂蛋白，也可用于除去对提取和成品质量影响较大的无机离子杂质。如可采用硫酸锌沉淀红霉素发酵液中的杂蛋白；用草酸除去庆大霉素中的Ca^{2+}和Mg^{2+}。

（2）化学分析方面。沉淀滴定法就是基于沉淀反应的分析方法，在水质分析领域有广泛应用，有助于更好地了解和控制水体污染状况。可分为三种方法：1）银量沉淀滴定法，主要用于测定水中卤素离子的含量；2）钡盐沉淀滴定法，主要用于测定水中硫酸根离子和硝酸根离子的含量；3）硒盐沉淀滴定法，主要用于测定水中硒元素的含量。

（3）医学检验方面。免疫沉淀反应是一种血清学反应，是指可溶性抗原与相应抗体发生特异性结合，形成肉眼可见的沉淀现象。其中免疫比浊法适合大批量标本的测定，主要用于血液、体液中蛋白质的测定；免疫固定电泳技术在临床应用最广，常用于血清中M蛋白的鉴定与分型。

（4）工业废水处理方面。工业废水含有多种对生态环境和人类健康的有害物质，需要进行处理才能排放到环境中。混凝沉淀法是一种处理工业废水的基本而有效的预处理技术，特别适合去除悬浮物和油脂。

（5）冷沉淀在临床中的应用。冷沉淀是用新鲜冰冻血浆（FFP）在1~6 ℃无菌条件下分离出沉淀在血浆中的冷不溶解物质，并在1 h内冻结而制成的成分血，具有广泛的生理功能，应用价值很高，已用于血液病、肝脏移植术、肿瘤手术、心脏外科手术等临床应用，效果良好。

（资料来源：百度百科，反应沉淀法；微信公众号，输血与检验，冷沉淀在临床中的应用）

任务4.6 配位化合物的生成和性质

【A】任务提出

配位化学是无机化学的重要组成部分。配位化合物的研究，不但大大地丰富了无机化学的内容，而且对化学键理论的发展起了极大的推进作用。目前，配位化合物在金属冶炼、金属防腐、分析化学以及催化等方面都起着十分重要的作用。

（1）预习思考题：

1）写出往 $CuSO_4$ 溶液中滴加氨水过程的反应方程式；

2）$FeCl_3$ 溶液中加入 KI 能否发生反应？若先加入 NH_4F，再加入 KI 又怎样。

（2）实验目的：

1）了解配离子的生成和组成；

2）掌握配离子和简单离子的区别；

3）了解配位平衡与沉淀溶解平衡间的相互转化。

【B】知识准备

4.6.1 配位化合物与配制

4.6.1.1 配位化合物

配位化合物，简称配合物，一般是由中心离子（形成体）、配体（负离子或中性分子）以配位键结合而成的一类复杂化合物，是路易斯（Lewis）酸和路易斯（Lewis）碱的加合物。配合物的内界和外界之间以离子键结合，在水溶液中完全解离。中心离子和配位体组成配位离子（内界），配离子在水溶液分步解离，其行为类似于弱电解质，例如：

$$[Cu(NH_3)_4]SO_4 \longrightarrow [Cu(NH_3)_4]^{2+} + SO_4^{2-}$$

$$[Cu(NH_3)_4]^{2+} \rightleftharpoons Cu^{2+} + 4NH_3$$

$[Cu(NH_3)_4]^{2+}$ 称为配位离子（内界），其中 Cu^{2+} 为中心离子，NH_3 为配位体，SO_4^{2-} 为外界，配位化合物中的内界和外界是什么离子可以用实验来确定。

在一定条件下，中心离子、配体间达到配位平衡，如：

$$Cu^{2+} + 4NH_3 \longrightarrow [Cu(NH_3)_4]^{2+}$$

相应反应的标准平衡常数 $K_f^{\ominus}$ 称为配合物的稳定常数。配位体在溶液中稳定性的高低可通过配合物稳定常数的大小反映。对于相同类型的配合物，$K_f^{\ominus}$ 数值越大，配合物越稳定。

有些配合物具有较高的稳定性，有些配合物的稳定性较差。大部分配合物都具有颜色。配合物中心原子的配位数有大有小。配位数不同的配合物其空间构型也不同，因而各种配合物的性质存在着很大的差别。

配位离子的解离平衡也是一种动态平衡，能向着生成更难解离或更难溶解的物质的方向移动。在一个配合物的溶液中，加入一种可以与中心离子结合生成难溶物的沉淀剂，就会导致溶液中未配位的金属离子的浓度降低，促进配离子的解离。反之，一种配位剂若能与金属离子结合生成稳定的配合物，并且此配合物是易溶性的，则加入足量的配位剂就可以使该金属离子的难溶盐溶解。若先加入配位剂而后加入沉淀剂，就可以阻止沉淀的生成。沉淀剂与配位剂对金属离子的竞争结果取决于相应难溶物的 K_{sp} 和相应配离子的 $K_{稳}$

的相对大小。

配位反应常用来分离和鉴定某些离子。例如，欲使 Cu^{2+}、Fe^{3+}、Ba^{2+} 混合离子完全分离，具体过程为：

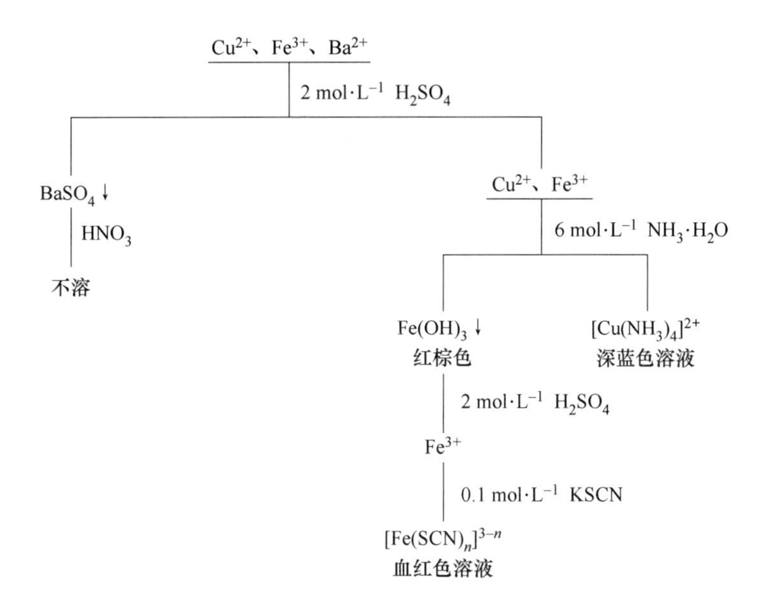

【C】任务实施

4.6.1.2 配位化合物的配制

A 仪器与试剂

仪器包括普通试管、滴管、表面皿和 pH 值试纸。

试剂包括：NaOH 溶液（2 $mol \cdot L^{-1}$）、$NH_3 \cdot H_2O$ 溶液（6 $mol \cdot L^{-1}$）、$AgNO_3$ 溶液（0.1 $mol \cdot L^{-1}$）、$CuSO_4$ 溶液（0.1 $mol \cdot L^{-1}$）、$FeCl_3$ 溶液（0.1 $mol \cdot L^{-1}$）、KBr 溶液（0.1 $mol \cdot L^{-1}$）、KSCN 溶液（0.1 $mol \cdot L^{-1}$）、KI 溶液（0.1 $mol \cdot L^{-1}$）、NaCl 溶液（0.1 $mol \cdot L^{-1}$）、$BaCl_2$ 溶液（1 $mol \cdot L^{-1}$）、NH_4F 溶液（2 $mol \cdot L^{-1}$）、$Na_2S_2O_3$ 溶液（0.5 $mol \cdot L^{-1}$）、$CaCl_2$（0.1 $mol \cdot L^{-1}$）、EDTA（0.1 $mol \cdot L^{-1}$）和 CCl_4。

B 配位化合物的生成和组成实验与观察

在两支试管中各加入 10 滴 0.1 $mol \cdot L^{-1}$ $CuSO_4$ 溶液，然后分别加入 2 滴 1 $mol \cdot L^{-1}$ $BaCl_2$ 溶液和 2 滴 2 $mol \cdot L^{-1}$ NaOH 溶液，观察生成的沉淀（分别是检验 SO_4^{2-} 和 Cu^{2+} 的方法）。

另取 10 滴 0.1 $mol \cdot L^{-1}$ $CuSO_4$ 溶液加入 6 $mol \cdot L^{-1}$ $NH_3 \cdot H_2O$ 至生成的浅蓝色沉淀完全溶解为深蓝色溶液，再加入数滴，然后将此溶液分成两份，分别加入 2 滴 1 $mol \cdot L^{-1}$ $BaCl_2$ 溶液和 2 滴 2 $mol \cdot L^{-1}$ NaOH 溶液，观察是否都有沉淀产生。

根据上述实验结果，说明 $CuSO_4$ 与 NH_3 所形成的配位化合物的组成（用化学式表示出其内界离子、外界离子）。

今欲破坏 $[Cu(NH_3)_4]^{2+}$ 离子，请按下述要求，自己设计实验步骤进行实验，并写出有关反应式：

（1）利用酸碱反应破坏 $[Cu(NH_3)_4]^{2+}$；

（2）利用沉淀反应破坏 $[Cu(NH_3)_4]^{2+}$；

（3）利用氧化还原反应破坏 $[Cu(NH_3)_4]^{2+}$；

（4）利用生成更稳定配合物（如螯合物）的方法破坏 $[Cu(NH_3)_4]^{2+}$。

C　配离子间的相互转化

在一支试管中滴入5滴0.1 mol·L^{-1} $FeCl_3$ 溶液，加入1滴0.1 mol·L^{-1} KSCN溶液（这是检验 Fe^{3+} 的方法），观察现象；再往溶液中逐滴加入2 mol·L^{-1} NH_4F 溶液，有何现象？再加入0.1 mol·L^{-1} EDTA溶液，溶液颜色又有何变化？从溶液颜色变化，解释实验现象。

D　配离子与难溶化合物间的相互转化

往一支试管中加入5滴0.1 mol·L^{-1} $AgNO_3$ 溶液，滴入2滴0.1 mol·L^{-1} NaCl溶液，有何现象？然后边振荡边滴加6 mol·L^{-1} $NH_3·H_2O$ 溶液直至沉淀刚溶解。再在此溶液中滴加2滴0.1 mol·L^{-1} KBr溶液，有何现象？再边振荡边滴加0.5 mol·L^{-1} $Na_2S_2O_3$ 溶液，至沉淀刚溶解。最后滴加2滴0.1 mol·L^{-1} KI溶液，有无沉淀生成？根据以上各步现象，写出相应的离子方程式，并比较AgCl、AgBr、AgI的 $K_{sp}^{\ominus}$ 的大小和 $[Ag(NH_3)_2]^+$、$[Ag(S_2O_3)_2]^{3-}$ 的 $K_{稳}$ 大小（注意：$NH_3·H_2O$ 和 $Na_2S_2O_3$ 不能过量，否则会影响AgCl、AgBr沉淀的生成）。

E　配离子的氧化还原性实验

于两支试管中分别加入10滴0.1 mol·L^{-1} $FeCl_3$ 溶液，在其中一支试管中逐滴加入2 mol·L^{-1} NH_4F 溶液至黄色褪去，再过量几滴，然后分别向两支试管中加入0.1 mol·L^{-1} KI溶液10滴，再加 CCl_4 约1 mL，振荡试管，观察 CCl_4 层的颜色，解释原因。

F　配合物形成时溶液pH值改变实验

取一完整的pH值试纸，在它的一端滴上半滴0.1 mol·L^{-1} $CaCl_2$ 溶液，记下被 $CaCl_2$ 溶液浸润处的pH值，待 $CaCl_2$ 溶液不再扩散时，在距离 $CaCl_2$ 溶液扩散边缘0.5～1.0 cm干试纸处，滴上半滴0.1 mol·L^{-1} EDTA溶液，待EDTA溶液扩散到 $CaCl_2$ 溶液区形成重叠时，记下重叠与未重叠处的pH值。说明pH值变化的原因，写出反应方程式。

G　课后思考题

（1）通过实验总结简单离子形成配离子后，哪些性质会发生改变？

（2）影响配位平衡的主要因素是什么？

（3）Fe^{3+} 可以将 I^- 氧化为 I_2，而自身被还原成 Fe^{2+}，但 Fe^{2+} 的配离子 $[Fe(CN)_6]^{4-}$ 又可以将 I_2 还原成 I^-，而自身被氧化成 $[Fe(CN)_6]^{3-}$，如何解释此现象？

【D】任务评价

在印染业中，某些金属离子（如 Fe^{3+}、Cu^{2+} 等）的存在会使染料颜色改变，加入EDTA便可以纠正此弊，试说明其原理。

【E】行业人物故事

配位化学的奠基人——戴安邦

戴安邦，无机化学家、化学教育家、我国配位化学的奠基人之一。获美国哥伦比亚大学化学研究院硕士、博士学位。1980 年当选为中国科学院院士。

戴安邦，出生于 1901 年，镇江丹徒人。1919 年考入金陵大学（1952 年与南京大学合并）学习农科，由于家庭困难而半工半读，但因为农科田间实习频繁又因天时而实践不固定，无法兼顾学农与兼职而改学可在中学任教的理科化学。1924 年大学毕业后，因成绩优秀，留校任教，讲授普通化学等课程。

1928 年戴安邦获中国医学会奖学金赴美国哥伦比亚大学化学系深造，次年 6 月获硕士学位。1931 年获博士学位后回国任金陵大学副教授。其博士论文《氧化铝水溶胶的本质》，以配位化学的观点阐明了氧化铝溶胶的组成、性质、结构和生成机制。博士论文一经发表，就受到学术界的瞩目，在 1934 年出版的托马斯（A. W. Thomas）著的《胶体化学》和 1956 年出版的拜勒（J. C. Bailer）主编的《配位化合物化学》都直接引用了这篇博士论文的研究结果。戴安邦成为我国最早研究胶体化学与络合化学的学者。

20 世纪 50 年代末，戴安邦看到了经典无机化学的现代化，维尔纳配位场理论有了新的发展，于是在南京大学创办了全国络合物化学（现名配位化学）讲习班，为中国培养了一代配位化学的学术带头人或骨干力量。此后他亲自为化学系本科生开设“络合物化学”课程，还指导助手开设实验课，提倡启发式教学和倡导全面化学教育。

1963 年他创建南京大学络合物化学研究室，并于 1978 年扩建为南京大学配位化学研究所，1988 年又创建了我国无机化学的重要研究基地——南京大学配位化学国家重点开放实验室。1987 年 7 月，第 25 届国际配位化学会议在南京召开，这是一次有 44 个国家和地区共约 1000 名科学家参加的化学盛会，戴安邦由于其在化学界的突出地位被推举为大会主席。苏联科学院普通及无机化学研究所为戴安邦颁发了秋加也夫奖章，以表彰他在国际配位化学方面的贡献。这次会议也表明正是由于他的努力，才使我国配位化学研究跻身于国际学术前沿。

戴安邦积极开展与实际生产相关联的基础理论研究。1982 年获国家自然科学二等奖的“硅酸聚合作用理论”就是从研究实际任务开始的，该理论澄清了百多年来关于硅酸聚合作用的各种片面而自相矛盾的研究报道，首次统一说明了各因素对硅酸聚合而成凝胶作用的影响，是该领域的第一个定量理论，为硅溶胶生产、建材、铸造、电能贮存、萃取分离和硅肺发病机制等有关硅的实用领域提供理论依据，对生产和科研均有重要的指导意义。还有 1978 年荣获全国科学大会奖的“化学模拟生物固氮研究”、1987 年荣获国家教委科技进步二等奖的“多价金属离子水解聚合物研究”等都是基于生产实际问题开展的研究。同时戴安邦还及时开拓新兴学科的基础和应用研究，如 1987 年荣获国家自然科学三等奖的“铂配合物抗癌作用及机理研究”就是配位化学在新兴交叉学科生物无机化学的热门课题。

（资料来源：镇江市社会科学网．镇江名人　配位化学的奠基人——戴安邦）

任务 4.7 元素化学的应用

【A】任务提出

元素性质的研究与趣味实验可以在教育和科学传播方面发挥重要作用。虽然这类项目可能不涉及大规模工程，但它们可以激发学生和大众对科学的兴趣，并提供与元素性质相关的教育和科普体验，同时也可应用于日常生活的快速检测中。

（1）预习思考题：

1）如果将各种重金属的盐类同时投入密度小于1.07 $g \cdot mL^{-1}$ Na_2SiO_3溶液的容器中将会出现何种情况；

2）化学冰袋、暖袋的制作中，搓动袋子的作用是什么。

（2）实验目的：

1）了解相关趣味实验的实验原理；

2）学会根据实验原理设计趣味小实验。

【B】知识准备

4.7.1 趣味化学实验原理

4.7.1.1 化学花园原理

所有硅酸盐中，仅碱金属的硅酸盐可溶于水，重金属的硅酸盐难溶于水，并具有特征的颜色：

$CuSiO_3$	$CoSiO_3$	$MnSiO_3$	$Al_2(SiO_3)_3$	$NiSiO_3$	$Fe_2(SiO_3)_3$
蓝绿色	紫色	浅红色	无色透明	翠绿色	棕红色

如果在透明的Na_2SiO_3溶液中，分别加入颜色不同的重金属盐固体，静置数分钟后，可看到各种颜色的难溶重金属硅酸盐犹如“树”“草”一样不断生长，形成美丽的“水中花园”。

4.7.1.2 化学冰袋、暖袋制作的原理

日常生活中的许多方面都会用到化学冰袋来降温。如在高温天气从事野外工作时，中暑患病的情况时有发生；外出游玩、野外聚餐时，某些食物需要短时间低温保存，若能随身携带几个自制的冷敷袋或化学冰袋既可以救急又很实用。

制作化学冰袋的原理通常是利用几种特殊的铵盐如硝酸铵、氯化铵等溶于水时会具有强烈吸热降温的性质。此外，它们还可以从与其接触的晶体盐中夺取结晶水而溶解吸热，利用这种性质，可以通过简单地混合两种盐而制冷，制成化学冰袋。

在寒冷的冬天，热袋是人们常用的取暖用品。制作化学热袋的原理通常是以铁粉和醋酸为主要原料，利用铁粉和醋酸反应生成的醋酸亚铁易被空气中的氧气所氧化，同时释放热量的性质，来制成化学热袋：

$$Fe + 2HAc \xlongequal{} Fe(Ac)_2 + H_2\uparrow$$

$$2Fe(Ac)_2 + O_2 + H_2O \xlongequal{} FeOAc + Fe(Ac)_2Ac + \text{热量}$$

4.7.1.3 蓝瓶子实验原理

亚甲基蓝是一种暗绿色晶体，溶于水和乙醇，亚甲基蓝的水溶液呈蓝色，在碱性条件下，蓝色亚甲基蓝很容易被葡萄糖还原为无色亚甲基白。亚甲基白又易被空气中氧气氧化成亚甲基蓝，从而使溶液又变为蓝色。以此反复进行，直到葡萄糖被完全氧化后，溶液的颜色就不再褪去。可以表示为：

$$\text{亚甲基蓝} \underset{\text{氧气}}{\overset{\text{葡萄糖}}{\rightleftharpoons}} \text{亚甲基白}$$

如果有酚酞试剂滴加的话，会发现颜色变化中还会多了红色与紫色。原因是当溶液在

碱性条件下时，滴加酚酞试剂后溶液显红色。所以：（1）当葡萄糖可把亚甲基蓝还原为无色时，由于溶液显强碱性，此时溶液呈红色；（2）搅拌或略微振荡条件下，空气会把部分无色产物氧化为蓝色，当紫色与蓝色相混时，由于颜色的混合效应，将看到此时溶液显紫色；（3）剧烈振荡后，将会有更多的无色产物被氧化为蓝色的亚甲基蓝，这时由于蓝色过深，将会遮掩酚酞的红色，结果将会看到溶液呈蓝色。

4.7.2　日常生活常见现象的鉴定（检测）

4.7.2.1　日常生活常见现象鉴定（检测）的原理

A　碘盐中碘检测原理

碘和人的健康有着很大的关系。一个成人的体内大约含有20~50 mg的碘，主要集中在人的甲状腺。人如果缺少了碘，会引起甲状腺的肿大，俗称“大脖子病”。在我国，许多地方的食品和水中都缺少这种碘元素。因此，在1949年新中国成立后，政府加强了预防，主要是多供应含碘的食物。现在我国使用的食盐中都加入了碘元素，称为碘盐，这也是为了预防甲状腺肿大症。

含碘食盐中含有碘酸钾（KIO_3），除此之外，一般不含有其他氧化性物质。在酸性条件下 IO_3^- 能将 I^- 氧化成 I_2，I_2 遇淀粉试液变蓝；而不加碘的食盐则不能发生类似的反应。

B　掺假蜂蜜检测的原理

蜂蜜是营养丰富的保健食品，具有蜂蜜特有的甜香味且回味无穷。正常蜂蜜的密度为 $1.401 \sim 1.433\ g \cdot mL^{-1}$，含葡萄糖和果糖65%~81%、蔗糖约8%、水16%~25%，糊精、非糖物质、矿物质和有机酸等约5%，此外还含有少量酵素、芳香物质、维生素及花粉粒等。因蜜蜂所采花粉不同，其营养成分也有一定差异。

如在蜂蜜中掺入价格低廉的蔗糖糖浆，外表上也会出现一些变化。一般这种掺蔗糖的蜂蜜色泽比较鲜艳，大多呈浅黄色，甜香味淡，回味短，且糖浆味较浓，用化学方法可鉴别是否掺蔗糖。方法是：取样品加水搅拌，如果有混浊或沉淀，再加 $AgNO_3$（1%），若有絮状物产生，即为掺蔗糖的蜂蜜。

C　掺假牛奶检测的原理

牛奶是一种营养丰富、老少皆宜的食品。正常的牛奶为白色或略显浅黄色的均匀胶状液体，无沉淀、无凝块、无杂质，具有轻微的甜味和奶香味。牛奶中含脂肪、蛋白质、酪蛋白、乳糖、白蛋白等成分。

如果牛奶中掺入豆浆，尽管此时牛奶的密度、蛋白质含量变化不大，可能仍在正常范围内，但由于豆浆中含约25%碳水化合物（主要是棉籽糖、水苏糖、蔗糖、阿拉伯半乳聚糖等），它们遇碘后显乌绿色，所以利用这种变化，可定性地检测牛奶中是否掺有豆浆。

D　是否抽烟鉴定原理

吸烟者唾液中会有少量硫氰酸盐，硫氰酸根与 Fe^{3+} 结合呈现血红色，其化学反应式为：

$$nSCN^- + Fe^{3+} \longrightarrow [Fe(SCN)_n]^{3-n} \quad (n = 1 \sim 6)$$

（血红色）

E 是否喝酒鉴定原理

各种酒都含有一定量的酒精（乙醇），在酸性条件下，乙醇可将重铬酸钾还原，使颜色发生变化，化学反应式为：

$$3C_2H_5OH + 2K_2Cr_2O_7 + 8H_2SO_4 = 3CH_3COOH + 2Cr_2(SO_4)_3 + 11H_2O$$

（橙红色）　　　　　　　　　　（绿色）

F 指纹鉴定原理

指纹鉴定的科学基础就在于，指纹各人不同，终身不变；而且只要物体表面有足够的光滑度，人手接触物体，必然留下指纹。在现代社会中，指纹鉴定已被作为鉴定人物身份的有力武器，在需要高度戒备的地方也被作为一个人进出的通行证。

碘受热时会升华变成碘蒸气。碘蒸气能溶解在手指上的油脂等分泌物中，并形成棕色指纹印迹。每个人的手指上总含有油脂、矿物油和水。方法是：用手指在纸面上按压，指纹上的油脂、矿物油和汗水就会留在纸面上，只不过人的眼睛看不出来。当我们把这隐藏有指印的纸放在盛有碘的试管口并加热试管时，碘就开始升华——变成紫红色的蒸气（注意，碘蒸发有毒，不可吸入）。由于纸上指印中的油脂、矿物油都是有机溶剂，因此碘蒸气上升到试管口以后就会溶解在这些油类物质中，于是指纹也就显示出来了。

【C】任务实施

4.7.2.2 日常生活常见现象鉴定（检测）实验

A 仪器与试剂

仪器包括烧杯（100 mL）、试管、塑料吸管（或玻璃导管）、台秤、量筒、蒸发皿、表面皿、玻璃棒、酒精灯、铁圈、铁架台、研钵、石棉网、细绳、锥形瓶（配橡胶塞）或带盖白色塑料瓶、带封口软质塑料袋（6 cm×8 cm）、试管和胶头滴管。

试剂包括 Na_2SiO_3（20%，密度为 1.07～1.08 $g \cdot mL^{-1}$）、$Co(NO_3)_2(s)$、$CuSO_4(s)$、$NiSO_4(s)$、$MnSO_4(s)$、$FeSO_4(s)$、$FeCl_3(s)$、硝酸铵（化肥）（NH_4NO_3 或 NH_4Cl）固体、碳酸钠晶体（$Na_2CO_3 \cdot 10H_2O$）、还原 Fe 粉、3% HAc、活性炭、木屑、NaOH 固体、葡萄糖、酚酞、含碘食盐溶液、不加碘食盐溶液、KI 溶液、稀硫酸、淀粉试液、碘水、$AgNO_3$（1%）、HCl（1 $mol \cdot L^{-1}$）、H_2SO_4（浓）、$FeCl_3$（10%）、$K_2Cr_2O_7$（0.1 $mol \cdot L^{-1}$）溶液、KSCN（0.1 $mol \cdot L^{-1}$）、无水乙醇、纯净水、1% 亚甲基蓝乙醇溶液、掺蔗糖的蜂蜜、纯蜂蜜、掺豆浆的牛奶和纯牛奶。

B 趣味实验

a 化学花园实验

在 100 mL 烧杯中加入 50 mL 20% 的 Na_2SiO_3 溶液，然后分别加入少量的（1 颗）$CuSO_4$、$Co(NO_3)_2$、$NiSO_4$、$MnSO_4$、$FeSO_4$、$FeCl_3$ 固体，注意各种盐要尽可能分布在烧杯底部不同的位置。静置 10 分钟后，观察烧杯中所形成的"水中花园"。

b 化学冰袋、暖袋制作

（1）化学冰袋的制作。

1）称取 24 g $Na_2CO_3 \cdot 10H_2O$[1] 晶体并研细，装入带封口软质塑料袋底部，压紧后，

---

[1] 不能使用无水碳酸钠（纯碱）粉末，必须是含结晶水的晶体碳酸钠或成块状纯碱。可以将无水碳酸钠粉末溶于水，然后加热浓缩至晶体析出，自制晶体碳酸钠。

用细绳系住（活结）塑料袋，将碳酸钠封在袋子下半部。

2）称取23 g硝酸铵晶体并研细，装在袋子上半部，密封袋口，即成“冰袋”。

3）使用时，只要将细绳解开，用双手揉搓软质塑料袋，使两种固体粉末充分混合，便可以立即产生低温，袋子最低温度可降至约0 ℃（可用温度计测量温度的变化）。将饮料瓶等用化学冰袋裹住降温，即可凉爽可口。

（2）化学暖袋的制作。

1）在台秤上称取50 g还原Fe粉，置于蒸发皿中，在电炉上加热片刻至还原Fe粉微热时，向蒸发皿中加入3 mL 3% HAc，充分搅拌，当还原Fe粉开始呈现灰黑色时，停止加热，将表面皿盖在蒸发皿上，静置自然冷却至室温。

2）将冷却后的产物倒入带封口软质塑料袋中，堆紧、压实并折叠塑料袋。然后装入12 g活性炭和5 g木屑，再将物料堆紧、压实并折叠、卷紧塑料袋，密封袋口，使袋中物料与空气隔绝，即制得化学热袋。

3）使用时，将折叠的软质塑料袋封口打开❶，让空气进入，用双手揉搓并上下抖动软质塑料袋，使袋内物料充分混匀，片刻即可发挥其制热作用。

如果想中途停止发热，可将袋内物料重新堆紧、压实并折叠、卷紧塑料袋，密封袋口，使袋中物料与空气隔绝。

（3）蓝瓶子实验。

称取0.6 g NaOH固体和1.5 g葡萄糖，配成50 mL溶液于锥形瓶中，滴加8~10滴亚甲蓝乙醇溶液，摇匀。观察颜色变化。溶液变为无色时，剧烈摇晃锥形瓶，锥形瓶中又出现与原来相似的蓝色。若叠加酚酞试液，仔细观察颜色变化现象。

C 日常生活常见现象的鉴定

a 碘盐中碘的鉴定

（1）在2支试管中分别加入少量含碘食盐溶液和不加碘食盐溶液，然后各滴入几滴稀硫酸，再滴入几滴淀粉试液。观察现象。

（2）在另一试管中加入适量KI溶液和几滴稀硫酸，然后再滴入几滴淀粉试液。观察现象。

（3）将第3支试管中的液体分别倒入前2支试管里，混合均匀，观察现象。

b 牛奶中掺豆浆的检查

取2支试管分别加入正常牛奶和掺豆浆牛奶各2 mL，再加入2~3滴I_2水，混匀后观察2支试管中颜色的不同变化。正常牛奶显橙黄色，而掺豆浆牛奶显乌绿色。

c 蜂蜜中掺蔗糖的鉴定

在1支试管中加入掺蔗糖蜂蜜样品1 mL，振荡搅拌，如有混浊或沉淀，再滴2滴$AgNO_3$（1%），若有絮状物产生，就证明此蜂蜜中掺有蔗糖。

d 是否抽烟的鉴定

请试验者含一口（约20 mL）纯净水，漱口后吐进一小烧杯中，往烧杯中加入1 mL

---

❶ 化学热袋发热时，密封袋口的通气量大小直接影响热袋的升温速度、发热效果和制热寿命。若开口较大，透气量大，则升温速度快、发热温度高但持续发热时间短。

的 1 mol·L^{-1} HCl 和 10% $FeCl_3$ 溶液，略加搅拌。若小烧杯中溶液变为红色，说明试验者吸过烟。

e　是否喝酒的鉴定

在试管内加入 2 mL 蒸馏水和 0.5 mL 浓 H_2SO_4（小心滴加）振荡混匀，再滴加 3 滴 0.1 mol·L^{-1} $K_2Cr_2O_7$ 溶液，振荡混匀。试验者用 1 支塑料吸管（或玻璃导管）插入试管中溶液底部，徐徐吹气。若刚饮过酒的人吹气，溶液会由橙红色变为绿色。饮酒越多，变色越快。

f　指纹的鉴定

（1）取一干净、光滑的白纸，剪成长约 4 cm、宽不超过试管直径的纸条，用手指在纸条上用力摁几个手印。

（2）用药匙取芝麻粒大的一粒碘，放入试管中。把纸条悬于试管中（注意摁有手印的一面不要贴在管壁上），塞上橡胶塞。

（3）把装有碘的试管在酒精灯火焰上方微热一下，待产生碘蒸气后立即停止加热，观察纸条上的指纹印迹。

D　课后思考题

（1）化学花园的形成和水玻璃的浓度有何关系？

（2）牛奶中掺米汤应如何检验？

【D】任务评价

指纹鉴定的方法有哪些？请给出实验原理。

【E】任务拓展

Chemical Engineering Car（Chem-E-Car）是利用化学反应提供动力、设计和制造能载重并且通过化学反应可以精确控制行驶距离的车辆模型。

请选择合适的反应系统制造一台 Chem-E-Car。

要求是：（1）小车的负重范围为 0～500 g，行驶距离为 15～30 m；（2）不得使用商用电池，推动力必须为化学反应产生；（3）必须为自动车，且无遥控系统；（4）不得使用机械力于轮子或地面使车子停止或减速；（5）不得使用机械或电子定时器来停止化学反应；（6）Chem-E-Car 所有组件拆卸后必须能同时置于一个 32×20×12 cm 的箱子（约鞋盒大小）内；（7）小车必须设置 500 mL 不漏水箱一个。

【技能目标】 掌握基本仪器如酸度计、分光光度计等使用技能以及实验观察、数据记录与处理、结果分析与讨论的能力。

【方法特点】 仔细观察，标准记录，精密计算。

请大家讨论：

（1）如何平衡科学研究的开放性和知识的保密性，以确保不滥用科学？

（2）如果你了解到有人可能会滥用你的研究成果，你应该采取什么措施？

（3）如何正确管理和处置化学品，以减少安全风险和环境影响？

项目5　分析检测职业能力的综合培养

【项目目标】培养学生分析检测基本实验技能，以及数据记录与处理、结果分析与讨论的能力。

【项目描述】本专题包括环境检测与食品药品检测两大块内容，以化学滴定分析、重量分析、分光光度法为训练内容，培养学生基本分析技能。

任务5.1　环境监测：水的硬度的测定

【A】任务提出

水，是万物之源。水资源，是人类重要的自然资源，更是人类及动植物等各类生命赖以生存和发展的基本条件。水资源本是一种可以不断再生的资源，其再生性取决于地球的水循环，其可持续利用的特点，是社会、经济可持续发展极为重要的保证。水质监测是环境监测工作中的重点工作之一。

在生活中，长期使用硬水会让用水器具上结水垢、肥皂和清洁剂的洗涤效率降低等；在工业中，盐镁盐的沉淀会造成锅垢，妨碍热传导，严重时还会导致锅炉爆炸。水硬度检测分析是水质分析的一项重要工作，影响到了公共生活、生产安全。通过水硬度的测定结果，来确定用水质量和为进行水处理提供依据。

（1）预习思考题：

1）若配制500 mL $c_Y=0.02\ mol \cdot L^{-1}$ EDTA溶液，应称取EDTA二钠盐（$Na_2H_2Y \cdot 2H_2O$）多少克；

2）以HCl溶液溶解$CaCO_3$基准物时，操作中应注意些什么。

（2）实验目的：

1）掌握配位滴定法测定水中硬度的原理及方法，理解溶液的酸度对配位滴定的重要性；

2）熟悉铬黑T和钙指示剂的性质、应用及终点时颜色的变化；

3）掌握水硬度的计算方法。

【B】知识准备

5.1.1　技术标准与标准分析方法

5.1.1.1　技术标准

在实际工作中，产品质量的判定必须以规定的技术标准为依据。标准是标准化活动的结果，而标准化是一项具有高度政策性、经济性、技术性、严密性和连续性的工作。标准是为了在一定的范围内获得最佳秩序，对活动或其结果规定的共同的和重复使用的规则、指导原则或特性的文件，是对重复性事物和概念所作的统一规定。标准是以科学、技术和实践经验的综合成果为基础，经有关方面协商一致，由主管机构批准，以特定形式发布，作为共同遵守的准则和依据。技术意义上的标准就是一种以文件形式发布的统一协定，其中包含可以用来为某一范围内的活动及其结果制定规则、导则或特性定义的技术规范或者其他精确准则，其目的是确保材料、产品、过程和服务能够符合需要。

标准的本质是统一，不同级别的标准是在不同范围内的统一。标准资料种类繁杂，常用者多为产品标准和检验方法标准。按其适用范围分，标准分有国际标准、区域标准、国家标准、行业标准、地方标准和企业标准等。近年来我国发布的新国家标准很多都等同或等效采用国际标准。

凡是标准都有编号，编号通常由“代号—顺序号—发布年号—名称”组成。我国国家标准的代号由大写汉语拼音字母构成，强制性国家标准代号为“GB”（“国标”二字汉语拼音 GuoBiao 的缩写），推荐性国家标准代号为“GB/T”（T 为“推”的汉语拼音 Tui 的缩写）。国家标准的编号由国家标准代号、国家标准发布顺序号、国家标准发布年号和标准名称构成，如“GB 601—2016《化学试剂标准滴定溶液的制备》”。

经常涉及的国内外标准名称与代号包括以下 9 类：

（1）国际标准 ISO（International Organization for Standards）；

（2）世界卫生组织标准 WHO（World Health Organization）；

（3）国际法定计量组织标准 OIML（International Organization of Legal Metrology）；

（4）联合国粮食与农业组织标准 FAO（Food and Agriculture Organization）；

（5）食品法规委员会标准 CAC（Codex Alimentarius Commission Standards）；

（6）中国国家标准 GB；

（7）中国行业标准，如 HG——化工行业，YY——医药行业，QB——轻工行业，SY——石油天然气行业，YB——冶金行业等；

（8）中国地方标准 DB；

（9）中国企业标准 QB。

此外，我国还制定有法定的国家药品标准——《中华人民共和国药典》（或简称《中国药典》），这是根据《中华人民共和国药品管理法》规定，由国家药典委员会编纂和修订的。

技术标准包括基础技术标准、产品标准、工艺标准、检测试验方法标准，以及安全、卫生、环保标准等。产品标准是对产品结构、规格、质量和检验方法所作的技术规定，它是在一定时期和一定范围内具有约束力的产品技术准则，是产品生产、质量检验、选购验收、使用维护和洽谈贸易的技术依据。如生活饮用水国家标准 GB 5749—2022《生活饮用水卫生标准》，规定了生活饮用水水质要求、生活饮用水水源水质要求、集中式供水单位卫生要求、二次供水卫生要求、涉及饮用水卫生安全的产品卫生要求、水质检验方法。该标准规定的生活饮用水的理化指标技术要求见表 5-1。

表 5-1　生活饮用水水质常规指标及限值

序号	指　　标	限　　值
一、微生物指标		
1	总大肠菌群/(MPN/100 mL 或 CFU/100 mL)	不应检出
2	大肠埃希氏菌/(MPN/100 mL 或 CFU/100 mL)	不应检出
3	菌落总数/(MPN/100 mL 或 CFU/100 mL)	100

续表5-1

序号	指 标	限 值
二、毒理指标		
4	砷/mg·L^{-1}	0.01
5	镉/mg·L^{-1}	0.005
6	铬（六价）/mg·L^{-1}	0.05
7	铅/mg·L^{-1}	0.01
8	汞/mg·L^{-1}	0.001
9	氰化物/mg·L^{-1}	0.05
10	氟化物/mg·L^{-1}	1.0
11	硝酸盐（以N计）/mg·L^{-1}	10
12	三氯甲烷/mg·L^{-1}	0.06
13	一氯二溴甲烷/mg·L^{-1}	0.1
14	二氯一溴甲烷/mg·L^{-1}	0.06
15	三溴甲烷/mg·L^{-1}	0.1
16	三卤甲烷（三氯甲烷、一氯二溴甲烷、二氯一溴甲烷、三溴甲烷的总和）/mg·L^{-1}	该类化合物中各种化合物的实测浓度与其各自限值的比值之和不超过1
17	二氯乙酸/mg·L^{-1}	0.05
18	三氯乙酸/mg·L^{-1}	0.1
19	溴酸盐/mg·L^{-1}	0.01
20	亚氯酸盐/mg·L^{-1}	0.7
21	氯酸盐/mg·L^{-1}	0.7
三、感官性状和一般化学指标		
22	色度（铂钴色度单位）/度	15
23	浑浊度（散射浑浊度单位）/NTU	1
24	臭和味	无异臭、异味
25	肉眼可见物	无
26	pH值	不小于6.5且不大于8.5
27	铝/mg·L^{-1}	0.2
28	铁/mg·L^{-1}	0.3
29	锰/mg·L^{-1}	0.1
30	铜/mg·L^{-1}	1.0
31	锌/mg·L^{-1}	1.0
32	氯化物/mg·L^{-1}	250
33	硫酸盐/mg·L^{-1}	250
34	溶解性总固体/mg·L^{-1}	1000
35	总硬度（以$CaCO_3$计）/mg·L^{-1}	450
36	高锰酸盐指数（以O_2计）/mg·L^{-1}	3
37	氨（以N计）/mg·L^{-1}	0.5

续表 5-1

序号	指　　标	限　　值
四、放射性指标		
38	总 α 放射性/$Bq \cdot L^{-1}$	0.5（指导值）
39	总 β 放射性/$Bq \cdot L^{-1}$	1（指导值）

5.1.1.2 标准分析方法

标准分析方法也属于技术标准，它是按照规定的程序和格式编写，成熟性得到公认，通过协作实验确定了精密度和准确度，并由公认的权威机构颁布的分析方法。

一个项目的测定往往有多种可供选择的分析方法，这些方法的灵敏度不同，对仪器和操作的要求不同，而且由于方法的原理不同，干扰因素也不同，甚至其结果表示的含义也不尽相同，采用不同方法测定同一项目时就会产生结果不可比的问题。因此，对于指定产品的检验必须明确所应采用的技术标准和各项指标的标准分析方法。

如生活饮用水国家标准 GB 5749—2022 规定了水质检验方法为：

（1）各指标水质检验的基本原则和要求按照 GB/T 5750.1 执行；

（2）水样的采集与保存按照 GB/T 5750.2 执行；

（3）水质分析质量控制按照 GB/T 5750.3 执行；

（4）对应的检验方法按照 GB/T 5750.4 ~ GB/T 5750.13 执行。

在以上标准分析方法中，具体规定了方法所用试剂和仪器的规格、测定步骤和结果计算及允许误差等。按此标准分析方法即可进行生活饮用水水质检测，最后提交实验报告，并将各项分析结果与技术标准的要求对照，从而确定水质优劣。

5.1.2 EDTA 标准溶液的标定原理

乙二胺四乙酸（简称 EDTA，常用 H_4Y 表示）是配合滴定中最常用的滴定试剂，它能与大多数金属离子形成稳定的 1∶1 配合物，故常用作配位滴定的标准溶液。但 EDTA 试剂常吸附有少量水分并含有少量其他杂质，因此不能作为基准直接用于配制标准溶液。通常先将 EDTA 配成接近所需浓度的溶液，然后用基准物质进行标定。

乙二胺四乙酸难溶于水，常温下其溶解度为 0.2 $g \cdot L^{-1}$，在分析中不适用，通常使用其二钠盐（带结晶水）配制标准溶液。乙二胺四乙酸二钠盐是白色微晶粉末，易溶于水，溶解度为 120 $g \cdot L^{-1}$，可配成 0.3 $mol \cdot L^{-1}$以上的溶液，其水溶液 pH 值为 4.8，经提纯后可作为基准物质直接配制标准溶液，但提纯方法较复杂，在工厂和实验室中标准溶液常采用间接法配制。

用于标定 EDTA 溶液的基准试剂较多。例如纯金属 Cu、Zn、Pb、Ni、Bi、Cd 和 Mg 等，它们的纯度最好在 99.99% 以上，一般也应在 99.95% 以上。金属表面如果有一层氧化膜，一般可先用细砂纸擦或稀酸溶掉氧化膜，再用蒸馏水、乙醇或丙酮冲洗，于 105 ℃ 烘箱中烘几分钟，再置于干燥器中冷却备用。金属氧化物或其盐类也可作为基准物，如 CuO、ZnO、MgO、$CaCO_3$、$MgSO_4 \cdot 7H_2O$、$ZnSO_4 \cdot 7H_2O$ 等，它们的化学组成必须与化学式完全相符。有些试剂在使用前应预先处理，如重结晶，烘干或在一定湿度的干燥器中保存等。

5.1.2.1　以 $CaCO_3$ 为基准物标定 EDTA 溶液

EDTA 溶液若用于测定 Ca^{2+}、Mg^{2+} 等离子，则宜用 $CaCO_3$ 为基准物。首先可加 HCl 溶液，其反应如下：

$$CaCO_3 + 2HCl \longrightarrow CaCl_2 + CO_2 \uparrow + H_2O$$

然后把溶液转移到容量瓶中稀释，制成钙标准溶液。吸取一定量的钙标准溶液，用氨水缓冲溶液调节酸度至 pH 值约为 10，用铬黑 T（EBT），以 EDTA 溶液滴定至溶液由酒红色变纯蓝色，即为终点。其变色原理如下：

滴定前：　EBT + Ca ══ Ca-EBT
　　　　　（蓝色）　（紫红色）

滴定时：　EDTA + Ca ══ Ca-EDTA

终点时：　EDTA + Ca-EBT ══ Ca-EDTA + EBT
　　　　　　（紫红色）　　　　　（蓝色）

在试液中加入铬黑 T 时，Ca^{2+} 与铬黑 T 形成稳定的配离子，此时溶液呈紫红色。当用 EDTA 标准溶液滴定时，因 EDTA 能与 Ca^{2+} 形成比 Ca-EBT 更稳定的离子，因此在滴定终点附近，Ca-EBT 能转化为更稳定的 Ca-EDTA 配离子，使铬黑 T 指示剂游离出来，由于 Ca-EDTA 无色，因此溶液呈现纯蓝色。

5.1.2.2　以 ZnO 为基准物标定 EDTA 溶液

EDTA 溶液若用于测定 Pb^{2+}、Bi^{3+}，则宜以 ZnO 或金属锌为基准物，以二甲酚橙（XO）为指示剂。在 pH 值为 5～6 溶液中，二甲酚橙指示剂本身显黄色，与 Zn^{2+} 的配位物呈紫红色。EDTA 与 Zn^{2+} 形成更稳定的配合物，因此用 EDTA 溶液滴定至近终点时，二甲酚橙被游离出来，溶液由紫红色变为亮黄色。

同时注意的是在 pH 值为 4～12 时，Zn^{2+} 均能与 EDTA 定量络合，以 ZnO 或金属锌作基准物标定 EDTA 时，可有两种标定方法：

（1）在 pH 值为 10 的 NH_3-NH_4Cl 缓冲溶液中，以铬黑 T（EBT）为指示剂，直接标定；

（2）在 pH 值为 5～6 的六亚甲基四胺（或 HAc-NaAc）缓冲溶液中，以二甲酚橙（XO）为指示剂，直接标定。

在正常工作条件下，用两种方法标定 0.01 $mol \cdot L^{-1}$ EDTA 溶液的结果应相吻合，但有一定的误差范围。如果超出误差范围，就要检查 EDTA、蒸馏水、缓冲溶液、指示剂以及操作技术中是否存在问题。查明原因，纠正后才能使用。

如果标定与测定的条件相同，这些影响大致相同，可以抵消一部分误差。因此，在实际分析中，EDTA 标定的条件应尽可能与被测物的测定条件尽量一致（基准物与被测组分相同、指示剂相同），以减少系统误差，得到比较准确的结果，如果用被测元素的纯金属或化合物作基准物质，就更为理想。

5.1.3　金属指示剂

在配位滴定中，通常利用一种能与金属离子生成有色配位化合物的显色剂来指示滴定过程中金属离子浓度的变化，这种显色剂称为金属离子指示剂，简称金属指示剂。

5.1.3.1　金属指示剂的作用原理

金属指示剂一般是些具有配位能力的有机染料，在一定条件下铟与滴定金属离子发生反应，形成一种与指示剂本身颜色不同的配位化合物：

$$M + In \longrightarrow MIn$$

颜色甲　颜色乙

滴入 EDTA 时，金属离子逐步被配位，当接近终点时，已与指示剂配位的金属离子被 EDTA 置换，释放出指示剂，这样就引起颜色的变化：

$$MIn + Y \longrightarrow MY + In$$

颜色乙　　　颜色甲

5.1.3.2　金属指示剂的必备条件

（1）显色配位化合物（MIn）与指示剂（In）的颜色显著不同。许多金属指示剂不仅具有配位剂的性质，而且本身也是多元酸（碱），能随溶液 pH 值的变化而显示出不同的颜色。因此，使用金属指示剂，必须选择合适的 pH 值范围。例如铬黑 T 是一个三元弱酸，第一级解离非常溶液，在溶液中：

$$H_2In^- \xrightarrow{pKa_2 = 6.3} HIn^{2-} \xrightarrow{pKa_3 = 11.6} In^{3-}$$

pH 值小于 6.3　　pH 值为 6.3 ~ 11.6　　pH 值大于 11.6

红色　　蓝色　　橙色

而铬黑 T 与金属离子的配合物为红色，在 pH 值小于 6.3 或 pH 值大于 11.6 时，铬黑 T 的存在形式与其配合物的红色差别不明显，导致颜色变化不显著，不利于指示终点的观察。因此使用铬黑 T 指示剂合适的 pH 值的范围为 6.3 ~ 11.6。根据实验结果，铬黑 T 最适宜的 pH 值为 8 ~ 10。

（2）显色反应要迅速、灵敏且有良好的变色可逆性。此外，MIn 要易溶于水，若溶解度小，会使 EDTA 与 MIn 的交换反应进行缓慢，而使终点拖长，这种现象称为指示剂的僵化。

（3）显色配位化合物（MIn）的稳定性要适当。显色配位化合物（MIn）既要有足够的稳定性，但又要略低于 M-EDTA 的稳定性。如果 MIn 稳定性太低，就会提前出现终点，而且变色不敏锐；如果 MIn 稳定性太高，会使终点拖后，甚至使 EDTA 不能夺取 MIn 中的 M，看不到溶液颜色的改变，这种现象称为指示剂的封闭现象。

（4）金属指示剂性质应比较稳定，便于贮藏和使用。

5.1.4　水硬度的测定的实验原理与测定

5.1.4.1　水硬度的测定的实验原理

天然水的硬度主要由 Ca^{2+}、Mg^{2+} 组成。水的硬度有暂时硬度和永久硬度之分。凡水中含有钙、镁的酸式碳酸盐，遇热即成碳酸盐沉淀而失去其硬度称为暂时硬度；凡水中含有钙、镁的硫酸盐、氯化物、硝酸盐等所形成的硬度称为永久硬度。暂时硬度和永久硬度的总和称为总硬度。由 Mg^{2+} 形成的硬度称为镁硬度，由 Ca^{2+} 形成的硬度称为钙硬度。

水的总硬度是水质的重要指标，水的硬度的表示方法有很多，常用的有两种：一种方法是用“德国度（$°H_G$）”表示，这种方法是将水中的 Ca^{2+}、Mg^{2+} 折合为 CaO 计算，每升水含 10 mg 就称为 1 德国度；另一种方法是将每升水中所含的 Ca^{2+}、Mg^{2+} 都折合成

$CaCO_3$ 的毫克数表示，这种表示方法美国使用较多。天然水按硬度的大小可以分为以下几类：0～4 °H_G 称为极软水，4～8 °H_G 称为软水，8～16 °H_G 称为中等软水，16～30 °H_G 称为硬水，30 °H_G 以上称为极硬水。

用 EDTA 配位滴定法测定 Ca^{2+}、Mg^{2+} 含量的方法是，先测定 Ca^{2+}、Mg^{2+} 总量，再测定 Ca^{2+} 含量，然后由测定 Ca^{2+}、Mg^{2+} 总量时消耗 EDTA 的体积减去测定 Ca^{2+} 含量时消耗 EDTA 的体积而求得 Mg^{2+} 含量。

测定水的总硬度时（Ca^{2+}、Mg^{2+} 总量的测定）：在 pH 值为 10 的 NH_3-NH_4Cl 缓冲溶液中，以铬黑 T（EBT）为指示剂，指示剂与 Ca^{2+}、Mg^{2+} 形成酒红色配合物，用 EDTA 标准溶液滴定，指示剂被 EDTA 从配合物中取代出来，至终点即恢复指示剂本身的蓝色（酒红→蓝）。设消耗 EDTA 的体积为 V_1（如果 Mg^{2+} 的浓度小于 Ca^{2+} 浓度的 1/20，则需加入 5 mL Mg-EDTA 溶液，目的是使终点变色更加敏锐）。

在滴定的过程中，将有四种配合物生成即 Ca-EDTA、Mg-EDTA、Mg-EBT、Ca-EBT，它们的稳定性次序为：Ca-EDTA（$\lg K_{CaY}=10.25$）> Mg-EDTA（$\lg K_{MgY}=8.25$）> Mg-EBT（$\lg K_{MgIn}=5.7$）> Ca-EBT（$\lg K_{CaIn}=3.7$）（略去电荷）。

滴定前，铬黑 T 先与部分 Mg^{2+} 配位形成 Mg-EBT（酒红色）。而当 EDTA 滴入时，EDTA 首先与 Ca^{2+} 和 Mg^{2+} 配位，然后再夺取 Mg-EBT 中的 Mg^{2+}，使铬黑 T 释放出来，因此到达终点，溶液由酒红色变为纯蓝色。反应式如下：

滴定前： EBT + Mg ══ Mg-EBT

（蓝色）　　（紫红色）

滴定时： EDTA + Ca ══ Ca-EDTA

EDTA + Mg ══ Mg-EDTA

终点时： EDTA + Mg-EBT ══ Mg-EDTA + EBT

（紫红色）　　　　（蓝色）

测定钙硬（即 Ca^{2+} 含量的测定）：用 NaOH 溶液调节待测水样的 pH 值为 12～13，使 Mg^{2+} 转化为 $Mg(OH)_2$ 白色沉淀（此共存的少量 Mg^{2+} 离子不仅不干扰钙的测定，而且会使终点比 Ca^{2+} 离子单独存在时更敏锐），使其不干扰 Ca^{2+} 的测定。以钙指示剂为指示剂，指示剂与 Ca^{2+} 反应形成红色配合物。滴入 EDTA 时，Ca^{2+} 逐渐被配合，接近化学计量点时，游离的 Ca^{2+} 被滴定完后，已与指示剂结合的 Ca^{2+} 被 EDTA 夺出，释放指示剂，此时溶液为蓝色，到达指示终点（红→蓝）。设滴定中消耗 EDTA 的体积为 V_2。

测定镁硬（Mg^{2+} 含量的测定）：由钙镁总量与 Ca^{2+} 量的差求得 Mg^{2+} 的含量。

$$\rho(Ca)=c(EDTA)\times V_2\times M(Ca)\times 1000\div 100.00$$

$$\rho(Mg)=c(EDTA)\times(V_1-V_2)\times M(Mg)\times 1000\div 100.00$$

$$\rho(CaCO_3)=c(EDTA)\times V_1\times M(CaCO_3)\times 1000\div 100.00$$

式中，$c(EDTA)$ 为 EDTA 标准溶液的浓度，$mol\cdot L^{-1}$；V_1 为铬黑 T 终点 EDTA 标准溶液的用量，mL；V_2 为钙指示剂终点 EDTA 标准溶液的用量，mL；$M(Ca)$ 为 Ca 的摩尔质量，$g\cdot mol^{-1}$；$M(Mg)$ 为 Mg 的摩尔质量，$g\cdot mol^{-1}$；$M(CaCO_3)$ 为 $CaCO_3$ 的摩尔质量，$g\cdot mol^{-1}$；$\rho(Ca)$ 为 Ca 硬度，$mg\cdot L^{-1}$；$\rho(Mg)$ 为 Mg 硬度，$mg\cdot L^{-1}$；$\rho(CaCO_3)$ 为总硬度（以 $CaCO_3$ 计），$mg\cdot L^{-1}$。

配位滴定中所用的水，应不含 Fe^{3+}、Al^{3+}、Cu^{2+}、Ca^{2+}、Mg^{2+} 等杂质离子。

水样中存在 Fe^{3+}、Al^{3+} 等微量杂质时，可用三乙醇胺进行掩蔽，Cu^{2+}、Pb^{2+}、Zn^{2+} 等重金属离子可用 Na_2S 或 KSCN 掩蔽。

配位反应进行的速度较慢（不像酸碱反应能在瞬间完成），故滴定时加入 EDTA 溶液的速度不能太快，在室温低时，尤要注意。特别是近终点时，应逐滴加入，并充分振荡。

配位滴定中，加入指示剂的量是否适当对于终点的观察十分重要，宜在实验中总结经验，加以掌握。

【C】任务实施

5.1.4.2 水硬度的测定

A 仪器与试剂

仪器包括分析天平、称量瓶、烧杯、表面皿、锥形瓶（250 mL）、量筒（5 mL，10 mL）、容量瓶（250 mL）、移液管（25 mL，100 mL）、酸式滴定管（50 mL）、试剂瓶。

试剂包括如下。

乙二胺四乙酸二钠盐固体（$Na_2H_2Y \cdot 2H_2O$）：分析纯，相对分子质量为372.24。

$CaCO_3$ 基准物（s）：于110 ℃烘箱中干燥2 h，稍冷后置于干燥器中冷却至室温备用。

HCl 溶液（6 $mol \cdot L^{-1}$）：市售浓盐酸与蒸馏水等体积混合。

氨水（7 $mol \cdot L^{-1}$）：市售浓氨水与蒸馏水等体积混合。

NH_3-NH_4Cl 缓冲溶液（pH 值约为10）：称取20.0 g NH_4Cl，溶于蒸馏水后，加100 mL 原装氨水，加蒸馏水稀释至1000 mL，摇匀。

铬黑T指示剂（5 $g \cdot L^{-1}$）：称取0.50 g 铬黑T，溶于25 mL 三乙醇胺与75 mL 乙醇的混合溶液中。低温保存，有效期约100天。

钙指示剂（0.05 $g \cdot L^{-1}$）：配制方法同铬黑T指示剂。

Mg-EDTA 溶液：先配制0.05 $mol \cdot L^{-1}$ $MgCl_2$ 溶液和0.05 $mol \cdot L^{-1}$ EDTA 溶液各500 mL，然后在pH 值为10的氨性缓冲溶液下，以铬黑T作指示剂，用上述EDTA 滴定 Mg^{2+}，按所得比例把 $MgCl_2$ 和 EDTA 混合，确保 $n_{Mg^{2+}} : n_{EDTA} = 1 : 1$。

甲基红（1 $g \cdot L^{-1}$）：溶0.1 g 甲基红于60 mL 乙醇中，加蒸馏水稀释至100 mL。

三乙醇胺溶液（200 $g \cdot L^{-1}$）、NaOH（6 $mol \cdot L^{-1}$）。

B EDTA 标准溶液的标定

a 0.01 $mol \cdot L^{-1}$ EDTA 标准溶液的配制

称取约2 g（用什么天平？记录几位小数？）乙二胺四乙酸二钠（A. R）置于250 mL 烧杯中（为什么不用乙二胺四乙酸配制EDTA 标准溶液？），加入约100 mL 水加热溶解（必要时过滤），待溶液冷却至室温后移入500 mL 无色试剂瓶中，用蒸馏水稀释至500 mL，摇匀，待标定。

b Ca^{2+} 标准溶液的配制

差减法准确称取0.23～0.27 g $CaCO_3$（称准至小数点后第四位，为什么？）于100 mL 烧杯中，加少量蒸馏水湿润 $CaCO_3$（约10 mL），盖上表面皿，从烧杯嘴处滴加（注意！为什么？）约10 mL 6 $mol \cdot L^{-1}$ HCl 溶液，待 $CaCO_3$ 完全溶解后，加热至接近沸腾，冷却后用蒸馏水冲洗烧杯内壁和表面皿，再定量转入250 mL 容量瓶中（为什么不能将热溶液直接转移至容量瓶?)，用蒸馏水稀释定容至刻度线，摇匀，计算 Ca^{2+} 标准溶液的浓度。

自来水硬度的测定

c EDTA 溶液的标定

用移液管移取 25.00 mL Ca^{2+} 标准溶液于 250 mL 锥形瓶中，加 1 滴 1 g · L^{-1}甲基红（能否用酚酞代替甲基红？为什么?)，再滴加 7 mol · L^{-1}氨水（加入缓冲溶液前先加入氨水起什么作用?）中和溶液由红至稳定的黄色，再补加约 20 mL H_2O，5 mL Mg-EDTA 溶液（是否需要准确加入？用什么量取?)，10 mL NH_3-NH_4Cl 缓冲溶液，2 ~ 3 滴铬黑 T 指示剂，用待标定的 EDTA 溶液滴定溶液由酒红色变为蓝绿色为终点，记下消耗的 EDTA 体积，平行滴定 3 次，计算 EDTA 的准确浓度。

C 水硬度的测定

a 总硬度的测定

自来水先放水数分钟，用一个干净的大烧杯或试剂瓶接自来水 500 ~ 1000 mL，用移液管吸取水样 100.00 mL 自来水于 250 mL 锥形瓶中，加入 3 mL 200 g · L^{-1}三乙醇胺溶液（加入三乙醇胺的作用是什么？用什么量取三乙醇胺?)，5 mL pH 值为 10 的 NH_3-NH_4Cl 缓冲溶液（三乙醇胺和氨性缓冲溶液的加入顺序是否能相反？为什么?)，再加 2 ~ 3 滴铬黑 T 指示剂，用 EDTA 标准溶液滴定至溶液由酒红色刚好变为纯蓝色。整个滴定过程应在 5 min 内完成，记录 EDTA 用量 V_1（mL）。同时做空白试验，平行测定 3 次，计算水样的总硬度，以 $\rho(CaCO_3)$（mg · L^{-1}）表示结果。

b Ca^{2+} 的测定

另取 100.00 mL 自来水样于 250 mL 锥形瓶中，加入 2 mL 6 mol · L^{-1} NaOH 溶液摇匀，加入 4 ~ 5 滴钙指示剂，用 EDTA 标准溶液滴定至酒红色变为纯蓝色。整个滴定过程应在 5 min 内完成，记录 EDTA 用量 V_2（mL）。同时做空白试验，平行测定 3 次，计算 Ca^{2+} 的浓度，进而计算 Mg^{2+} 的浓度。

D 数据记录与处理

a EDTA 标准溶液浓度的标定

EDTA 标准溶液浓度的标定见表 5-2。

表 5-2 EDTA 标准溶液浓度的标定

记录项目		滴定次序		
		1	2	3
m_{CaCO_3}/g				
$c_{Ca^{2+}}$/mol · L^{-1}				
$V_{Ca^{2+}试}$/mL				
滴定实验消耗 EDTA/mL	初读数/mL			
	终读数/mL			
	净用体积 V_Y/mL			
c_Y/mol · L^{-1}				
$\bar{c}_Y$/mol · L^{-1}				
相对平均偏差/%				

b 自来水总硬度的测定

自来水总硬度的测定见表5-3。

表5-3 水总硬度的测定

记录项目		滴定次序		
		1	2	3
$\bar{c}_Y$/mol·L^{-1}				
$V_{水样}$/mL				
第一次滴定实验消耗EDTA/mL	初读数/mL			
	终读数/mL			
	净用体积 V_1/mL			
第二次滴定实验消耗EDTA/mL	初读数/mL			
	终读数/mL			
	净用体积 V_2/mL			
总硬度（$CaCO_3$）/mol·L^{-1}				
平均值（$CaCO_3$）/mol·L^{-1}				
相对平均偏差/%				
$c_{Ca^{2+}}$/mol·L^{-1}				
$\bar{c}_{Ca^{2+}}$/mol·L^{-1}				
相对平均偏差/%				
$\bar{c}_{Mg^{2+}}$/mol·L^{-1}				

E 课后思考题

（1）以 $CaCO_3$ 为基准物，以钙指示剂为指示剂标定EDTA时，应控制溶液的酸度为多少？为什么，怎样控制？

（2）简述Mg-EDTA提高终点敏锐度的原理。

（3）如果只有铬黑T，能否测定 Ca^{2+} 的含量，如何测定。

【D】任务评价

我国GB 5749—2022《生活饮用水卫生标准》规定，生活饮用水的总硬度不得超过450 mg·L^{-1}（以 $CaCO_3$ 计）。

根据本实验分析结果，评价该水样的水质是否达到国家标准关于总硬度要求。

任务5.2 环境监测：水中高锰酸盐指数的测定

【A】任务提出

高锰酸盐指数是指在酸性或碱性介质中，以高锰酸钾为氧化剂，处理水样时所消耗的量。水中的亚硝酸盐、亚铁盐、硫化物等还原性无机物和在此条件下可被氧化的有机物，均可消耗高锰酸钾。因此，高锰酸钾指数常被作为地表水受有机物和还原性无机物污染程度的综合指标。

（1）预习思考题：

1）水样中加入高锰酸钾溶液煮沸时，如果褪到无色，说明什么？应如何处理；

2）高锰酸钾标准溶液是否可以直接配制？为什么；

3）用草酸钠基准物标定 $KMnO_4$ 溶液时，应严格控制哪些反应条件？为什么。

（2）实验目的：

1）掌握测定水中高锰酸盐指数的原理及方法；

2）学习并掌握氧化还原滴定的原理和技术，增强环保意识。

【B】知识准备

5.2.1　高锰酸钾标准溶液的标定

$KMnO_4$ 是氧化还原滴定中常用的氧化剂之一。高锰酸钾滴定法通常在酸性溶液中进行。市售的 $KMnO_4$ 试剂常含有少量 MnO_2 和其他杂质，如硫酸盐、氯化物及硝酸盐等；$KMnO_4$ 氧化能力很强，易和水中的有机物、空气中的尘埃及氨等还原性物质作用生成 $MnO(OH)_2$ 沉淀，且还原产物能促进 $KMnO_4$ 自身分解（分解速度随溶液的 pH 值而变化，在中性溶液中分解很慢），分解方程式如下：

$$2MnO_4^- + 2H_2O \xlongequal{} 4MnO_2 + 3O_2\uparrow + 4OH^-$$

见光时分解得更快。因此，$KMnO_4$ 溶液的浓度容易改变，必须正确地配制和保存，如果长期使用，必须定期进行标定。

采用间接法配制高锰酸钾标准溶液，配制 $KMnO_4$ 溶液时要保持微沸 1 h 或在暗处放置 1 周，待 $KMnO_4$ 把还原性杂质充分氧化后，过滤除去生成的 $MnO(OH)_2$ 沉淀。为防止 $KMnO_4$ 见光分解，应将 $KMnO_4$ 置于棕色瓶中，并于暗处避光保存，用前标定其准确浓度。

标定 $KMnO_4$ 的基准物质有很多，如 $H_2C_2O_4 \cdot 2H_2O$、$Na_2C_2O_4$、纯金属铁丝、As_2O_3 和 $(NH_4)_2FeSO_4 \cdot 6H_2O$ 等。其中最常用的基准物是 $Na_2C_2O_4$，因为 $Na_2C_2O_4$ 容易提纯，不含结晶水，不吸湿，性质稳定。$Na_2C_2O_4$ 在 105～110 ℃烘干 2 h 后冷却即可使用。标定溶液在热的强酸性介质中，其反应如下：

$$2MnO_4^- + 5C_2O_4^{2-} + 16H^+ \xlongequal{} 2Mn^{2+} + 10CO_2\uparrow + 8H_2O$$

滴定时利用 MnO_4^- 本身的紫红色指示终点。为了使该反应能够定量而较快地进行，应注意以下滴定条件。

（1）温度：此滴定反应，开始时反应速度较慢，必须将溶液加热到 75～85 ℃。但温度也不能太高，若超过 90 ℃，则会使 $H_2C_2O_4$ 分解。

$$H_2C_2O_4 \xlongequal{} CO_2\uparrow + CO\uparrow + H_2O$$

（2）酸度：酸度过低，$KMnO_4$ 易分解为 MnO_2；酸度过高，会促使 $H_2C_2O_4$ 分解。滴定的适宜酸度一般为 $c(H^+) \approx 1\ mol \cdot L^{-1}$。

（3）滴定速度：MnO_4^- 与 $C_2O_4^{2-}$ 的反应是自身催化反应，产物 Mn^{2+} 是催化剂。开始滴定时，$KMnO_4$ 溶液必须逐滴加入，加入第一滴 $KMnO_4$ 溶液后，褪色较慢，待生成 Mn^{2+} 后，由于 Mn^{2+} 的催化作用，加快了反应速度。随着溶液中 Mn^{2+} 含量的增加，滴定速度也可适当加快。否则，部分 $KMnO_4$ 来不及与 $C_2O_4^{2-}$ 反应，就在热的酸性溶液中发生分解：

$$4MnO_4^- + 12H^+ = 4Mn^{2+} + 5CO_2\uparrow + 6H_2O$$

（4）滴定终点：达到滴定终点后稍过量的 MnO_4^- 使溶液呈粉红色而指示终点的到达。该终点颜色不太稳定，这是因为空气中的还原性气体及尘埃都能还原 MnO_4^-，使溶液的粉红色逐渐消失。所以，滴定时溶液中出现的粉红色如在 30 s 内褪色，即可认为已经达到滴定终点。但是当 $KMnO_4$ 标准溶液浓度很稀时，最好采用适当的氧化还原指示剂如二苯胺磺酸钠来确定终点。

根据 $Na_2C_2O_4$ 的重量和所消耗 $KMnO_4$ 溶液的体积，可以计算 $KMnO_4$ 溶液的准确浓度。

5.2.2 水中高锰酸盐指数的测定

5.2.2.1 水中高锰酸盐指数测定的原理

高锰酸盐指数亦称为化学需氧量的高锰酸钾法，是指在酸性或碱性介质中，用高锰酸钾氧化水样中的某些有机物及无机还原性物质，由消耗的高锰酸钾计算相当的氧量，通常用每升水消耗 O_2 的量（$mg \cdot L^{-1}$）表示。水样的高锰酸盐指数与测试条件有关，因此应严格控制反应条件，按规定的操作步骤进行测定。

由于高锰酸盐指数的测定在规定条件下，水中有机物只能部分被氧化，易挥发的有机物不包含在测定值之内，并不是理论上的需氧量，也不是反映水体中总有机物含量的尺度。因此，使用高锰酸盐指数这一术语作为水质的一项指标，以有别于重铬酸钾法的化学需氧量（应用于工业废水），更符合客观事实。

高锰酸盐指数的测定分为酸性高锰酸钾法和碱性高锰酸钾法。酸性高锰酸钾法适用于 Cl^- 含量小于 300 $mg \cdot L^{-1}$ 的生活饮用水及其水源的水样。当水样 Cl^- 含量大于 300 $mg \cdot L^{-1}$ 时，应改用碱性高锰酸钾法。

酸性高锰酸钾法是指在酸性条件下，向水样 V_s（mL）中准确加入适当过量的 $KMnO_4$ 标准溶液 V_1（mL），并加热溶液让其充分反应，然后再向溶液中准确加入过量的 $Na_2C_2O_4$ 标准溶液 V_3（mL）还原多余的 $KMnO_4$，剩余的 $Na_2C_2O_4$ 再用 $KMnO_4$ 标准溶液返滴定，记消耗 $KMnO_4$ 溶液 V_2（mL）。根据 $KMnO_4$ 的浓度和水样所消耗的 $KMnO_4$ 溶液体积，计算水样的高锰酸盐指数。相关的反应方程式如下：

$$4MnO_4^- + 5C + 12H^+ = 4Mn^{2+} + 5CO_2\uparrow + 4H_2O$$

$$2MnO_4^- + 5C_2O_4^{2-} + 16H^+ = 2Mn^{2+} + 10CO_2\uparrow + 8H_2O$$

这里 C 泛指水中的还原性物质，主要为有机物。

根据反应的计量关系，可知高锰酸盐指数（以 O_2 计）的计算式为：

$$\rho = \frac{\left[\frac{5}{4}c_{MnO_4^-}(V_1 + V_2) - \frac{1}{2}c_{C_2O_4^{2-}}V_3\right]M_{O_2}}{V_S} \times 1000$$

式中，ρ 为高锰酸盐指数（以 O_2 计）的质量浓度，$mg \cdot L^{-1}$。

该方法的检出下限为 0.5 $mg \cdot L^{-1}$，检出上限为 4.5 $mg \cdot L^{-1}$。若用上述方法测得高锰酸盐指数大于 5 $mg \cdot L^{-1}$，则应少取水样并经适当稀释后再测定，但须做空白实验，并对计算公式作相应的修正（见中华人民共和国国家标准 GB/T 5750.7—2023 生活饮用水标准检验方法　第7部分：有机物综合指标）。

若水样中Cl^-含量较高（大于300 mg·L^{-1}）时，会发生以下反应：

$$2MnO_4^- + 10Cl^- + 16H^+ = 2Mn^{2+} + 5Cl_2\uparrow + 8H_2O$$

可加入Ag_2SO_4消除干扰，也可改用碱性高锰酸钾法进行测定。有关反应为：

$$4MnO_4^- + 3C + H^+ = 4MnO_2 + 3CO_2\uparrow + 4OH^-$$

然后将溶液调成酸性，加入$Na_2C_2O_4$，把MnO_2和过量的$KMnO_4$还原，再利用$KMnO_4$标准溶液滴定水样呈微红色即为终点。

由上述反应可知，在碱性溶液中进行氧化，虽然生成MnO_2，但最后仍被还原成Mn^{2+}，所以酸性溶液中和碱性溶液中所得的结果相同。

若水样中含有F^-、H_2S（或S）等还原性物质，也会干扰测定，可在冷的水样中直接用$KMnO_4$滴定至微红色后，再进行高锰酸盐指数的测定。

【C】任务实施

5.2.2.2　水中高锰酸盐指数的测定

A　仪器与试剂

仪器包括分析天平、托盘天平、恒温水浴锅、电炉、称量瓶、烧杯、锥形瓶（250 mL）、表面皿、微孔玻璃漏斗、棕色试剂瓶（500 mL）、量筒（10 mL，50 mL）、酸式滴定管（50 mL）、移液管（10 mL，25 mL，100 mL）、容量瓶（250 mL）。

试剂包括：$KMnO_4$（s，AR）、H_2SO_4溶液（6 mol·L^{-1}）。

$Na_2C_2O_4$基准物（s，AR）：在105～115 ℃条件下烘干2 h备用。

B　0.02 mol·L^{-1} $KMnO_4$溶液的配制与标定

a　0.02 mol·L^{-1} $KMnO_4$溶液的配制

称取约1.7 g $KMnO_4$固体（稍高于理论计算量），加入适量煮沸冷却的蒸馏水使其溶解后，用水稀释至约500 mL，摇匀，塞好，置于暗处7～10 d或加热煮沸并保持微沸1 h（由于要煮沸使水蒸发，可适当多加些水），冷却后，用微孔玻璃砂芯漏斗（或玻璃棉）（是否可以用滤纸?）将溶液中的沉淀过滤去；配好的溶液$KMnO_4$应于棕色瓶中暗处保存，备用。

b　$KMnO_4$标准溶液的标定

高锰酸钾标准溶液的配置与标定

差量法称取0.15～0.2 g的$Na_2C_2O_4$三份（准确至0.0001 g），分别置于250 mL锥形瓶中，加40 mL H_2O使之溶解，加入10 mL 3 mol·L^{-1} H_2SO_4溶液，加热至75～85 ℃（锥形瓶口开始有冒蒸汽时），趁热用$KMnO_4$溶液进行滴定。开始滴定时，速度宜慢，锥形瓶中颜色消失后再滴第二滴。待生成Mn^{2+}后，反应速度加快，可以适当快滴，但仍逐滴加入。直至溶液呈现微红色，30 s内不褪色即为终点，记下终读数。滴定完毕时的温度不应低于60 ℃（否则反应速度慢而影响终点的观察与准确性）。根据$Na_2C_2O_4$的重量和所消耗$KMnO_4$溶液的体积，可以计算$KMnO_4$溶液的准确浓度。相对平均偏差应在0.2%以内，平行三次的极差应小于0.05 mL。

C　水中高锰酸盐指数的测定步骤

a　0.002 mol·L^{-1} $KMnO_4$标准溶液的配制

移取25.00 mL约0.02 mol·L^{-1} $KMnO_4$标准溶液于250 mL容量瓶中，加蒸馏水稀释

至刻度，摇匀即可。

b 0.005 mol·L^{-1} $Na_2C_2O_4$ 标准溶液的配制

准确称取0.16~0.18 g 在105 ℃烘干2 h 并冷却的 $Na_2C_2O_4$ 基准物质，置于小烧杯中，用适量蒸馏水溶解后，定量转移至250 mL 容量瓶中，加蒸馏水稀释至刻度，摇匀。按实际称取质量计算其准确浓度。

c 水中高锰酸盐指数的测定

准确移取10~100 mL❶ 水样于250 mL 锥形瓶中，加入6 mol·L^{-1} H_2SO_4 溶液5 mL，再用滴定管或移液管准确加入0.002 mol·L^{-1} $KMnO_4$ 标准溶液10.00 mL，摇匀，立即放入沸水浴中加热30 min（重新沸腾时，水浴沸水溶液液面要高于反应溶液的液面，水浴沸腾开始计时），此时红色不应褪去，若红色褪去说明水样中的有机物含量较高，应补加适量的 $KMnO_4$ 标准溶液至溶液呈稳定的红色，记下 $KMnO_4$ 标准溶液用量 V_1。

取下锥形瓶，冷却1 min 后（约80 ℃），加入10.00 mL 0.005 mol·L^{-1} $Na_2C_2O_4$ 标准溶液，充分摇匀（此时溶液应为无色，若仍为红色，再补加5.00 mL），趁热用0.002 mol·L^{-1} $KMnO_4$ 标准溶液滴至微红色，30 s 内不褪色即为终点，记下此步 $KMnO_4$ 标准溶液的用量 V_2。平行测定3次。

另取100 mL 蒸馏水代替水样进行实验，溶液操作，求空白值，计算水中高锰酸盐指数时将空白值减去。

D 数据记录与处理

a $KMnO_4$ 标准溶液的标定（表5-4）

表5-4 $KMnO_4$ 溶液的标定

记录项目		滴定次序		
		1	2	3
（称量瓶+草酸钠）质量（倒出前）/g				
（称量瓶+草酸钠）质量（倒出后）/g				
倒出 $Na_2C_2O_4$ 的质量/g				
$V(KMnO_4)$/mL	终读数/mL			
	初读数/mL			
	净用体积/mL			
c_{KMnO_4}/mg·L^{-1}				
$KMnO_4$ 平均浓度/mg·L^{-1}				
相对平均偏差/%				

❶ 水样采集后，应采集 H_2SO_4 使pH值小于2，以抑制微生物繁殖。试样尽快分析，必要时在0~5 ℃保存，应在48 h 内测定。取水样的量由外观可初步判断：洁净透明的水样取100 mL，污染严重、混浊的水样取10~30 mL，补加蒸馏水至100 mL。

b　高锰酸盐指数的测定（表 5-5）

表 5-5　高锰酸盐指数的测定

<table>
<tr><td colspan="2">编　号</td><td>1</td><td>2</td><td>3</td></tr>
<tr><td colspan="2">$V_{水样}$/mL</td><td></td><td></td><td></td></tr>
<tr><td colspan="2">V_1/mL</td><td></td><td></td><td></td></tr>
<tr><td colspan="2">加热时间/min</td><td></td><td></td><td></td></tr>
<tr><td colspan="2">V_3/mL</td><td></td><td></td><td></td></tr>
<tr><td rowspan="3">V_2/mL</td><td>终读数/mL</td><td></td><td></td><td></td></tr>
<tr><td>初读数/mL</td><td></td><td></td><td></td></tr>
<tr><td>净用体积/mL</td><td></td><td></td><td></td></tr>
<tr><td colspan="2">(V_1+V_2)/mL</td><td></td><td></td><td></td></tr>
<tr><td colspan="2">高锰酸盐指数（O_2）/mg·L^{-1}</td><td></td><td></td><td></td></tr>
<tr><td colspan="2">平均值（O_2）/mg·L^{-1}</td><td colspan="3"></td></tr>
<tr><td colspan="2">相对平均偏差/%</td><td colspan="3"></td></tr>
</table>

E　课后思考题

（1）水样的采集及保存应当注意哪些事项？

（2）酸性溶液测定水样高锰酸盐指数时，若加热煮沸出现棕色是什么原因？需要重做吗？而碱性溶液测定高锰酸盐指数时，出现绿色或棕色可以吗？为什么？

（3）哪些因素影响高锰酸盐指数测定的结果，为什么？可以采用哪些方法避免水中 Cl^- 对测定结果的影响？

（4）按照本次实验步骤，在计算分析结果时，是否需要已知高锰酸钾溶液的准确浓度？为什么？

【D】任务评价

我国 GB 5749—2022《生活饮用水卫生标准》规定，生活饮用水的高锰酸盐指数（以 O_2 计）不能超过 3 mg·L^{-1}。

试根据实验结果，分析水样的指标是否符合生活饮用水标准。

【E】任务拓展

测定土壤有机物质含量可以评价土壤健康状况。良好的土壤健康状况可以提高农业生产效率，并降低农业污染的危害。土壤有机物质是指各种动植物残体以及微生物及其生命活动的产物，其中经过复杂的生物化学转化过程而相对稳定的是微生物生命活动形成的土壤腐殖质。腐殖质是土壤中结构复杂的有机物质，其含量与土壤的肥力有密切关系。

请设计一个测定土壤腐殖质含量的实验方案。

任务 5.3　环境监测：水中氯含量的测定

【A】任务提出

余氯是自来水水质标准中唯一人为添加的物质，必须有又不能过量。余氯含量如果过低，导致管网末端细菌滋生，无法达到预期的消毒效果，水质恶化无法使用。如果含量过高，毕竟氯化物过高含量也是对人身体健康有害的。氯含量的测定是常规又关键的一个基本指标。

（1）预习思考题：

1）莫尔法测定 Cl^- 的酸度条件是什么？为何控制此酸度；

2）在实验中可能有哪些离子干扰氯的测定？如何消除干扰。

（2）实验目的：

1）掌握莫尔法测定氯离子的原理、条件和方法；

2）了解莫尔法的应用，指示剂的选择及滴定终点的正确判断。

【B】知识准备

5.3.1 沉淀滴定法的实验原理与水中氯含量的测定

5.3.1.1 沉淀滴定法的实验原理

沉淀滴定法是利用沉淀反应进行的滴定分析方法。要求沉淀的溶解度小，即反应需定量、完全；沉淀的组成要固定，即被测离子与沉淀剂之间要有准确的化学计量关系；沉淀的速度要快；沉淀吸附的杂质少；且要有适当的指示剂指示滴定终点。形成沉淀的反应虽然很多，但同时满足上述要求的反应并不多。目前应用比较较多的是以硝酸银为滴定剂，用于测定卤素离子、拟卤素阴离子（如 SCN^-、CN^-）的沉淀滴定法，也称银量法。根据所用指示剂的不同，银量法可分为莫尔法、佛尔哈德法、法扬司法等。

A 莫尔法——铬酸钾作指示剂

此法是在中性或弱碱性溶液中，以 K_2CrO_4 为指示剂，用 $AgNO_3$ 标准溶液进行直接滴定 Cl^-。由于 AgCl 沉淀的溶解度比 Ag_2CrO_4 小，因此，溶液中首先析出 AgCl 沉淀。当 AgCl 定量沉淀后，微过量的 $AgNO_3$ 溶液即与 CrO_4^{2-}，生成砖红色 Ag_2CrO_4 沉淀，指示达到终点，反应式如下：

$$Ag^+ + Cl^- \longrightarrow AgCl\downarrow\text{（白色）} \qquad K_{sp} = 1.8\times10^{-10}$$

$$2Ag^+ + CrO_4^{2-} \longrightarrow Ag_2CrO_4\downarrow\text{（砖红色）} \qquad K_{sp} = 2.0\times10^{-12}$$

等物质的量的关系式为： $n(Cl^-) = n(Ag^+)$

滴定必须在中性或弱碱性溶液中进行，最适宜的pH值范围为6.5～10.5[1]。如果有铵盐存在，溶液的pH值需控制在6.5～7.2。所以若试液的酸性太强，应用 $NaHCO_3$ 中和；若碱性太强，应用稀硝酸中和；调制适宜的pH值后，再进行滴定。

指示剂的用量对滴定有影响。Ag^+ 滴定 Cl^- 达计量点时，铬酸银沉淀恰好出现的 $c(CrO_4^{2-}) = 0.058\ mol\cdot L^{-1}$，高于此值，终点提前；低于此值，终点推迟。而由于 CrO_4^{2-}

[1] 酸度过低，产生 Ag_2O 沉淀；酸度过高，CrO_4^{2-} 会以 $HCrO_4^-$ 形式存在或部分转变为 $Cr_2O_7^{2-}$，使终点延后。若有 NH_4^+ 存在，可与 Ag^+ 形成 $[Ag(NH_3)_2]^+$ 而引起误差，因此滴定时溶液pH值应控制在6.5～7.2较为适宜。当 NH_4^+ 浓度大于 $0.1\ mol\cdot L^{-1}$ 时，滴定误差可超过0.2%，便不能直接用莫尔法测定 Cl^-。应先在试液中加入适量的碱将生成的 NH_3 挥发除去，再用酸调节溶液的pH值至适当范围后继续测定。

的黄色影响终点观察，故其实际用量一般以 5×10^{-3} mol·L^{-1}为宜[1]（指示剂必须定量加入）。但溶液浓度低时滴定误差较大，故浓度≤0.1 mol·L^{-1}的滴定，须做指示剂的空白校正。

由于 AgCl 沉淀显著地吸附 Cl^-，导致 Ag_2CrO_4 沉淀过早出现。为此，滴定时必须充分摇动，使被吸附的 Cl^- 释放出来，以获得准确的结果。

凡是能与 Ag^+ 生成难溶性化合物或配合物的阴离子都干扰测定，如 PO_4^{3-}、AsO_4^{3-}、SO_3^{2-}、S^{2-}、CO_3^{2-}、$C_2O_4^{2-}$ 等。其中 H_2S 可加热煮沸除去，将 SO_3^{2-} 氧化成 SO_4^{2-} 后就不再干扰测定。大量 Cu^{2+}、Ni^{2+}、Co^{2+} 等有色离子将影响终点观察。凡是能与 CrO_4^{2-} 指示剂生成难溶化合物的阳离子也干扰测定，如 Ba^{2+}、Pb^{2+} 能与 CrO_4^{2-} 分别生成 $BaCrO_4$ 和 $PbCrO_4$ 沉淀。Ba^{2+} 的干扰可通过加入过量的 Na_2SO_4 消除。Al^{3+}、Fe^{3+}、Bi^{3+}、Sn^{4+} 等高价金属离子因在中性或弱碱性溶液中易水解产生沉淀，也会干扰测定。

莫尔法可用于直接滴定 Cl^-，但不能用 NaCl 溶液滴定 Ag^+。因为滴定前 Ag^+ 与 CrO_4^{2-} 生成 Ag_2CrO_4(s)，它转为 AgCl(s) 的速率很慢。

B　佛尔哈德法——铁铵钒作指示剂

在含 Cl^- 的酸性溶液中，加入一定量且过量的 Ag^+ 标准溶液，定量生成 AgCl 沉淀后，过量 Ag^+ 以铁铵钒 $FeNH_4(SO_4)_2\cdot12H_2O$ 作指示剂，再用 NH_4SCN 标准溶液返滴定，由 $Fe(SCN)^{2+}$ 络合离子的红色来指示滴定终点。反应如下：

$$Ag^+ + Cl^- = AgCl\downarrow（白色）\qquad K_{sp}=1.8\times10^{-10}$$

$$Ag^+ + SCN^- = AgSCN\downarrow（白色）\qquad K_{sp}=1.0\times10^{-12}$$

$$Fe^{3+} + SCN^- = Fe(SCN)^{2+}（红色）\qquad K_1=138$$

指示剂用量大小对滴定有影响，一般控制 Fe^{3+} 浓度为 0.015 mol·L^{-1}为宜，能观察到明显的红色，而滴定要在 HNO_3 介质中进行。在中性或碱性介质中，Fe^{3+} 会水解；在碱性介质中 Ag^+ 会生成 Ag_2O 沉淀，在氨性溶液中会生成 $[Ag(NH_3)]^+$；在酸性溶液中还可避免许多阴离子的干扰。因此滴定时，需要控制氢离子浓度为 0.1～1 mol·L^{-1}。

滴定时剧烈摇动溶液，并加入硝基苯（有毒）或石油醚保护 AgCl 沉淀，使其溶液隔开，防止 AgCl 沉淀与发生置换反应而消耗滴定剂，防止终点过早出现。

能与 SCN^- 生成沉淀或生成配合物，或能氧化 SCN^- 的物质均有干扰。PO_4^{3-}、AsO_4^{3-}、CrO_4^{2-} 等离子，由于酸效应的作用不影响测定。

佛尔哈德法常用于直接测定银合金和矿石中的银的含量。

C　法扬司法——吸附指示剂

吸附指示剂是一类有色染料，也是一些有机化合物。它的阴离子在溶液中容易被带正电荷的胶状沉淀所吸附，使分子结构发生变化而引起颜色的变化，以指示滴定终点。

各种指示剂的特性相差很大。滴定条件、酸度要求、适用范围等都不相同。另外，指示剂的吸附性能要适当，不能过大或过小，否则变色不敏锐。常用的吸附指示剂有荧光黄、曙红、甲基紫等。

地表水和地下水都含有氯化物，主要是其钠、钙、镁的盐类。自来水因用漂白粉消毒

---

[1] 一般 50～100 mL 溶液中加入 50 g·L^{-1} K_2CrO_4 溶液 1～2 mL。

时也会带入一定量的氯化物。水中氯离子含量或某些可溶性氯化物中氯含量的测定可采用莫尔法。

【C】任务实施

5.3.1.2 水中氯含量的测定

A 仪器与试剂

仪器包括：分析天平、烧杯、锥形瓶、容量瓶（100 mL，500 mL）、移液管（1 mL，10 mL，100 mL）和酸式滴定管（50 mL）。

试剂包括：$AgNO_3$（固体）、酚酞（10 g·L^{-1}，乙醇溶液）、HNO_3 溶液（0.05 mol·L^{-1}）、NaOH 溶液（2 g·L^{-1}）和淀粉溶液（10 g·L^{-1}）。

NaCl 基准物质（固体）：在 700 ℃灼烧 1 h 后置于干燥器中冷却，也可将 NaCl 置于带盖的瓷坩埚中，加热并不断搅拌，待爆炸声停止后，继续加热 15 min，将瓷坩埚放入干燥器中冷却后使用。

K_2CrO_4 溶液（50 g·L^{-1}）：称取 5.0 g K_2CrO_4 溶于适量水中，稀释至 100 mL。

B $AgNO_3$ 标准溶液的配制与标定

a 0.1 mol·L^{-1} $AgNO_3$ 标准溶液的配制

称取 8.5 g $AgNO_3$，溶于 500 mL 不含 Cl^- 的蒸馏水中，摇匀，将溶液转入具有玻璃塞的棕色试剂瓶中，置暗处保存，以防止光照分解❶。

b $AgNO_3$ 标准溶液的标定

称取 0.20～0.24 g（称准至 0.0001 g）的 NaCl 基准试剂，溶于 70 mL 水，加入 10 mL 10 g·L^{-1} 淀粉溶液及 2 mL 50 g·L^{-1} K_2CrO_4 溶液，在不断摇动条件下，用待标定的 $AgNO_3$ 标准溶液滴定至白色沉淀中刚出现砖红色沉淀即为终点❷（银为重金属，含 AgCl 的废液应回收处理），记下所消耗的体积。平行标定 3 次，根据 $AgNO_3$ 溶液的体积和 NaCl 的质量，计算 $AgNO_3$ 溶液的浓度。

c 0.01 mol·L^{-1} $AgNO_3$ 标准滴定溶液的配制

临用前用 0.1 mol·L^{-1} $AgNO_3$ 标准溶液稀释至 100 mL。

C 水中氯化物含量的测定

准确吸取水样 100.00 mL 于 250 mL 锥形瓶中，加入 2 滴酚酞指示液，用 NaOH 溶液或硝酸溶液调节水样的 pH 值，使红色刚好变无色。加入 1 mL 50 g·L^{-1} K_2CrO_4 溶液，在不断摇动条件下，最好在白色背景条件下，用 0.01 mol·L^{-1} $AgNO_3$ 标准滴定溶液滴定至出现砖红色即为终点，记下消耗的体积。平行测定 3 次。

D 空白试验

取 1 mL 50 g·L^{-1} K_2CrO_4 指示剂溶液，加入适量的蒸馏水，然后加入无 Cl^- 的 $CaCO_3$ 固体（相当于滴定时 AgCl 的沉淀量），制成相似于实际滴定的混浊溶液。逐渐滴入 $AgNO_3$ 标准滴定溶液，至与终点颜色相同为止，记录读数。从滴定水中所消耗的 $AgNO_3$ 体积中扣除此读数。

---

❶ $AgNO_3$ 试剂及其溶液具有腐蚀性，能破坏皮肤组织，注意切勿接触皮肤及衣服。

❷ 滴定终点的颜色是白色的 AgCl 沉淀中混有少量砖红色的 Ag_2CrO_4 沉淀，接近于浅橙色即可，要防止滴过。

实验完毕后，将装 $AgNO_3$ 溶液的滴定管先用蒸馏水冲洗 2～3 次，再用自来水洗净，以免 AgCl 残留于滴定管内。

E　实验结果

a　$AgNO_3$ 标准溶液的标定（表 5-6）

表 5-6　$AgNO_3$ 标准溶液的标定

记录项目		滴定次序		
		1	2	3
m_{NaCl}/g				
c_{NaCl}/mg·L^{-1}				
$V_{NaCl基准}$/mL				
$V(AgNO_3)$/mL	终读数/mL			
	初读数/mL			
	净用体积/mL			
c_{AgNO_3}/mg·L^{-1}				
$AgNO_3$ 平均浓度/mg·L^{-1}				
相对平均偏差/%				

b　水中氯化物含量的测定（表 5-7）

表 5-7　水中氯化物含量的测定

记录项目		滴定次序		
		1	2	3
c_{AgNO_3}/mg·L^{-1}				
$V_水$/mL				
$V(AgNO_3)$/mL	终读数/mL			
	初读数/mL			
	净用体积/mL			
$AgNO_3$ 平均体积/mL				
相对平均偏差/%				
空白值/mL				
空白平均值/mL				
试样中氯的含量/mg·L^{-1}				

F　课后思考题

（1）为什么测定稀溶液的 Cl^- 含量时要进行空白实验校正？

（2）测定 NH_4Cl 和 NaCl 混合溶液中 Cl^- 时，溶液 pH 值应如何控制？为什么？

（3）用 K_2CrO_4 作指示剂，能否用 NaCl 标准溶液滴定 $AgNO_3$？为什么？

【D】任务评价

根据中华人民共和国国家标准 GB 5749—2022 生活饮用水标准中规定，氯化物含量≤

250 mg · L^{-1}。

请根据实验结果，判断水质是否符合国家标准要求。

【E】任务拓展

请根据莫尔法的原理，设计实验测定食盐中 Cl^-的含量。

【F】知识拓展

环境监测的内容及方法

环境监测是指环境监测机构对环境质量状况进行监视和测定的活动。环境监测是通过对反映环境质量的指标进行监视和测定，以确定环境污染状况和环境质量的高低。环境监测是生态环境保护的基础，是生态文明建设的重要支撑。

环境监测的内容主要包括化学指标的监测、物理指标的监测和生态系统的监测。环境监测行业的产业链包括多个环节，其中上游主要包括环境监测设备的生产和供应；中游为环境监测服务的提供；下游则是环境监测的应用领域。目前，我国已经建立了较为完善的环境监测网络和体系，涵盖了大气、水质、土壤、生态等多个领域。

根据监测目的不同，环境监测可分为监视性监测、特定目的监测和研究性监测。监视性监测是指对污染源排放和区域环境质量进行的例行监测，如对污染物浓度、排放总量、空气、水质、土壤、噪声等监测，是环境监测的主体，是环境综合整治和环境管理的基础。特定目的监测是指因环境管理或环境科研需要而进行的非常规性监测，如污染事故监测、纠纷仲裁监测、考核验证监测和咨询服务监测等，监测的内容由监测目的来确定。研究性监测是为研究环境质量，发展监测方法学、监测技术和监测管理而进行的探索，是推动环境监测和环境科学发展的基础性工作。

环境监测的分析方法有多种，包括化学分析法、仪器分析法、物理分析法和生物分析法等。其中，最常用的方法是化学分析法，它可以对环境中的液体、气体、固体等样品进行分析，以确定污染物的种类和浓度。仪器分析法则拥有更高的灵敏度和精密度，可以用于检测痕量污染物。物理分析法则利用物理原理来检测环境污染物的物理性质。生物分析法则利用生物体的反应来检测环境污染对生物体产生的影响。

环境监测行业未来将朝着智能化、多元化、自动化、标准化和跨界融合的方向发展。随着技术的不断创新和进步，环境监测将更加精准、高效和可靠，满足不同用户的需求。同时，跨界融合也将成为行业发展的新趋势，推动环境监测与其他领域的深度融合，促进产业转型升级和可持续发展。

（资料来源：来自华经情报网，2023年中国环境监测行业现状及发展趋势分析，跨界融合将成为行业发展的新趋势）

任务5.4　环境监测：水中硫酸盐含量的测定

【A】任务提出

可溶性硫酸盐在自然界中大量存在，因而天然水中大多含有硫酸盐。饮用水中含有少量硫酸盐对人体健康没有什么影响，SO_4^{2-} 含量超过250 mg · L^{-1}时，则有苦涩味，还会引起腹泻。

水中硫酸盐含量是划分水化学类型，进行水质评价和显示某种水文地球化学特征的重要指标。因此，测定水中 SO_4^{2-} 含量十分必要，是水质常规分析中的重要项目之一。

（1）预习思考题：

1）“恒重”的概念是什么？怎样才能把灼烧后的沉淀称准；

2）如何判断沉淀是否完全？沉淀剂过量太多，会有什么影响；

3）什么叫倾析法过滤？洗涤沉淀时，为什么用洗涤液或蒸馏水都要少量、多次。

（2）实验目的：

1）学习用重量法测定硫酸根含量的原理和方法；

2）掌握晶形沉淀的制备、过滤、洗涤、灼烧及恒重等基本操作。

【B】知识准备

称量分析方法是定量化学分析之一，是利用物理或化学方法将试样中的待测组分与其他组分分离，然后通过称量确定待测组分含量的方法，又叫重量分析方法。称量分析法主要有三种方法：（1）挥发法（汽化法），如水分的测定、蒸发和灼烧残留物的测定；（2）电解法；（3）沉淀法，即将待测组分生成沉淀从试样中分离出来，经处理后称其质量计算结果。其中沉淀法应用较多，本节主要介绍沉淀重量法。

重量分析法不需要基准物质，通过直接沉淀和对沉淀物的称量而测得物质的含量，其测定结果的准确度很高。尽管沉淀重量法的操作过程较长，手续繁多，但高含量组分的分析，准确度高，故常作为标准方法，目前仲裁分析中仍然经常使用。

5.4.1　重量分析中的操作

重量分析的基本操作包括：沉淀物的形成、沉淀物的过滤和洗涤、烘干和灼烧、称量等步骤。

5.4.1.1　沉淀物的形成

沉淀操作中应注意沉淀剂的加入和沉淀条件的控制，并且确保沉淀过程完全。沉淀的形成一般要经过晶核的形成和晶核长大两个过程。根据沉淀的性质采取不同的操作方法。

A　晶形沉淀

准备干净烧杯，底部和内壁无纹痕，加上合适的表面皿和玻璃棒，根据沉淀物的不同性质采取不同的操作方法。形成晶形沉淀一般是在热的、较稀的溶液中进行，沉淀剂用滴管加入。操作时，左手拿滴管滴加沉淀剂溶液；滴管口需接近液面，以防溶液溅出；滴加速度要慢，接近沉淀完全时可以稍快。与此同时，右手持玻璃棒充分搅拌，注意不要碰到烧杯的壁或底。充分搅拌的目的是防止沉淀剂局部过浓而形成的沉淀太细，太细的沉淀容易吸附杂质而难以洗涤。

检查沉淀物是否完全的方法是先静置，待沉淀完全后，于上层清液液面加入少量沉淀剂，观察是否出现浑浊。如果上层清液中不出现浑浊，表示已沉淀完全；若有浑浊出现，说明沉淀尚未完全，须继续滴加沉淀剂，直到沉淀完全为止。

沉淀完全后，盖上表面皿，放置过夜或在水浴上加热 1 h 左右，使沉淀陈化。

综上所述，晶形沉淀形成的条件概括为稀、热、搅、慢、陈。

B 无定形沉淀

形成无定形沉淀物时，宜用较浓的沉淀剂，加入沉淀剂的速度和搅拌的速度都可以快些，沉淀完全后用适量热水稀释，以减少杂质的吸附。带沉淀下沉后，检查沉淀是否完全，不必放置陈化，即可进行过滤和洗涤。概括为浓、搅、快。

【知识拓展】陈化，也称老化、熟化，是指在沉淀过程中，待沉淀完全后，使溶液在一定条件下静止存放一段时间。目的是为了使溶液中各组分充分反应，或使悬浮物沉降。陈化在工业生产上是一种工艺过程，如酒的酿制，经陈酿过的酒会产生特定气味。

5.4.1.2 沉淀物的过滤和洗涤

过滤是使沉淀从溶液中分离出来；洗涤沉淀是为了除去混杂在沉淀中的母液和吸附在沉淀表面的杂质。

沉淀物的过滤和洗涤必须相继进行，不能间断，否则沉淀物干涸就无法洗净。过滤沉淀一般采用过滤或微孔玻璃坩埚。需要灼烧的沉淀物，要用定量（无灰）滤纸过滤；对于过滤后只要烘干就可进行称量的沉淀，则可用微孔玻璃坩埚过滤。

A 滤纸和漏斗的选择

应采用定量滤纸，根据沉淀物的量和沉淀的性质选用快速、中速或慢速滤纸，一般细晶形的沉淀物如 $BaSO_4$ 选用慢速滤纸，胶状沉淀如 $Fe(OH)_3$ 需选用快速滤纸。

称量分析使用的漏斗是长颈漏斗。

B 滤纸的折叠和安放

参见3.1.4.2节A常压过滤b滤纸的折叠中内容，注意撕下的滤纸角要保存在干燥的表面皿上，以备擦拭烧杯及玻璃杯上残留的沉淀之用。

C 沉淀的过滤

参见3.1.4.2节A常压过滤c过滤的操作。先将沉淀物上的清液小心倾入漏斗内，过滤完上清液后，洗涤烧杯内的沉淀物时，先用滴管将洗涤液沿烧杯四周淋洗，使黏附在杯壁的沉淀物集中到烧杯底部，用玻璃棒搅动沉淀物，注意玻璃棒不能触碰到烧杯壁和烧杯底。在充分洗涤后，待沉淀物下沉后，将上清液以倾析法过滤，洗涤数次。洗涤的次数视沉淀物的性质而定，一般晶形沉淀物洗涤2~3次，胶状沉淀物需洗5~6次。每次应尽可能把洗涤液倾尽，再加下次洗涤液。随时察看滤液是否透明不含沉淀，否则应重新过滤或重做实验。

沉淀用倾析法洗涤几次后，将沉淀定量地转移到滤纸上。转移沉淀时，先加少量洗涤液并搅动成为悬浮液，然后快速小心地以倾析法过滤，反复多次将大部分沉淀物转移到滤纸上，烧杯中最后少量的沉淀物的转移如图5-1所示，将烧杯倾斜在漏斗上方，玻璃棒架在烧杯嘴上，玻璃棒下端对着三层滤纸处，用洗瓶冲洗烧杯内壁，使沉淀物被完全冲入漏斗中。待沉淀完全转移后，用撕下的滤纸角擦拭黏附在烧杯壁和玻璃棒上的沉淀物，擦拭过的滤纸角放入漏斗的沉淀物中。仔细检查烧杯内壁、玻璃棒是否干净，直至沉淀转移完全为止。注意：如果失落一滴悬浊液，整个分析作废！

D 沉淀的洗涤

沉淀物全部转移到滤纸上后，再在滤纸上进行最后的洗涤。这时要用洗瓶中流出的细流沿滤纸边缘稍下一些的地方螺旋形向下移动冲洗沉淀，如图5-2所示。这样可使沉淀物集中到滤纸锥体的底部，注意不可将洗涤液直接冲到滤纸中央沉淀上，以免沉淀外溅。

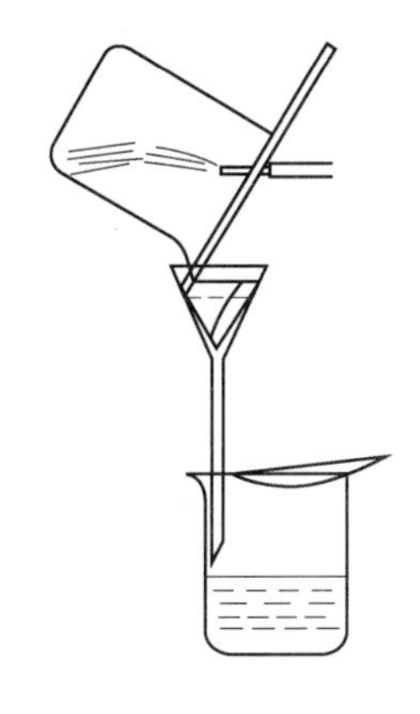

图5-1　沉淀的转移

图5-2　在漏斗中洗涤沉淀

洗涤沉淀物的目的是除去母液或吸附在表面上的杂质。洗涤时应注意沉淀物溶解的损失量，因此就要考虑到洗液的选择和沉淀的洗涤效率，理想的洗液应是对沉淀物溶解最小而最易洗去杂质。洗涤过程中，不使沉淀物产生胶溶现象，留于沉淀中的洗液，在干燥或灼烧过程中能够完全挥发逸去等。晶形沉淀物，可用冷的稀沉淀剂洗涤，利用洗涤剂产生的同离子效应，可降低沉淀的溶解量，但若沉淀剂为不易挥发的物质，则只好用水或其他溶剂来洗涤；但对非晶形沉淀物，需用热的电解质溶液为洗涤剂，以防止产生胶溶现象，多数采用易挥发的铵盐作洗涤剂；对溶解度较大的沉淀物，可采用沉淀剂加有机溶剂来洗涤，以降低沉淀的溶解度。

洗涤时应采用“少量多次”的方法，即每次加少量洗涤液，洗后尽量沥干，再加第二次洗涤液，这样既可提高洗涤效率又减少了沉淀的溶解损失。

洗涤数次后，检查沉淀是否洗净，用小试管或小表面皿接取少量滤液，检验其中的洗涤成分是否还存在。如用硝酸酸化的 $AgNO_3$ 溶液检查滤液中是否还有 Cl^-，若无白色浑浊，即可认为已洗涤完毕，否则需进一步洗涤。

5.4.1.3　沉淀物的干燥和灼烧

A　空坩埚的准备

坩埚是用来进行高温灼烧的器皿。重量分析中常用30 mL的瓷坩埚灼烧沉淀。为了便于识别坩埚，可用 $CoCl_2$ 或 $FeCl_3$ 的蓝墨水在干燥的坩埚上编号，烘干灼烧后，即可留下不褪色的字迹。

坩埚在使用前需灼烧至恒重，即两次称量相差不超过0.2 mg。方法是可将编好号、烘干的瓷坩埚，放入800～850 ℃马弗炉中灼烧（坩埚直立并盖上坩埚盖，但留有空隙），也可用燃气灯灼烧。空坩埚第一次灼烧30 min后，取出稍冷（每次冷却时间要相同），移入干燥器内冷却至室温，然后称量；第二次再灼烧15 min，冷却，称量，直至恒重。将恒重的坩埚放在干燥器中备用。

灼烧空坩埚的温度必须与灼烧沉淀的温度相同。

B　包裹沉淀物的滤纸折拢方法

重量分析中过滤所得的沉淀物要再进一步灼烧、恒重，因此沉淀物需完全保留不能损失。操作时，先从漏斗内小心地取出带有沉淀的滤纸，按图5-3所示的两种方法折叠滤纸，包裹沉淀物。沉淀包好后，将滤纸层数较多的部分向上，放入质量已恒定的空坩埚中，然后将滤纸烘干、炭化、灰化，再灼烧沉淀至恒重。

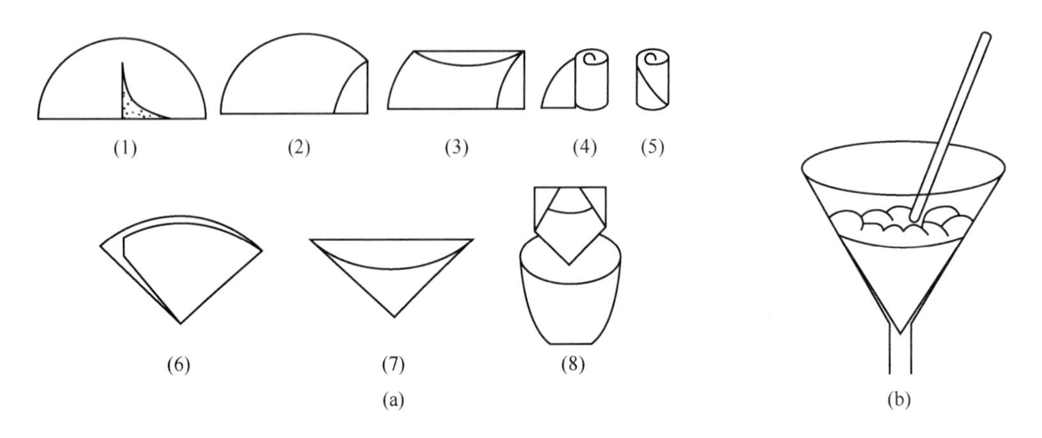

图5-3 沉淀的包裹

（a）晶形沉淀包裹的两种方法；（b）无定形沉淀的包裹

C 滤纸的烘干、炭化和灰化

将包裹沉淀物的滤纸放入坩埚中，滤纸层数多的一面朝上，这样有利于滤纸的灰化。将坩埚放在泥三角上，坩埚盖斜倚在坩埚口的中部，如图5-4(a) 所示，先用小火小心加热坩埚盖的中心，如图5-4(b) 所示，这时热空气由于对流而通过坩埚内部，使水蒸气从坩埚上部逸出，使滤纸和沉淀烘干。烘干的目的是除去沉淀中的水分，以免在灼烧沉淀时因受热不均而使坩埚破裂。待沉淀物干燥后，将燃气灯移至坩埚底部，如图5-4(c) 所示，先用小火使滤纸大部分炭化变黑，在炭化时不能让滤纸着火，否则一些微粒会因飞散而损失。万一着火，应立即移去火源，将坩埚盖盖上，使其灭火，不可用嘴吹灭。稍等片刻后再打开盖子，继续加热。待滤纸完全炭化不再冒烟后，逐渐升高温度，使滤纸灰化变白。要防止温度升得太快，坩埚中氧不足致使滤纸变成整块的炭，如果生成大块炭，则使滤纸完全灰化非常困难。

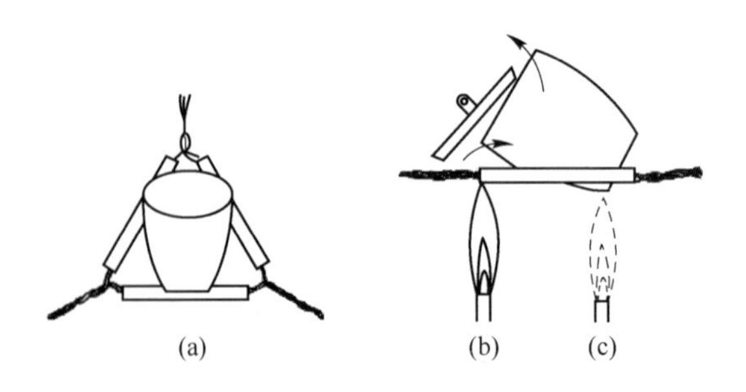

图5-4 沉淀物的炭化过程

D 沉淀物的灼烧

待滤纸完全灰化后，用燃气灯的氧化焰灼烧，一般第一次灼烧30 min，按空坩埚冷却方法冷却、称重，然后进行第二次灼烧15 min，称重，至恒重。

使用马弗炉灼烧沉淀物时，沉淀物和滤纸的干燥、炭化和灰化过程，应事先在燃气灯上进行，灰化后将坩埚移入适当温度的马弗炉中。再与灼烧空坩埚时相同温度下，第一次灼烧40～45 min，第二次灼烧20 min，冷却，称量条件同空坩埚。

移动坩埚时，必须使用干净的坩埚钳。坩埚钳用过后，钳头朝上，平放在石棉板上，如图5-5所示。

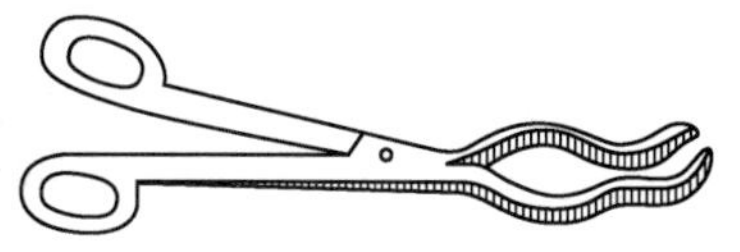

图5-5 放置坩埚钳方法

5.4.2 电热干燥箱的使用

5.4.2.1 电热干燥箱的用途及性能

电热干燥箱又称烘箱（图5-6）。干燥箱最高许可工作温度为300 ℃，适用于烘焙、干燥、热处理及其他加热，但不能将易挥发、易燃物品置入干燥箱，以免引起爆炸。

干燥箱的工作温度范围为室温至最高温度，在此范围内可以任意选定工作温度，选定后可借自动控制系统使温度恒温。

5.4.2.2 电热干燥箱的使用说明

（1）打开箱门，把需要加热处理的物品放入箱内的搁板上，关好箱门。

（2）打开电源开关，电源指示灯亮，温控仪表开始显示工作室的温度。

（3）根据被加热物品的需要，按“SET”键设定温度，利用△▽键调节数值。

（4）温度设置好后，烘箱自动加热至设定值，并恒温。

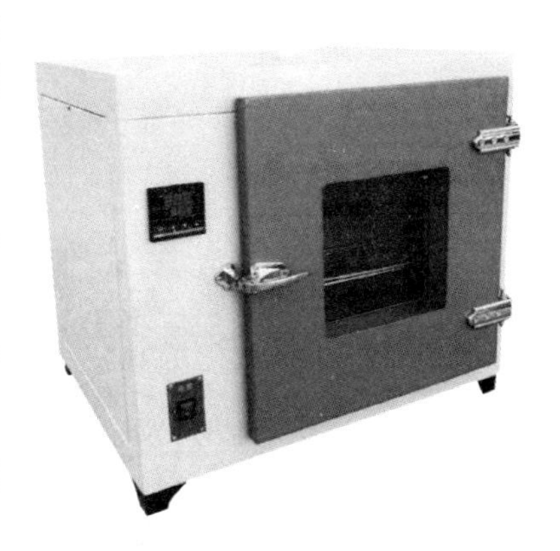

图5-6 鼓风干燥箱

（5）工作完毕后，将加热开关、鼓风开关及电源总开关关闭。

5.4.2.3 使用电热干燥箱的注意事项

（1）不得将易燃、易爆、腐蚀性物品或在加热之后会释放易燃、易爆、腐蚀性、挥发性气体的物品放入箱内进行加热。

（2）被加热物品的相对湿度不得大于85%。

（3）所需干燥物品不得大于搁板面积的70%，否则不利于物品的通风干燥。

5.4.3 马弗炉的使用

马弗炉是一种通用的加热设备。依据外观形状可分为箱式炉、管式炉和坩埚炉；按加热元件又可分为电炉丝马弗炉、硅碳棒马弗炉和硅钼棒马弗炉；按额定温度也可分为1000 ℃以下马弗炉、1000 ℃马弗炉、1200 ℃马弗炉、1300 ℃马弗炉、1400 ℃马弗炉、1600 ℃马弗炉和1700 ℃马弗炉；按控制器分为指针表、普通数字显示表、PID调节控制表和程序控制表；按保温材料来区分有普通耐火砖和陶瓷纤维两种。

马弗炉系周期作业式，高温马弗炉常用作金属、非金属等材料的加热分解、烧结、溶解、熔融、热分析等的加热设备。下面主要介绍KSL 1700X型箱式电阻炉，其外形如图5-7所示，智能仪表说明如图5-8所示。

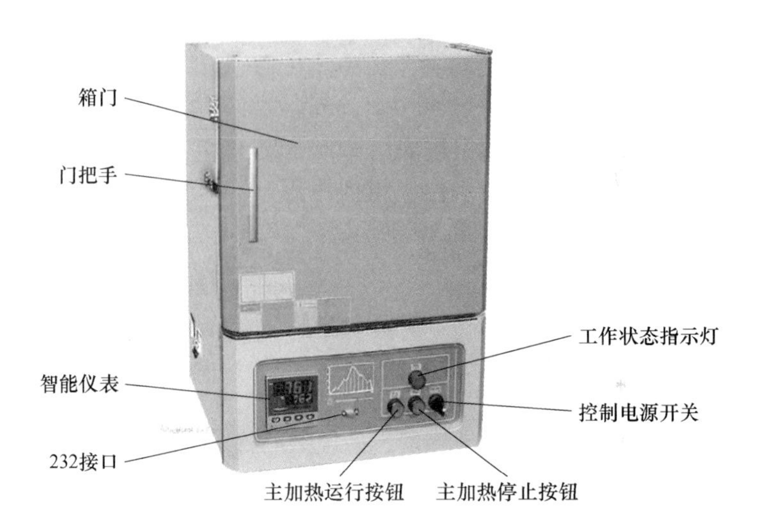

图 5-7 KSL 1700X 箱式电阻炉外形图

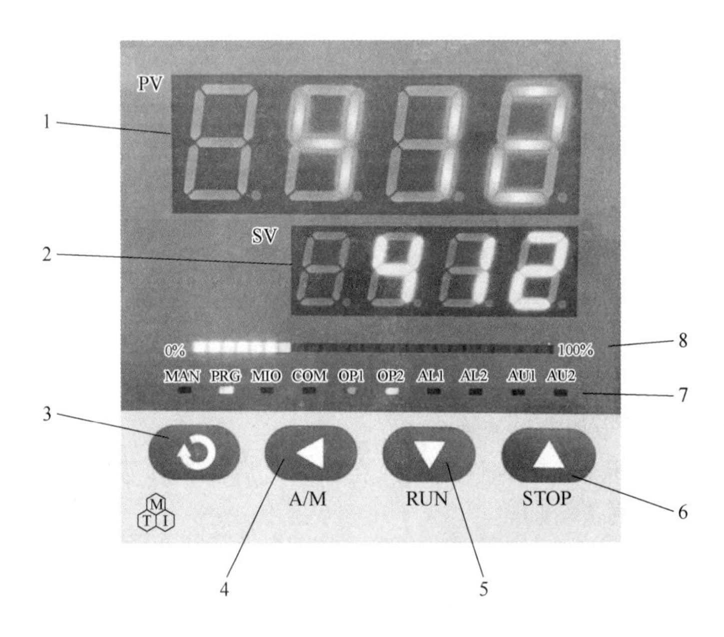

图 5-8 智能仪表说明

1—炉温显示 PV；2—预设值显示 SV；3—设置键（确认键/查看运行段和运行时间）；
4—数据移位键（兼程序设置进入）（A/M）；5—数据减少键（兼程序运行/暂停操作）（RUN）；
6—数据增加键（兼程序停止键）（STOP）；7—功能指示灯；8—输出指示

5.4.3.1 马弗炉的使用说明

（1）打开电源：拨动“Main Power”控制电源开关至“On”，打开电源，此时仪表显示仪表型号，几秒后，进入温度测量显示的基本状态，“SV”闪动显示“STOP”表示程序处于停止状态。

（2）输入程序升温曲线：图 5-9 所示的温度程序为例说明程序升温的设置，根据

图 5-9 得出表 5-8 的温度程序数据表。

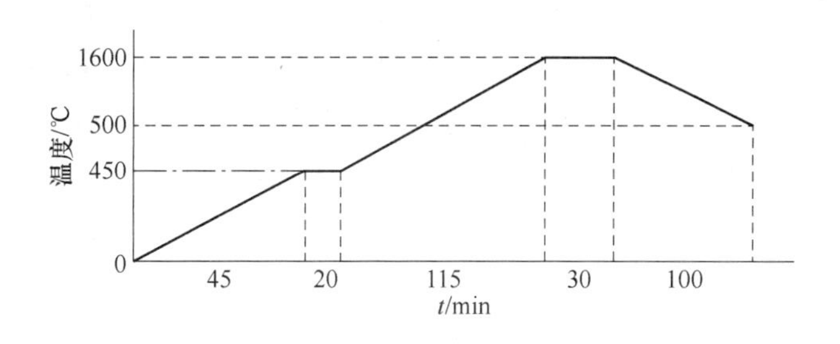

图 5-9　温度程序曲线

表 5-8　温度程序控制数据表

提示符	输入数据	意　　义
C 01	0	起始温度
t 01	45	第一段运行时间
C 02	450	第一折点的温度（前一段的目标值，后一段的起始值）
t 02	20	第二段运行时间
C 03	450	第二折点的温度（前一段的目标值，后一段的起始值）
t 03	115	第三段运行时间
C 04	1600	第三折点的温度（前一段的目标值，后一段的起始值）
t 04	30	第四段运行时间
C 05	1600	第四折点的温度（前一段的目标值，后一段的起始值）
t 05	100	第五段运行时间
C 06	500	第五折点的温度（前一段的目标值，后一段的起始值）
t 06	－121	程序运行结束返回第一段并执行 STOP 操作，自然降温

1）在基本状态下，按◀（A/M）键 1 s，仪表就进入程序升温设置状态，此时“PV”显示“C 01”，为当前起始温度值，按◀▼▲三键修改数据显示为 0。

2）按↻键 1 s，“PV”显示“T 01”，为设置运行时间，按◀▼▲三键修改数据显示为 45。

3）按↻键 1 s，“PV”显示“C 02”，为目标温度，也是下一段的起始温度，按◀▼▲三键修改数据显示为 450。

每段控温按 Ct 的方式依次排列，即该段的起始温度→该段运行时间→目标值，该段目标值是下一段的起始温度。

注意：1）按◀（A/M）键 2 秒，可返回设置上一参数。2）先按◀（A/M）键不放开再接着按↻键可退出控温程序设置状态。如果没有任何按键操作，约 30 s 后仪表会自动退出参数设置状态。3）运行曲线结束必须设置结束语“tX-121”!!!

（3）控温程序运行：1）按下绿色 Heating Ready 按键，听见嘭的一声，主继电器吸合。此时 Power Indicator 灯亮。2）按▼键约 2 s，仪表显示器 SV 显示“run”，仪器进入自动控制升温状态。

（4）控温程序停止：1）暂停程序：在程序运行状态下，按▼键约2 s，仪表下显示器SV交替显示“Hold”符号，则仪器进入暂停状态。暂停时仪器仍执行控制，并将温度控制在暂停时的预设值上，但控温时间停止增加。在暂停状态下按▼键约2 s，仪表显示器SV显示“run”符号，则仪器又重新运行。2）终止程序：程序运行结束后，仪表处于“Stop”的基本状态。若中途需停止运行控温程序，按▲键约2 s，仪表显示器SV将显示“Stop”的符号，此时程序控制结束，参数“STEP”被修改为“1”，此时“PV”显示炉温“××××℃”，“SV”显示“Stop”。

（5）关机：按下红色Heating Off按键使主继电器断开，将Main Power控制电源开关拨至Off位置，切断控制电源，关闭总电源，工作结束。

5.4.3.2　马弗炉的注意事项

（1）使用前请详细阅读上面使用说明。

（2）应在环境温度0～40 ℃，相对湿度不能超过85%，周围没有强烈振动及爆炸性气体场合工作；产品应牢固放置于试验室工作台上，室内宽敞。

（3）易燃、易爆物品不能放入炉内加热烘烤。

（4）使用时应注意温度变化，在恒温过程中如温度上升超过设定温度50 ℃时，应断电进行检修。

（5）使用环境不应有强腐蚀性气体、强电磁设备和强永久磁场，通风良好。

（6）热电偶不要在高温时骤然拔出，以防外套炸裂。

5.4.4　重量法测定水中硫酸盐含量的实验原理与测定

5.4.4.1　重量法测定水中硫酸盐含量的实验原理

SO_4^{2-}和Ba^{2+}生成晶形$BaSO_4$沉淀，该沉淀物性质非常稳定，干燥后的组成与分子式完全符合。它的溶度积小（$K_{sp}=1.1\times10^{-10}$），100 mL水中在25 ℃时仅溶解0.25 mg，100 ℃时溶解0.4 mg，利用同离子效应，在有过量沉淀剂存在下，其溶解的量可忽略不计，可认为是定量的沉淀，故通常被用来分析Ba^{2+}或SO_4^{2-}的含量。可用热水洗涤沉淀物。由于$BaCl_2$灼烧时不易挥发除去，沉淀剂$BaCl_2$只允许过量20%～30%。

在HCl酸性介质中进行沉淀，可防止CO_3^{2-}、PO_4^{3-}等离子与Ba^{2+}生成$BaCO_3$、$BaHPO_4$以及$Ba(OH)_2$等沉淀，但酸可增大$BaSO_4$沉淀的溶解度（0.1 mol·L^{-1} HCl中$BaSO_4$的溶解度为1 mg/100 mL，0.5 mol·L^{-1} HCl中为4.7 mg/100 mL），一般在约0.05 mol·L^{-1} HCl溶液中为宜。同时适当提高酸度，增加$BaSO_4$在沉淀过程中的溶解度，以降低其相对过饱和度，有利于获得颗粒较大的纯净而易于过滤的晶形沉淀。溶液中如存在酸不溶物和易被吸附的阳离子，应预先分离或掩蔽，否则产生共沉淀现象，干扰测定。

Cl^-、NO_3^-、ClO_3^-等阴离子能形成钡盐与$BaSO_4$共沉淀，H^+、K^+、Na^+、Ca^{2+}等可与SO_4^{2-}参与共沉淀，所以应在热的稀溶液中进行沉淀。共沉淀中的包藏水含量可达千分之几，应通过500 ℃以上灼烧除去。

灼烧时须防止滤纸对$BaSO_4$沉淀的还原作用，应在空气流通下灼烧并防止滤纸着火。

$$BaSO_4+4C=BaS+4CO\uparrow$$

$$BaSO_4 + 4CO = BaS + 4CO_2$$

如遇此情况，可用2~3滴（1+1）H_2SO_4，小心加热，冒烟后重新灼烧。

灼烧温度不能太高，如超过950 ℃，可能有部分$BaSO_4$分解：

$$BaSO_4 = BaO + SO_3\uparrow$$

【C】任务实施

5.4.4.2　重量法测定水中硫酸盐含量的测定

A　仪器与试剂

仪器包括恒温水浴锅、烘箱、马弗炉、干燥器、分析天平、慢速定量滤纸、瓷坩埚（25 mL，2个）、烧杯（500 mL）、表面皿、漏斗架、漏斗。

沉淀帚：一般可自制，剪一段乳胶管，一端套在玻璃棒上，另一端用橡胶胶水黏合，用夹子夹扁晾干即成。

试剂包HCl溶液（6 $mol \cdot L^{-1}$）、$BaCl_2$溶液（50 $g \cdot L^{-1}$）、氨水（7 $mol \cdot L^{-1}$）、甲基红指示剂溶液（1 $g \cdot L^{-1}$）、HNO_3（2 $mol \cdot L^{-1}$）、$AgNO_3$溶液（0.1 $mol \cdot L^{-1}$）。

B　空坩埚的准备

取两个洁净干燥的瓷坩埚，编好号，于800 ℃马弗炉中灼烧30 min，稍冷后置于干燥器中冷却至室温，称量。第二次后每次只灼烧20 min，冷却，称量。直至质量恒定。保存于干燥器中备用。

C　水中硫酸盐含量的测定

a　水样预处理

取200~500 mL水样（含5~50 mg SO_4^{2-}，勿超过100 mg）置于500 mL烧杯中，加2滴甲基红指示剂，用适量的6 $mol \cdot L^{-1}$盐酸或7 $mol \cdot L^{-1}$氨水调节至显橙黄色，再加2 mL 6 $mol \cdot L^{-1}$盐酸❶，加热浓缩至50 mL左右。

将水样过滤，除去悬浮物及二氧化硅，用6 $mol \cdot L^{-1}$盐酸溶液酸化过的纯水冲洗滤纸及沉淀物，收集过滤的水样于烧杯中。

b　沉淀的制备

将预处理所得的水样加热至近沸，在不断搅拌下逐滴加入热的50 $g \cdot L^{-1}$ $BaCl_2$溶液，直至不再出现沉淀。待$BaSO_4$沉淀下沉后，于上层清液中加入1~2滴$BaCl_2$溶液，仔细观察沉淀是否完全。

沉淀完全后再多加2 mL $BaCl_2$溶液，盖上表面皿（切勿将玻璃棒拿出杯外，以免损失沉淀物），在80~90 ℃下加热2 h，或在室温下至少放置6 h，最好过夜以陈化沉淀。

c　沉淀物的过滤和洗涤

利用陈化的时间，准备好过滤用的漏斗架、漏斗、慢速定量滤纸。在漏斗下放一个干净的500 mL烧杯（烧杯必须洁净，万一过滤失败，可重新过滤一次），用来收集滤液和洗涤液。

溶液冷却后，取下烧杯，在沉淀中加入少量无灰滤纸浆❷，将沉淀上层的清液沿玻璃

---

❶ 水样在浓缩前酸化，可防止$BaCO_3$和$Ba_3(PO_4)_2$沉淀。碳酸盐在酸化加热时分解为CO_2，$Ba_3(PO_4)_2$在酸性溶液溶解。

❷ 用少量无灰滤纸浆与$BaSO_4$混合，能改善过滤并防止沉淀产生蠕升现象，纸浆与滤纸可一起灰化。

棒用倾析法过滤，沉淀尽可能地留在烧杯中，再用50 ℃热水洗涤沉淀物3～4次（能否用稀 H_2SO_4 或 $BaCl_2$ 溶液作洗涤剂?），每次约10 mL，均用倾析法过滤。然后将沉淀物定量转移到滤纸上，用沉淀帚由上到下擦拭烧杯内壁，并用折叠滤纸时撕下的小片滤纸擦拭杯壁，并将此小片滤纸放于漏斗中，用热水洗涤4～6次，直至洗涤液中不含 Cl^- 为止（检验方法：用试管收集5 mL滤液，加入0.1 mol · L^{-1} $AgNO_3$ 溶液5 mL，若无白色混浊产生，表示 Cl^- 已干净）。

d 沉淀的灼烧和称重

沉淀物洗净后，取出滤纸，折叠成小包，将折叠好的沉淀滤纸包置于已恒重的瓷坩埚中在110 ℃烘箱中烘干，随后在电炉上小心灰化滤纸（不要让滤纸烧出火焰，若发现明火，马上用坩埚盖盖灭）。

滤纸全部灰化后，将坩埚移入马弗炉中，在800 ℃灼烧至恒重。灼烧及冷却的条件要与空坩埚恒重时相同。

称量，计算水中硫酸盐（以 SO_4^{2-} 计）的含量。

D 实验结果

实验结果见表5-9。

表5-9 硫酸盐含量的测定

记 录 项 目	滴 定 次 序	
	1	2
$V_{水}$/mL		
m_1（空坩埚）/g		
m_2（空坩埚+灼烧后试样）/g		
(m_2-m_1)/g		
硫酸盐的含量/mg · L^{-1}		
平均值/mg · L^{-1}		
相对偏差/%		

E 课后思考题

（1）为什么要在稀热HCl溶液中，且不断搅拌条件下逐滴加入沉淀剂沉淀 $BaSO_4$? HCl加入太多有何影响?

（2）为什么要在热溶液中沉淀 $BaSO_4$，但要在冷却后过滤？趁热过滤或强制冷却好不好？晶形沉淀物为何要陈化?

（3）洗涤 $BaSO_4$ 沉淀，为什么以检查 Cl^- 作为洗涤干净的标志?

【D】任务评价

根据中华人民共和国国家标准GB 5749—2022生活饮用水标准中规定，硫酸盐含量（以 SO_4^{2-} 计）≤250 mg · L^{-1}。

请根据实验结果，判断水质是否符合国家标准要求。

【E】任务拓展

请根据本实验的原理，设计实验测定土壤中可溶性硫酸盐的含量。

任务5.5 环境监测：水中铁含量的测定

【A】任务提出

铁是动物组织和血液中重要元素，铁与血红蛋白、肌红蛋白、细胞色素和其他酶的合成，并参与氧的运输。但已经有研究证明，人体中铁过多对心脏有影响，甚至比胆固醇更危险。生活饮用水中的铁来自工业废水和自然环境的污染。因此铁作为生活饮用水质常规检验的主要指标。

（1）预习思考题：

1）本实验中哪些试剂应准确加入，哪些不必严格准确加入？为什么；

2）实验中所用比色皿也会产生系统误差，如何对使用的比色皿进行相对校正；

3）显色时，加入还原剂、缓冲溶液、显色剂的顺序可否颠倒？为什么。

（2）实验目的：

1）掌握邻二氮菲分光光度法测定铁的原理和方法；

2）掌握绘制吸收曲线的方法，正确选择测定波长。

【B】知识准备

5.5.1 邻二氮菲分光光度法测定铁的实验原理与水中铁含量的测定

5.5.1.1 邻二氮菲分光光度法测定铁的实验原理

分光光度法是根据物质对光的选择性吸收而进行分析的方法。分光光度法用于定量分析的理论基础是朗伯比尔定律，其数学表达式为：$A=\varepsilon bc$。当入射光波长 λ 及光程 b 一定时，在一定浓度范围内，有色物质的吸光度 A 与该物质的浓度 c 成正比。只要绘出吸光度 A 为纵坐标，浓度 c 为横坐标的标准曲线，测出试液的吸光度，就可以由标准曲线查得对应的浓度值，即未知样的含量。

测定铁的吸光光度法所用的显色剂较多，有邻二氮菲（又称邻菲啰啉）及其衍生物、磺基水杨酸、硫氰酸盐、5-Br-PADAP 等。其中邻二氮菲分光光度法因其灵敏度高、稳定性好、干扰容易消除等优点，成为目前普遍采用的一种方法。

在 pH 值为 2 ~ 9 的溶液中，Fe^{2+} 与邻二氮菲（Phen）生成稳定的橙红色配合物 $Fe(Phen)_3^{2+}$，铁含量在 0.1 ~ 6 μg · mL^{-1} 范围内遵守朗伯比尔定律，显色反应如下：

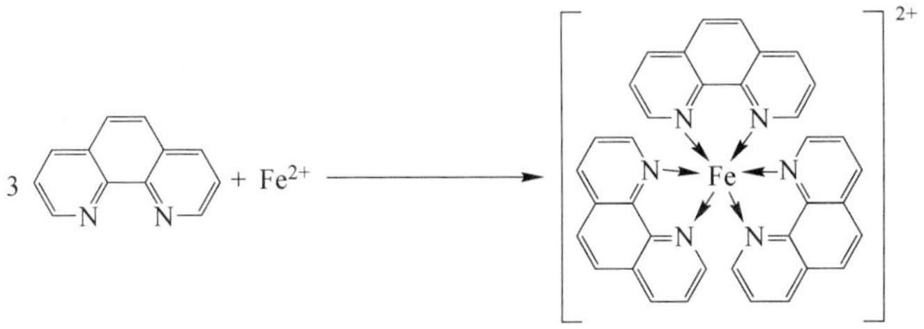

$$3\,\text{Phen} + Fe^{2+} \longrightarrow [Fe(Phen)_3]^{2+}$$

此配合物的 $\lg\beta_3=21.3$（20 ℃），摩尔吸光系数 $\varepsilon_{510}=1.1\times10^4\ L\cdot mol^{-1}\cdot cm^{-1}$。生成的橘红色配合物的最大吸收波长在 510 nm 处。在还原剂存在条件下，颜色可保持几个

月不变。此方法的灵敏度高、稳定性好、选择性很高，即溶液中如含有相当于含铁量（Fe^{2+}）40倍的Sn^{2+}、Al^{3+}、Ca^{2+}、Mg^{2+}、Zn^{2+}、SiO_3^{2-}，20倍的Cr^{3+}、Mn^{2+}、V^{5+}、PO_4^{3-}，5倍的Cu^{2+}、Co^{2+}、Ni^{2+}等均不干扰测定，量大时可用EDTA掩蔽或预先分离，因而是目前最普遍采用的一种方法。

Fe^{3+}也和邻二氮菲形成配合物（呈蓝色），但稳定性较差，因此，在显色之前可用盐酸羟胺（$NH_2OH \cdot HCl$）或抗坏血酸将全部的Fe^{3+}还原为Fe^{2+}：

$$2Fe^{3+} + 2NH_2OH \cdot HCl \longrightarrow 2Fe^{2+} + N_2\uparrow + H_2O + 4H^+ + 2Cl^-$$

测定时，为了减少其他离子的影响，控制溶液酸度在pH值约为5较为适宜。酸度过高，反应进行较慢；酸度过低，则Fe^{2+}水解，影响显色。

分光光度法的实验条件，如测量波长、溶液酸度、显色剂用量、显色时间、温度、溶剂以及共存离子干扰及其消除等，都是通过实验来确定的。本实验在测定试样中铁含量（Fe^{2+}）之前，先做部分条件试验，以便初学者掌握确定实验条件的方法。

条件试验的简单方法是：变动某实验条件，固定其余条件，测得一系列吸光度值，绘制吸光度—某实验条件的曲线，根据曲线确定某实验条件的适宜值或适宜范围。

测定微量铁的含量采用标准曲线法（又称工作曲线法），即配制一系列浓度由小到大的标准溶液，在确定条件下依次测量各标准溶液的吸光度（A），以标准溶液的浓度为横坐标，相应的吸光度为纵坐标，在坐标纸上绘制标准曲线。将未知试样按照与绘制标准曲线相同的操作条件的操作，测定出其吸光度，再从标准曲线上查出该被测物吸光度对应的浓度值，就可计算出被测试样中被测物的含量。

【C】任务实施

5.5.1.2 水中铁含量的测定

A 仪器与试剂

仪器包括分光光度计、pH值计、50 mL容量瓶（8个或50 mL比色管8支）、比色皿（1 cm）、吸量管（1 mL，5 mL，10 mL）、量筒（5 mL）。

试剂包括邻二氮菲（1.5 $g \cdot L^{-1}$，临用时配制）、盐酸羟胺水溶液（100 $g \cdot L^{-1}$、临用时配制）、NaAc（1 $mol \cdot L^{-1}$）、HCl（6 $mol \cdot L^{-1}$）、NaOH（1 $mol \cdot L^{-1}$）和待测液。

铁标准溶液（100 $\mu g \cdot mL^{-1}$）：准确称取0.8634 g AR级$NH_4Fe(SO_4)_2 \cdot 12H_2O$于200 mL烧杯中，加入20 mL 6 $mol \cdot L^{-1}$ HCl溶液和少量水，溶解后转移至1 L容量瓶中，用蒸馏水稀释至刻度，摇匀。

B 条件试验

a 吸收曲线的制作和测量波长的选择

用吸量管吸取0.0 mL和1.0 mL铁标准溶液分别注入两个50 mL比色管（或容量瓶，下同）中，各加入1 mL盐酸羟胺溶液，摇匀（原则上每加入一种试剂后都要摇匀）。再加入2 mL邻二氮菲溶液，5 mL NaAc，用蒸馏水稀释至刻度，摇匀。放置10 min后，用1 cm比色皿，以试剂空白（即0.0 mL铁标准溶液）为参比溶液，从440 nm至560 nm每隔10 nm测一次吸光度，在最大吸收峰附近，每隔5 nm测量一次吸光度。在坐标纸上，以波长λ为横坐标，吸光度A为纵坐标，绘制A与λ关系的吸收曲线（若用紫外—可见分光光度计，则在450～550 nm之间自动扫描，测定A-λ吸收曲线）。从吸收曲线上选择测定 Fe 的适宜波长，一般选用最大吸收波长 λ_{max}。

b 显色剂用量的选择

取7个50 mL比色管，用吸量管各加入1 mL铁标准溶液，1 mL盐酸羟胺，摇匀，再分别加入0.3 mL、0.5 mL、0.8 mL、1.0 mL、1.5 mL、2.0 mL、4.0 mL邻二氮菲溶液和5 mL NaAc溶液，以蒸馏水稀释至刻度，摇匀。放置10 min。用1 cm比色皿，以蒸馏水为参比溶液，在选择的波长下测定各溶液的吸光度。以所取邻二氮菲溶液体积 V 为横坐标，吸光度 A 为纵坐标，绘制 A 与 V 关系的显色剂用量影响曲线，得出测定铁时显色剂的最适宜用量。

c 溶液酸度的选择

取8个50 mL比色管，用吸量管分别加入1 mL铁标准溶液，1 mL盐酸羟胺，摇匀，再加入2 mL邻二氮菲溶液，摇匀。用5 mL吸量管分别加入0.0 mL、0.2 mL、0.5 mL、1.0 mL、1.5 mL、2.0 mL、2.5 mL和3.0 mL 1 mol·L^{-1} NaOH溶液，用水稀释至刻度，摇匀。放置10 min。用1 cm比色皿，以蒸馏水为参比溶液，在选择的波长下测定各溶液的吸光度。同时，用pH值计测量各溶液的pH值。以pH值为横坐标，吸光度 A 为纵坐标，绘制 A 与pH值关系的酸度影响曲线，得出测定铁的适宜酸度范围。

d 显色时间

在一个50 mL比色管中，用吸量管加入1 mL铁标准溶液，1 mL盐酸羟胺，摇匀。再加入2 mL邻二氮菲溶液，5 mL NaAc溶液，以水稀释至刻度，摇匀。立刻用1 cm比色皿，以蒸馏水为参比溶液，在选定的波长下测量吸光度。然后依次测量放置5 min、10 min、15 min、20 min、30 min、60 min、120 min相应的吸光度。以时间 t 为横坐标，吸光度 A 为纵坐标，绘制 A 与 t 关系的显色时间影响曲线，得出铁与邻二氮菲显色反应完全所需要的适宜时间。

C 标准曲线的制作

用移液管吸取10 mL 100 μg·mL^{-1}铁标准溶液于100 mL容量瓶中，加入2 mL 6 mol·mL^{-1} HCl溶液，用水稀释至刻度，摇匀。此溶液 Fe^{3+} 的浓度为10 μg·mL^{-1}。

在6个50 mL比色管中，用吸量管分别移取（务必准确量取，为什么？）0.00 mL、2.00 mL、4.00 mL、6.00 mL、8.00 mL、10.00 mL 10 μg· mL^{-1}铁标准溶液，均加入1 mL盐酸羟胺，摇匀。再加入2 mL邻二氮菲溶液，5 mL NaAc溶液，摇匀。用水稀释至刻度，摇匀后放置10 min。用1 cm比色皿，以试剂空白（即0.00 mL铁标准溶液）为参比溶液，在510 nm或所选择的波长下，测量各溶液的吸光度。以含铁量为横坐标，吸光度 A 为纵坐标，绘制标准曲线（即 A-c 曲线）。

由绘制的标准曲线，重新查出某一适中铁浓度相应的吸光度，计算 Fe^{2+}-Phen配合物的摩尔吸光系数 ε。

D 水样中铁含量的测定

吸取50.0 mL混匀的水样[1]于150 mL锥形瓶中，加入4 mL 6 mol·L^{-1} HCl溶液和

---

[1] 总铁包含水体中悬浮性铁和微生物体中的铁，取样时剧烈振摇均匀，并立即吸取，以防止重复测定结果之间出现很大的差别。

1 mL 盐酸羟胺溶液，混匀，小火煮沸[1]浓缩至约 30 mL，冷却至室温后移入 50 mL 比色管中，再加入 2 mL 邻二氮菲溶液，5 mL NaAc 溶液，摇匀。用水稀释至刻度，摇匀后放置 10 min。用 1 cm 比色皿，以试剂空白为参比溶液，在所选择的波长下，测量吸光度。从标准曲线上查出和计算试液中铁的含量（单位为 $mg \cdot L^{-1}$）。

E 数据记录与处理

a 最大吸收波长的确定（表 5-10）

表 5-10 最大吸收波长测定结果

波长/nm	440	450	460	470	480	490	500	510	520	530	540	550	560
吸光度 A													

b 显色剂用量的影响（表 5-11）

表 5-11 显色剂用量对吸光度的影响

显色剂用量/mL	0.1	0.3	0.5	0.8	1.0	2.0	4.0
吸光度 A							

c 溶液酸度的影响（表 5-12）

表 5-12 溶液酸度对吸光度的影响

溶液 pH 值								
吸光度 A								

d 显色时间的影响（表 5-13）

表 5-13 显色时间对吸光度的影响

显色时间/min	5	10	15	20	30	60	120
吸光度 A							

根据上列数据分别以波长、显色剂体积、溶液 pH 值、显色时间为横坐标，相应的吸光度为纵坐标，绘制曲线确定最大吸收波长、适宜的显色剂用量、显色时间和 pH 值范围。

e 标准曲线的制作（表 5-14）

表 5-14 工作标准曲线测量结果

铁质量浓度/$\mu g \cdot mL^{-1}$						
吸光度 A						

以铁的质量浓度为横坐标，吸光度为纵坐标，绘制标准曲线。

[1] 水样先经加酸煮沸溶解难溶的铁化合物，同时消除氰化物、亚硝酸盐、多磷酸盐的干扰。经盐酸羟胺处理后，测定结果为总铁含量。

f　试样中铁含量的测定（表 5-15）

表 5-15　铁含量测定结果

平行样	1	2	3	平均值
吸光度 A				
铁质量浓度/$\mu g \cdot mL^{-1}$				

在标准曲线上查出所含铁的浓度，计算试样中铁的含量。

F　课后思考题

（1）绘制吸收曲线和标准曲线的目的是什么？

（2）为什么绘制工作曲线和测定试样应在相同条件下进行？这里主要指哪些条件？

（3）吸光度 A 与透光率 T 之间的关系如何？分光光度法测定时，A 值取什么范围为宜？为什么？如何控制被测溶液的吸光度值在此范围内？A 为何值时测定误差最小？

（4）Fe^{3+} 标准溶液在显色前加入盐酸羟胺的目的是什么？若测定一般铁盐的总铁，是否需要加盐酸羟胺？

【D】任务评价

（1）根据本实验的有关实验数据，计算邻二氮菲-亚铁配合物的摩尔吸光系数 ε，并与文献值比较，若差别较大，说明造成差别的原因。

（2）我国 GB 5749—2022《生活饮用水卫生标准》规定，生活饮用水的铁含量不超过 0.3 $mg \cdot L^{-1}$。评价该水样的水质。

【E】任务拓展

测 Fe^{2+} 的方法有哪些？试比较各方法的优劣。

【F】知识拓展

水质检测的内容与方法

水是生命之源，其质量直接关系到人类的健康。水质问题逐渐成为人们关注的焦点，水质检测是确保我们日常饮用水安全至关重要的环节。水质检测是对水体的理化指标进行检测分析，旨在评估水体的健康状态和潜在风险，为水资源的管理和保护提供科学依据。GB 5749—2022《生活饮用水卫生标准》对保障饮用水安全起着至关重要的作用。

GB 5749—2022《生活饮用水卫生标准》自 2023 年 4 月 1 日起实施，规定了生活饮用水的水质要求、水源水质要求、集中式供水单位卫生要求、二次供水卫生要求、涉及饮用水卫生安全的产品卫生要求以及水质检验方法。同时还包括涵盖微生物、化学物质、放射性等 97 项检测指标，以确保饮用水不对人体健康构成危害。

水质检测的方法包括物理检测法、化学检测法、生物检测法。物理检测法主要包括观察水体的色度、浑浊度、气味等感官指标；化学检测法通过测定水的 pH 值、总硬度、溶解氧、溶解性总固体等的一般化学指标，以及检测水中无机化合物（如砷、镉、铅、汞等）和有机化合物（如农药、消毒副产物等）的毒理指标。生物检测法则利用原生动物、细菌等微生物指标来反映水体的健康状态。

随着科技的发展，水质检测技术也在不断进步，逐渐出现一些水质监测新技术和方法，如利用机器学习算法的自动化水质检测技术结合人工智能算法可对水样实时监测和数据分析得到水质的评估结果；利用光学原理的光学传感器结合光谱法、荧光法等分析方法对水中污染物进行分析和测量；利用环境DNA技术、同位素分馏技术可对水源地进行监测和评估；还可构建利用物联网技术的水质监测系统和利用大数据、人工智能的水质监测预警系统，实时监测水质，及时发现潜在风险并发出预警。

（资料来源：贵州健康报网站，水质检测的最新技术与方法）

任务5.6 食品药品监测：食用醋总酸度的测定

【A】任务提出

醋是我国“国家非物质文化遗产”，我们的祖先凭着智慧和经验掌握了酿造食用醋的技术。随着生活水平的提高，人们对于饮食的口味感受、食品的精准分类以及食品的安全等需求也在不断提高。目前，市场上的食用醋品种繁多，如何鉴定评判食用醋品质的高低或口味的不同？按照GB 2719—2018《食品安全国家标准　食醋》的要求，除色泽、气味等指标之外，总酸（以醋酸计）含量是食用醋的一种特征性指标。

【知识拓展】什么是特征性指标？

特征性是一个事物区别于其他事物的特有属性，特征性指标是指能反映出此事物特有属性的指标。

（1）预习思考题：

1）滴定时使用的移液管、锥形瓶是否需要食用醋溶液洗涤，为什么；

2）试推导出试样中食用醋含量的计算公式。

（2）实验目的：

1）熟悉强碱滴定弱酸指示剂的选择；

2）掌握食用醋总酸含量测定原理和方法；

3）巩固滴定操作。

【B】知识准备

5.6.1 NaOH标准溶液的配制与标定

碱标准溶液常用的是氢氧化钠(NaOH)溶液。由于KOH较贵，应用不普遍。$Ba(OH)_2$可以用来配制不含碳酸盐的碱标准溶液。

常用碱标准溶液浓度为0.1 $mol \cdot L^{-1}$，有时也用1 $mol \cdot L^{-1}$、0.5 $mol \cdot L^{-1}$或0.01 $mol \cdot L^{-1}$的溶液。

固体氢氧化钠具有很强的吸湿性，也容易吸收空气中的二氧化碳，因此市售NaOH中常含有碳酸钠，不能直接配制准确浓度的NaOH溶液，而是采用间接法。

经过标定的含碳酸盐的标准碱溶液用来测定酸含量时，若使用与标定时相同的指示剂，则对测量结果无影响；若标定与测定不是用相同的指示剂，则将发生一定的误差。因此，应配制不含碳酸盐的标准碱溶液进行滴定。

配制不含碳酸钠的标准氢氧化钠溶液的方法很多，最常见的是用氢氧化钠饱和溶液（110：100）配制。碳酸钠在饱和氢氧化钠溶液中不溶解，待碳酸钠沉淀后，量取上层澄清液，再稀释至所需浓度，即得到不含碳酸钠的氢氧化钠溶液。

标定 NaOH 溶液的基准物质常用草酸（$H_2C_2O_4$）、邻苯二甲酸氢钾 $KHC_8H_4O_4$（缩写为 KHP）。

$KHC_8H_4O_4$ 易得到纯品，在空气中不吸水，容易保存，它与 NaOH 反应时物质的量之比为 1：1，其摩尔质量较大，加热至 210 ℃也不分解，因此它是标定碱标准溶液较好的基准物质。使用前在 100～125 ℃烘 2～3 h。它与 NaOH 的反应为：

$$C_6H_4(COOH)(COOK) + NaOH = C_6H_4(COONa)(COOK) + H_2O$$

简写为：$$KHC_8H_4O_4 + NaOH \longrightarrow KNaC_8H_4O_4 + H_2O$$

反应的产物是邻苯二甲酸钾钠，化学计量点时，溶液的 pH 值为 9.27，可选用酚酞（变色的 pH 值范围为 8.0～10.0）作指示剂，滴定至终点时溶液的颜色由无色变为浅粉色 30 s 不褪色即为终点。此方法也是我国国家标准 GB/T 601—2016《化学试剂　标准滴定溶液的制备》中规定标定 NaOH 溶液的方法。

草酸易得纯品，稳定性也好。但草酸溶液不够稳定，能自动分解成 CO_2 和 CO，光照和催化剂能加速分解，所以制成溶液后应立即滴定。

草酸是二元弱酸（$Ka_1 = 5.9 \times 10^{-2}$，$Ka_2 = 6.4 \times 10^{-5}$），由于 Ka_1 与 Ka_2 的值相近，用 NaOH 滴定时，不能分步滴定，两级的 H^+ 同时被中和。

$$H_2C_2O_4 + 2NaOH \longrightarrow Na_2C_2O_4 + 2H_2O$$

化学计量点时溶液 pH 值约为 8.4，可选用酚酞作指示剂。

5.6.2　食用醋总酸度测定的实验原理与测定

5.6.2.1　食用醋总酸度测定的实验原理

食用白醋的主要成分是醋酸（HAc，$Ka = 1.8 \times 10^{-5}$），此外还含有少量的其他弱酸，如乳酸、氨基酸等。用 NaOH 标准溶液滴定时，试样中 $Ka > 10^{-7}$ 的酸均可以被测定，因此测出的是总酸度，分析结果通常用醋酸的密度 $\rho(HAc)$ 表示，其单位为 $g \cdot L^{-1}$。

用 NaOH 滴定 HAc 的反应方程式为：

$$HAc + NaOH = NaAc + H_2O$$

这是强碱滴定弱酸，突跃范围偏碱性，化学计量点时的 pH 值约为 8.74，可选用酚酞作指示剂，滴定终点时溶液由无色变为微红色。但必须注意 CO_2 对滴定的影响。

食用醋中含 HAc 的质量分数为 3%～5%，必须稀释后再滴定。有的食用醋颜色较深，经稀释后颜色仍然很明显（用活性炭脱色后测定，将会使测定结果明显偏低），无法判断终点，则不能用指示剂法测定，可采用电位滴定法。

本实验参考国家标准 GB 12456—2021《食品安全国家标准　食品中总酸的测定》中规定的酸碱指示剂滴定法。本法也可适用于果蔬制品、饮料（澄清透明类）、白酒、米酒、白葡萄酒、啤酒总酸的测定。

【C】任务实施

5.6.2.2　食用醋总酸度的测定

A　仪器与试剂

仪器包括分析天平、滴定管（50 mL）、锥形瓶（250 mL）、移液管（25 mL）、容量瓶（250 mL）、酒精灯（或恒温水浴锅）、洗耳球。

试剂包括NaOH固体、酚酞指示剂（10 g·L^{-1}，乙醇溶液）、食用白醋。

邻苯二甲酸氢钾（基准物质）：100～125 ℃干燥备用。

NaOH标准溶液的制备与标定

B　0.1 mol·L^{-1} NaOH标准溶液的配制与标定

a　0.1 mol·L^{-1} NaOH标准滴定溶液的配制

迅速（为什么要迅速?）称取约2.1 g NaOH固体置于烧杯中（能否用称量纸称取固体NaOH？为什么?），溶入适量无CO_2的蒸馏水（如何制备无CO_2的蒸馏水?），搅拌使其完全溶解，稍冷后转入试剂瓶中，再加无CO_2的蒸馏水稀释至约500 mL，用橡胶瓶塞塞好瓶口（为什么要用橡胶瓶塞?），摇匀，贴上标签待标定。

b　NaOH溶液的标定

用差减法称取0.5～0.6 g $KHC_8H_4O_4$基准物质（$KHC_8H_4O_4$基准物质的称取量如何计算，为什么要确定0.5～0.6 g的称量范围）置于250 mL锥形瓶中，加入50 mL无CO_2的蒸馏水溶解，待基准物质完全溶解后，滴加2滴酚酞指示剂（为什么选用酚酞作指示剂，能否用甲基橙或甲基红代替），用待标定的NaOH溶液滴定，溶液由无色变为浅粉红色30 s内不褪色即为终点（终点的淡粉红色为什么要求30 s内不褪色），记录滴定消耗NaOH溶液的体积（mL）。平行滴定3～5份，根据所消耗的NaOH体积，计算NaOH溶液的浓度。

C　食用醋中总酸度的测定

食用醋总酸度测定

移液管吸取食用白醋25.00 mL置于250 mL容量瓶中，用新煮沸15 min并冷却的蒸馏水稀释[1]至刻度线，摇匀。用移液管移取25.00 mL上述稀释后的试液于250 mL锥形瓶中，加入2～4滴酚酞指示剂，再用上述0.1 mol·L^{-1} NaOH标准溶液滴定至微红色且30 s内不褪色，即为终点，记下消耗NaOH溶液的体积。平行测定3次，依据NaOH标准溶液的浓度和滴定时消耗的体积计算食用醋中总酸度，用ρ_{HAc}(g·L^{-1}）表示。要求结果的相对误差不大于10%。

D　数据记录与处理

a　NaOH溶液的标定

NaOH溶液的标定见表5-16。

表5-16　邻苯二甲酸氢钾标定NaOH溶液

记录项目	滴定次序		
	1	2	3
（称量瓶+邻苯二甲酸氢钾）质量（倒出前）/g			
（称量瓶+邻苯二甲酸氢钾）质量（倒出后）/g			
倒出邻苯二甲酸氢钾的质量/g			

[1] 食用醋的总酸度较大，且其颜色较深，故应稀释后再滴定。

续表5-16

记　录　项　目		滴　定　次　序		
		1	2	3
滴定实验消耗 NaOH/mL	初读数/mL			
	终读数/mL			
	净用体积 V/mL			
c_{NaOH}/mg · L^{-1}				
$\bar{c}_{NaOH}$/mg · L^{-1}				
相对平均偏差/%				

b　食醋中总酸度的测定

食醋中总酸度的测定见表5-17。

表5-17　食醋总酸度的测定

记　录　项　目		滴　定　次　序		
		1	2	3
$V_{食醋}$/mL		25.00		
$V_{稀释后}$/mL		250.00		
$V_{试样}$/mL		25.00	25.00	25.00
滴定实验消耗 NaOH/mL	初读数/mL			
	终读数/mL			
	净用体积 V/mL			
$\rho_{(HAc)}$/g · L^{-1}				
$\bar{\rho}_{(HAc)}$/g · L^{-1}				
相对平均偏差/%				

E　课后思考题

（1）若稀释食醋样品的蒸馏水中含CO_2，对测定结果有何影响？为什么？

（2）强碱滴定弱酸与强碱滴定强酸相比，滴定过程中pH值变化有哪些不同？

（3）在滴定过程中，常用蒸馏水淋洗锥形瓶内壁，使得锥形瓶内溶液的体积达到200 mL左右，这样对滴定结果有什么影响？

【D】任务评价

国家标准GB 2719—2018《食品安全国家标准　食醋》中规定，食醋中总酸度（以乙酸计）应不小于3.50 g/100 mL。根据实验结果判断，本实验用的食用白醋是否符合国家标准。

【E】知识拓展

醋的进化

醋是一种发酵的酸味液态调味品，为百味之首。有关醋的文字记载的历史，至少有

3000年以上，和食盐一样是古老的调味品，在中国人饮食中是必不可少的佐料，被古人誉为“食总管”。

我国是世界上谷物酿醋最早的国家，相传醋是酒圣杜康（酒的发明者）的儿子黑塔发明的。黑塔跟父亲学造酒，但酿酒时因为懒惰而意外酿出了醋。也说明了酒和醋之间的关系——有酒之后便有了醋。

醋最开始是奢侈品，是用来专门侍奉贵族饮食的。商周时期，有专门负责酿醋的官员，开始利用酒来酿造醋作为调味品。那时的醋，被称为醯（xī）或酢（cù），共有酉字边，而“酉”是“酒”最早的甲骨文，显露着醋和酒的关系。醋开始时是变酸的酒，略带苦味，因此醋又有“苦酒”之称。春秋战国时期，酿醋出现了专业的酿醋作坊，从造酒业中分离出来，但产量很低。因此，这种稀少而又贵重的调料实非普通农家能享用。直至唐宋之后，醋已经得到很广泛的使用，不再是有地位的人的专属。南宋吴自牧的《梦梁录》中，有一句至今为人所熟知的名句：“盖人家每日不可缺者，柴米油盐酱醋茶”，充分说明了醋已经走进寻常百姓家。

酿醋多由糯米、小麦、高粱等谷物类以及糖类和酒类发酵制成，是一个复杂的生物学过程：淀粉经酶的作用分解成糖，糖经过酵母的作用发酵成酒，酒再在醋酸杆菌和乳酸菌等作用下转化成醋酸。醋酸杆菌不仅能够发酵产生醋酸，同时还能合成少量酯类、有机酸类等物质，丰富了醋的口感。北魏农学要著《齐民要术》中就对醋的酿制方法进行了详细记载，有专门的“作酢法”一篇，详细记录了22种酿醋的方法，其中一些方法沿用至今。一般来说，东方国家以谷物酿造醋，西方国家以水果和葡萄酒酿造醋。依照发酵原料的来源和比例的不同，醋的品种越来越多样，有陈醋、白醋、米醋、香醋、水果醋等。

目前市场上的醋分为酿造和配制两种。配制醋是在酿造醋的基础上额外添加了“食用醋酸”，执行的是SB/T 10337—2012产品标准号；如果是酿造醋，瓶身都会标明“酿造醋”，执行GB/T 18187—2000产品标准号。建议选购酿造醋时，摇一摇，泡沫越多越细腻，不易消退，说明醋的品质越好。

几千年以来，醋从贵族才用得起的奢侈品变成如今再日常不过的调味品。醋作为一种历史悠久的食品，在未来将继续保持其重要的地位和作用。

（资料来源：微信公众号，膳食管家，醋的起源竟是酒？作为家庭必备调味品，醋可一点不简单；江南大学传统酿造食品研究中心网站，传统酿造小科普：对于醋，你了解多少？）

任务5.7 食品药品监测：阿司匹林药片中乙酰水杨酸含量的测定

【A】任务提出

药品阿司匹林的主要成分是乙酰水杨酸，医药上经常需要测定药品阿司匹林中乙酰水杨酸的含量，用以检查药品的质量确保药效。

（1）预习思考题：

1）请列出本实验中计算药片中乙酰水杨酸含量的关系式；

2）设计滴定数据记录表格。

（2）实验目的：

1）学习阿司匹林药片中乙酰水杨酸含量的测定方法；

2）了解该药的产品（即原料药）与片剂分析方法的差异；

3）培养学生理论联系实际的应用能力。

【B】知识准备

5.7.1 HCl标准溶液的配制与标定

酸标准溶液中最常用的是盐酸溶液。硫酸溶液虽然稳定性好，但其第二级电离常数较小，滴定突跃相应要小些，指示终点变色的敏锐性稍差，而且硫酸又可与某些阳离子生成硫酸盐沉淀，故只在需加热或浓度较高的情况下才使用硫酸标准溶液。硝酸具有氧化性，本身稳定性较差，能破坏某些指示剂，因而应用较少。高氯酸 $HClO_4$ 是一种很好的标准溶液，但其价格贵，一般不太使用，只有在非水溶液滴定中常用到 $HClO_4$ 标准溶液。

常用酸标准溶液浓度为 0.1 mol·L^{-1}，有时也用 1 mol·L^{-1}、0.5 mol·L^{-1} 或 0.01 mol·L^{-1}的溶液。标准溶液浓度过高时，误差较大；浓度太低，滴定的突跃范围减小，指示剂变色不甚明显，也将引起误差。

市售浓盐酸，相对密度为1.19 g·cm^{-3}，含HCl约37%，物质的量浓度约为12 mol·L^{-1}。由于浓盐酸不仅含有杂质，而且HCl易挥发，不能直接配制具有准确浓度的标准溶液，一般采用间接法，即将浓盐酸稀释成近似所需浓度的溶液，然后用基准试剂或氢氧化钠标准溶液来标定，根据他们的消耗量计算该溶液的准确浓度。因浓盐酸具有挥发性，故配制时所取盐酸的量应适当多些。

但采用氢氧化钠标准溶液标定的方法不如采用基准物质标定的方法好，因为氢氧化钠标准溶液的标定误差将会累加到盐酸溶液的标定误差中。

标定盐酸常用的基准物质有无水碳酸钠 Na_2CO_3 或硼砂 $Na_2B_4O_7 \cdot 10H_2O$。根据基准物质的质量和所消耗的HCl的体积，可以计算出盐酸的浓度。

（1）以无水 Na_2CO_3 基准物质标定。用碳酸钠标定盐酸的反应式为：

$$Na_2CO_3 + 2HCl \longrightarrow 2NaCl + CO_2\uparrow + H_2O$$

滴定的突跃范围为pH值为3.5～5.3（化学计量点的pH值为3.89），可选用甲基橙（变色范围pH值为3.1～4.4，终点由黄色变为橙色）、溴甲酚绿-二甲基黄（变色点pH值为3.9，终点由绿色或蓝绿色变为亮黄色）、溴甲酚绿-甲基红（变色点pH值为5.1，终点由绿色或蓝绿色变为紫红色）。

Na_2CO_3 易提纯，价格低。但摩尔质量较小，有吸湿性。使用前必须在270～300 ℃下干燥，并保存于干燥器中。用时称量要快，以免吸收水分而引入误差。

（2）以硼砂（$Na_2B_4O_7 \cdot 10H_2O$）基准物质标定。用硼砂标定盐酸的反应式为：

$$Na_2B_4O_7 \cdot 10H_2O + 2HCl \longrightarrow 2NaCl + 4H_3BO_3 + 5H_2O$$

在化学计量点时，由于生成的硼酸是弱酸，溶液的pH值约为5，可用溴甲酚绿-甲基红（变色点pH值为5.1，终点由绿色或蓝绿色变为紫红色）、甲基红（变色范围pH值为4.4～6.2，终点由黄色变为浅红色）作指示剂。

硼砂较易提纯，不易吸湿，性质比较稳定，而且摩尔质量较大，可以减少称量误差。

但在空气中相对湿度小于39%时，已失去部分结晶水。硼砂失水后标定盐酸会使盐酸浓度偏低。因此为防止硼砂发生风化失水现象，应将其保存在装有蔗糖和食盐饱和水溶液的干燥器中（相对湿度为60%）。

按国家标准GB/T 601—2016《化学试剂 标准滴定溶液的制备》规定，盐酸标准溶液采用无水碳酸钠为基准物质标定，溴甲酚绿-甲基红混合指示剂确定终点。

5.7.2 阿司匹林药片中乙酰水杨酸含量的测定原理与测定

5.7.2.1 阿司匹林药片中乙酰水杨酸含量的测定原理

阿司匹林（Aspirin），又称醋柳酸，是最常用的解热镇痛药，它属于芳酸酯类药物，主要成分是乙酰水杨酸。乙酰水杨酸是有机一元弱酸（pKa = 3.0），摩尔质量为180.16 g · mol^{-1}，微溶于水，易溶于乙醇。乙酰水杨酸在NaOH或Na_2CO_3等强碱性溶液中溶解并分解为水杨酸（邻羟基苯甲酸）和乙酸盐，反应式如下：

$$C_6H_4(COOH)(OCOCH_3) + 3OH^- = C_6H_4(COO^-)(O^-) + CH_3COO^- + 2H_2O$$

乙酰水杨酸纯品可用直接滴定法测定，由于它的pKa酸解离常数较小，可以作为一元酸用NaOH溶液直接滴定，以酚酞为指示剂。但乙酰水杨酸中的乙酰基很容易水解生成乙酸和水杨酸（pKa$_1$ = 3.0，pKa$_2$ = 13.45），用NaOH滴定时，NaOH会与其水解产物反应，使分析结果偏高。乙酰水杨酸的水解反应为：

$$C_6H_4(COOH)(OCOCH_3) + H_2O \longrightarrow C_6H_4(COOH)(OH) + CH_3COOH$$

为了防止乙酰基水解，根据阿司匹林微溶于水，易溶于乙醇的性质，在10 ℃以下的中性冷乙醇介质中，用NaOH标准溶液进行滴定，可以得到满意的结果，滴定反应为：

$$C_6H_4(COOH)(OCOCH_3) + OH^- = C_6H_4(COO^-)(OCOCH_3) + H_2O$$

而药片中一般都添加一定量的赋形剂如硬脂酸镁、淀粉等不溶物，在冷乙醇中不易溶解完全，不宜直接滴定，可采用返滴定法进行测定。将药片研磨成粉状后加入过量的NaOH标准溶液，加热一段时间使乙酰基水解完全，再用HCl标准溶液回滴过量的NaOH（碱液在受热易吸收CO_2，用酸回滴时会影响测定结果，故需要在同样条件下进行空白校正），滴定至溶液由红色变为接近无色即为终点（此时pH值为7～8）。在这一滴定反应中，1 mol乙酰水杨酸消耗2 mol NaOH（酚羟基在pH值大于10时，会转化为钠盐，加酸，pH值小于10，酚又游离出来）。乙酰水杨酸含量计算公式为：

$$w_{乙酰水杨酸} = \frac{\frac{1}{2}\left(V_{NaOH} - V_{HCl} \times \frac{V_{NaOH}}{V_{HCl空白}}\right) \times c_{NaOH} \times M_{乙酰水杨酸} \times 10^{-3}}{m_{阿司匹林}} \times 100\%$$

$$=\frac{\frac{1}{2}\left(25.00-V_{HCl}\times\frac{25.00}{V_{HCl空白}}\right)\times c_{NaOH}\times M_{乙酰水杨酸}\times 10^{-3}}{m_{阿司匹林}}\times 100\%$$

注：$V_{NaOH}=25.00$ mL，c_{NaOH}为经加热处理的 NaOH 原始溶液的浓度。

【C】任务实施

5.7.2.2 阿司匹林药片中乙酰水杨酸含量的测定

A 仪器与试剂

仪器包括酸式滴定管（50 mL）、碱式滴定管（50 mL）、移液管（10 mL，25 mL）、量筒（50 mL）、烧杯（100 mL）、容量瓶（100 mL 2 个）、表面皿、电炉、研钵。

试剂包括 NaOH 标准溶液（1 mol·L^{-1}，实验室标定好）、浓 HCl 溶液、酚酞指示剂（10 g·L^{-1}，乙醇溶液）、邻苯二甲酸氢钾基准试剂、无水 Na_2CO_3 基准试剂、阿司匹林药片、纯乙酰水杨酸、冰。

中性冷乙醇：量取 60 mL 乙醇溶液于烧杯中，加 8 滴酚酞指示液，在搅拌下滴加 0.1 mol·L^{-1} NaOH 溶液至刚刚呈现微红色，盖上表面皿，泡在冰水中。

HCl 标准溶液的配制与标定

B 0.1 mol·L^{-1} HCl 溶液的标定

用差减法准确称取已在 270～300 ℃干燥至恒重的无水 Na_2CO_3 基准物质 0.15～0.2 g（碳酸钠称得过多或过少有何不好?），置于 250 mL 锥形瓶中（锥形瓶是否需要预先烘干?），加入 50 mL 蒸馏水（加水是否需要准确？用什么仪器量取?）使之溶解后，滴加 10 滴溴甲酚绿-甲基红混合指示剂（为什么使用混合指示剂?），用待标定的 HCl 溶液滴定，溶液由绿色变为暗红色，煮沸 2 min（近终点加热的目的是什么?），用洗瓶冲洗锥形瓶内壁，冷却至室温后继续滴定至溶液由绿色呈紫红色（不带黄绿色，清澈，透光好）即为终点（煮沸后为什么又要冷却后再滴定至终点?），记录滴定消耗的 HCl 溶液体积。

平行滴定 3～5 份，根据无水 Na_2CO_3 的质量和所消耗的 HCl 体积，计算 HCl 溶液的浓度。要求相对平均偏差不大于 0.2%。

注意：用无水 Na_2CO_3 标定 HCl 标准溶液时产生 H_2CO_3，会使滴定突跃不明显，导致指示剂颜色变化不够敏锐。因此，在接近滴定终点时，应剧烈摇动锥形瓶加速 H_2CO_3 分解，或将溶液加热至沸 2 min，以赶除 CO_2，冷却至室温后再滴定至终点。

C 0.1 mol·L^{-1} NaOH 溶液的标定

见任务 5.6 中 0.1 mol·L^{-1} NaOH 溶液的标定。

D 药片中乙酰水杨酸含量的测定

将阿司匹林药片研成粉末后，准确称取约 0.6 g 药粉，于干燥 100 mL 烧杯中（为什么要放在干燥的烧杯中？如烧杯中有水会有什么影响?），用移液管准确加入 25.00 mL 1 mol·L^{-1} NaOH 标准溶液后，用量筒加水 30 mL，盖上表面皿，轻摇几下，置近沸水浴加热 15 min，迅速用流水冷却（为什么?），将烧杯中的溶液定量转移至 100 mL 容量瓶中，用蒸馏水稀释至刻度线，摇匀。

准确移取上述试液 10.00 mL 于 250 mL 锥形瓶中，加水 20～30 mL，加入 2～3 滴酚酞指示剂，用 0.1 mol·L^{-1} HCl 标准溶液滴至红色刚刚消失即为终点。平行测定 3 份，根据所消耗的HCl溶液的体积计算药片中乙酰水杨酸的质量分数及每片药剂中乙酰水杨酸的质量（g/片）。

E NaOH标准溶液与HCl标准溶液体积比的测定（空白试验）

用移液管准确移取25.00 mL 1 mol·L^{-1} NaOH溶液于100 mL烧杯中，在与测定药粉相同的实验条件下进行加热，冷却后，定量转移至100 mL容量瓶中，稀释至刻度，摇匀。准确移取上述试液10.00 mL于250 mL锥形瓶中加水20～30 mL，加入2～3滴酚酞指示剂，用0.1 mol·L^{-1} HCl标准溶液滴定，至红色刚刚消失即为终点，平行测定3份，计算V_{NaOH}/V_{HCl}值，以及换算出c_{NaOH}。

F 乙酰水杨酸纯品（晶体）纯度的测定

准确称取乙酰水杨酸纯品试样约0.4 g于干燥的250 mL锥形瓶中，加入20 mL中性冷乙醇（应选用何种量器?），摇动溶解后，滴加3滴酚酞指示液，立即用0.1 mol·L^{-1} NaOH标准溶液滴定至呈微红色，保持30 s不褪色，即为终点。平行测定3次，计算乙酰水杨酸试样的纯度（%）。

此步骤参照2020年版《中华人民共和国药典》规定的方法。

注意：该步骤中，控制温度是关键。可将装有中性乙醇溶液的烧杯放入盛有冰块的大烧杯中，以控制实验温度。

G 课后思考题

（1）在测定药片的实验中，为什么1 mol乙酰水杨酸消耗2 mol NaOH，而不是3 mol NaOH?

（2）用返滴定法测定乙酰水杨酸，为何须做空白试验?

（3）若阿司匹林水解后，用NaOH标准滴定溶液滴定时结果会偏高，为什么?

【D】任务评价

要求结果的相对平均偏差不大于0.20%。请分析误差来源。

【E】知识拓展

阿司匹林的百年传奇

阿司匹林，又名乙酰水杨酸，与青霉素、安定一起被认为是世界医药史上三大经典药物，自1897年问世至今，已有100多年的历史，是一种历史悠久的解热镇痛药。时至今日，全球每年大约要消耗掉1500亿片阿司匹林。一个历史如此悠久的老药能有这样惊人的使用量，不仅仅因为阿司匹林的经典作用难以取代，还得益于它的新疗效不断地被发现。

阿司匹林的诞生可追溯到柳树皮的应用。中国的《神农本草经》、古埃及的《埃伯斯纸草书》，以及古希腊的《希波克拉底文集》都曾记载柳叶和柳树皮具有消炎止痛的功效。公元前5世纪，“医学之父”希波克拉底利用柳树皮提取物治疗疼痛、发烧及妇女分娩，但不知是什么物质起效。直至1828年，法国药剂师亨利·勒鲁克斯（Henri Leroux）和意大利化学家约瑟夫·布希纳（Joseph Buchner）首次从柳树皮中提炼出黄色晶体活性成分柳苷（salicin，$C_{13}H_{18}O_7$）。

1838年，意大利人拉法莱埃·皮里亚（Raffaele）从柳苷中得到了一种更强效活性的有机酸——水杨酸。从此柳苷被广泛用于退烧止痛，但因具有强烈的副作用，导致无人问津。

1852年蒙彼利埃大学化学教授Charles Gerhart首次发现了水杨酸分子的结构，并通过化学方法合成水杨酸。1876年邓迪皇家医院医生John Maclagan首个报道水杨酸盐类的临床研究，发现水杨酸能缓解风湿患者的发热和关节炎症，凸显了该类药物在临床上的应用价值。

1897年，德国拜耳公司的化学家费利克斯霍夫曼（Felix Hoffman）给水杨酸分子加了一个乙酰基，发明了乙酰水杨酸，也就是现在的阿司匹林，并通过了其对疼痛、炎症及发热的临床疗效测试。1899年7月，乙酰水杨酸以阿司匹林的商品名投产，主要用于解热和止痛。“感冒发烧，阿司匹林1包”，价廉效优的阿司匹林走进了千家万户，成为百姓头痛脑热的首选。伴随着人类穿越了两次世界大战的炮火硝烟，共同经历了1918年危及全球的大流感，阿司匹林始终显示出强大的解热、镇痛、抗炎之功效。

1971年，是阿司匹林临床应用上极其重要的一年，阿司匹林在心血管方面的新的作用首次被发现！后面研究证实阿司匹林对心肌梗死甚至脑梗死都有预防作用。自此，阿司匹林登上了“神坛”！

阿司匹林迎来了“春天”。随着对阿司匹林的深入研究，人们发现它在多个领域都具有一定的价值，如预防癌症、降血糖、抗衰老等。目前越来越多的研究者将目光投向阿司匹林对肿瘤的预防与治疗的应用之中。伴随着药学家们的深入研究，阿司匹林这个“百年神药”也许还会在多个领域延续传奇。

然而“是药三分毒”，阿司匹林在发挥治疗作用的同时也面临这一问题，因此，不可乱吃，需遵医嘱。

上市一百多年来，阿司匹林的使用已经远远超出原来的止痛。阿司匹林——一个不朽的传奇！经历时代变迁、岁月洗礼、时间积累和历史检验的百年神药阿司匹林，将继续为人类的健康保驾护航，继续向更多疾病的预防和治疗中延伸，在医药史上发出更加璀璨的光芒！

（资料来源：微信公众号，药评中心，阿司匹林——一种百年神药的不朽传奇！）

任务5.8　食品药品监测：胃舒平药片中铝镁含量的测定

【A】任务提出

铝是一种慢性神经性毒性物质，过多地摄入会沉积在神经元纤维缠结和老年斑中使神经系统发生慢性改变，从而诱发肌萎缩性侧索硬化症等疾病。胃舒平药片用于缓解胃酸反流和胃溃疡等消化系统问题，主要成分为氢氧化铝及三硅酸镁。在胃舒平中，铝既是该药物的有效成分，但又不能过量摄入。因此胃舒平片剂中铝含量的测定具有重要的现实意义。

（1）预习思考题：

1）能否以$ZnCl_2$试剂直接配制Zn^{2+}标准滴定溶液；

2）什么叫返滴定法？测定Al^{3+}为什么要用返滴定法；

3）写出铝含量（以Al_2O_3计）和镁含量（以MgO计）的计算公式，并设计滴定数据表格。

（2）实验目的：

1）学习试样测定的前处理方法；

2）掌握用配位滴定法测定铝、镁混合物的原理和方法。

【B】知识准备

5.8.1 胃舒平药片中铝镁含量测定的实验原理与测定

5.8.1.1 胃舒平药片中铝镁含量测定的实验原理

胃舒平又称复方氢氧化铝，是一种常见的胃药。其主要成分为氢氧化铝、三硅酸镁（$2MgO \cdot 3SiO_2 \cdot xH_2O$）、颠茄浸膏及糊精。其主要有效成分氢氧化铝和三硅酸镁的含量可用EDTA配合滴定法滴定。由于 $\lg K_{AlY} - \lg K_{MgY} = 16.3 - 8.7 = 7.6 > 5$，共存的Mg不干扰测定。

因 Al^{3+} 与EDTA作用缓慢，需加热才能配位完全，且酸度不高时，Al^{3+} 会水解生成一系列多核羟基配合物，它们与EDTA反应慢，配合不稳定，而 Al^{3+} 对二甲酚橙指示剂具有封闭作用。因此不能用EDTA直接滴定测定 Al^{3+} 的含量，通常采用返滴定法或置换滴定法测定铝的含量。用返滴定法时，先将溶液的pH值调为3~4，再向其中加入定量且过量的EDTA标准溶液，煮沸几分钟，使 Al^{3+} 与EDTA配合完全。冷却后再将其pH值调到5~6，以二甲酚橙为指示剂，用 Zn^{2+} 标准溶液返滴定过量的EDTA，根据所用EDTA与 Zn^{2+} 的量的差可求得 Al^{3+} 的浓度。但若溶液中存在其他能与EDTA形成稳定配合物的离子，则测定结果会有较大误差。对于这种情况，采取置换滴定法较合适。即在用 Zn^{2+} 标准溶液返滴定过量的EDTA后，加入过量的NH4F，并加热至沸，使 AlY^- 与 F^- 之间发生置换反应，释放出与 Al^{3+} 等量的EDTA：

$$AlY^- + 6F^- + 2H^+ \longrightarrow AlF_6^{3-} + H_2Y^{2-}$$

再用 Zn^{2+} 标准溶液滴定释放出来的EDTA，可得到铝的含量。

本实验采用返滴定法。在实验中，滴定前先用 HNO_3 溶液溶解药片，分离除去水不溶物。再取药片溶液，将溶液的pH值调为3~4（避免 Al^{3+} 水解），加入一定量且过量的EDTA溶液，加热煮沸数分钟，使 Al^{3+} 与EDTA充分配合，冷却后再将其pH值调到5~6，以二甲酚橙为指示剂，用 Zn^{2+} 标准溶液返滴定过量的EDTA，求得氢氧化铝含量。

测定镁含量时，另取试液，先调节溶液的pH值，使 Al^{3+} 转变为 $Al(OH)_3$ 沉淀，过滤分离后，在pH值为10的条件下，以铬黑T为指示剂，用EDTA标准溶液滴定滤液中的 Mg^{2+}，求得其含量。

【C】任务实施

5.8.1.2 胃舒平药片中铝镁含量的测定

A 仪器与试剂

仪器包括分析天平、烧杯、锥形瓶（250 mL）、量筒（5 mL，10 mL）、容量瓶（250 mL，500 mL）、吸量管（5 mL）、移液管（25 mL）、滴定管（50 mL）、酒精灯、表面皿、研钵、漏斗、滤纸。

试剂包括胃舒平、乙二胺四乙酸二钠（分析纯固体）、ZnO 基准物、$NH_3 \cdot H_2O$（7 $mol \cdot L^{-1}$）、HCl 溶液（6 $mol \cdot L^{-1}$）、NH_4Cl 溶液（20 $g \cdot L^{-1}$）、二甲酚橙（2 $g \cdot L^{-1}$）、甲基红（1 $g \cdot L^{-1}$）、六亚甲基四胺溶液（200 $g \cdot L^{-1}$）。

铬黑T指示剂（5 $g \cdot L^{-1}$）：称0.50 g铬黑T，溶于25 mL三乙醇胺与75 mL无水乙醇的混合溶液中，低温保存，有效期约100天。

三乙醇胺溶液：1体积三乙醇胺与3体积蒸馏水混合。

B 药片的处理

取复方氢氧化铝药片10片，研细混匀后，从中准确称取适量研磨均匀的胃舒平药片粉末0.7 g左右（称准至0.0001 g）置于100 mL烧杯中❶，在搅拌下加入20 mL 6 $mol \cdot L^{-1}$ HCl溶液和25 mL蒸馏水，加热煮沸5 min，冷却，过滤，残渣用蒸馏水洗涤3次，每次10 mL，收集滤液及洗涤液于250 mL容量瓶中，加蒸馏水至刻度线，摇匀。

C 锌标准溶液的制备

准确称取于800±50 ℃灼烧至恒重的ZnO基准物质0.19~0.25 g，置于100 mL烧杯中，用少量水润湿，加3 mL 6 $mol \cdot L^{-1}$ HCl溶液，盖上表面皿，必要时稍微温热（小心），使ZnO溶解。冲洗表面皿及杯壁，小心移入250 mL容量瓶中，用蒸馏水稀释至刻度，摇匀，计算Zn^{2+}标准溶液的准确浓度。

D EDTA标准溶液的配制与标定

a 0.01 $mol \cdot L^{-1}$ EDTA标准溶液的配制

称取约2 g乙二胺四乙酸二钠（A. R）置于250 mL烧杯中，加入约100 mL水加热溶解（必要时过滤），待溶液冷却至室温后移入500 mL无色试剂瓶中，用蒸馏水稀释至500 mL，摇匀，待标定。

b EDTA标准溶液的标定

移取25.00 mL Zn^{2+}标准溶液于250 mL锥形瓶中，加2滴2 $g \cdot L^{-1}$二甲酚橙指示剂，滴加200 $g \cdot L^{-1}$六亚甲基四胺溶液至溶液呈稳定的紫红色，再加5 mL六亚甲基四胺。然后用待标定的EDTA溶液滴定至溶液由紫红色刚好变为亮黄色，记下EDTA的体积，平行测定3次，计算EDTA的准确浓度。

E 胃舒平药片中铝镁含量的测定

a 铝的测定

摇匀容量瓶中的药品溶液，移取5.00 mL该溶液于250 mL锥形瓶中，加水25 mL，滴加7 $mol \cdot L^{-1}$氨水溶液至刚出现沉淀，再滴加6 $mol \cdot L^{-1}$ HCl溶液至沉淀恰好溶解。加入10 mL六亚甲基四胺溶液，准确加入25.00 mL 0.01 $mol \cdot L^{-1}$ EDTA标准溶液，煮沸10 min，冷却后，加入2~3滴2 $g \cdot L^{-1}$二甲酚橙指示剂❷，用0.01 $mol \cdot L^{-1}$ Zn^{2+}标准溶液滴定至溶液由黄色变为紫红色，记下消耗锌离子标准溶液的体积。平行测定3份，根据

❶ 为使测定结果有良好的代表性，应取较多药片，研细混匀后再取部分进行分析。

❷ 此时溶液可能呈黄色或红色，若为红色说明pH值偏高，后面用Zn2+标准溶液滴定时，其中多余的HCl一般可使溶液pH值降下来，滴定过程中溶液刚从红色变为黄色，再变为紫色。如果滴定过程中溶液一直呈红色，则应滴加HCl溶液使其变黄后再滴定。

EDTA 和 Zn^{2+} 的量，计算药片中 $Al(OH)_3$ 的质量分数。

b 镁的测定

移取25.00 mL药品试液于250 mL锥形瓶中，加热煮沸，加1滴2 g·L^{-1}甲基红❶，再滴加7 mol·L^{-1}氨水使溶液由红色变黄色，再继续煮沸5 min，趁热过滤，滤渣用30 mL NH_4Cl溶液（20 g·L^{-1}）分数次洗涤，收集滤液与洗涤液于250 mL锥形瓶中，冷却，加10 mL 7 mol·L^{-1}氨水溶液与5 mL三乙醇胺溶液，再加3～5滴铬黑T指示剂，用EDTA标准溶液滴定至变为纯蓝色为终点，记下消耗EDTA标准溶液的体积。再重复滴定2份，计算药品中MgO的质量分数。

F 课后思考题

（1）能否采用掩蔽法将 Al^{3+} 掩蔽后再滴定 Mg^{2+}？若可以，试列举可用的掩蔽剂，并说明其适应的条件。

（2）铝的测定中，滴加氨溶液至刚出现浑浊，再滴加盐酸溶液至沉淀恰好溶解的目的是什么？

（3）在分离 Al^{3+} 后的滤液中测定 Mg^{2+}，为什么还要加入三乙醇胺溶液？

【D】任务评价

根据中国药典规定，复方氢氧化铝中，每片中 Al_2O_3 的含量应为0.177～0.219 g，三硅酸镁的含量（按MgO计算）应为0.020～0.027 g。请根据结果判断所测试的胃舒平是否符合药典规定。

【E】任务拓展

测定 Al^{3+} 还可以用哪种滴定方式？

【F】知识拓展

食品安全快速检测技术

民以食为天，食品安全是保障人类健康，满足人们日益增长的美好生活的需要的基础。食品安全检测对保障人类健康尤为重要，其分为快速检测和常规检测。

食品安全快速检测是指依赖快检技术和快检产品配套进行，能够在短时间内对厨具、食品给出检测结果的检测过程，一般分为现场快速检测和实验室快速检测。检测的项目包含测定食品里是否含有或含量是否超出国家标准的兽药残留、农药残留、重金属、微生物、霉菌毒素、非法添加剂及包装材料等。

常用的快速检测方法有生物传感器法、仪器分析法、化学比色法、免疫标记法、酶抑制法等。市场上有快速检测试剂盒、速测卡、多功能食品安全快速检测仪等。

快速检测操作简便、检测速度快，仅需要简单的快检仪器和试剂就可在现场2 h内完成测试，及时发现可疑问题并迅速采取相应措施，使食品安全预警前移。但快速检测容易出现“假阳性”，会造成误判，这时需要进一步利用常规检测方法进行确证。因此，快速检测和常规检测互为补充。

---

❶ 测定镁，加入甲基红指示液1滴，可使终点更为敏锐。

随着社会经济的发展和生活水平的不断提高，民众健康理念逐渐加强，食品安全问题成为消费者最为关心的问题之一，食品安全快速检测市场前景广阔，将成为保障食品安全的重要手段。

（资料来源：微信公众号，国信检测，国信小课堂，食品快检你需要知道的！）

任务 5.9　食品药品监测：补钙剂中钙含量的测定

【A】任务提出

钙是人体中含量最高的矿物质，同时也是人体骨骼的重要构成部分。人体如果缺少钙的话，就会导致骨质疏松症、佝偻病，以及钙代谢异常引发疾病和手足抽搐等疾病，这就使得补钙对于人们来讲非常的重要。为了补充钙，补钙类保健食品及补钙制品在国内外发展很快。因此，钙是保健食品、钙制品及乳品中常规营养分析必须检测的质量指标，其中钙片也是如此，而准确提供钙片中钙的含量，也是衡量钙片制品质量的主要依据。

（1）预习思考题：

1）滴定 $KMnO_4$ 标准溶液时，为什么第一滴 $KMnO_4$ 溶液加入后红色褪去很慢，以后褪色很快；

2）高锰酸钾法中在控制溶液酸度时，能否用 HCl 或 HNO_3；

3）写出高锰酸钾浓度和钙含量的计算公式，并设计滴定数据表格。

（2）实验目的：

1）学习沉淀分离的基本知识和操作（沉淀、过滤及洗涤等）；

2）了解用高锰酸钾法测定钙含量的原理和方法；

3）掌握结晶型草酸钙沉淀和分离的条件及洗涤 CaC_2O_4 沉淀的方法。

【B】知识准备

5.9.1　钙含量测定的实验原理与测定

5.9.1.1　钙含量测定的实验原理

市售钙片中钙常以难溶钙盐形式存在，测定其含量时，先将试样加稀硫酸或稀盐酸处理成溶液再进行测定。

测定钙的方法很多，快速的方法是配合滴定法，较精确的方法是本实验采用的高锰酸钾法，即将 Ca^{2+} 沉淀为 CaC_2O_4，将沉淀滤出并洗净后，溶于稀 H_2SO_4 溶液，再用 $KMnO_4$ 标准溶液滴定与 Ca^{2+} 相当的 $C_2O_4^{2-}$，根据所用 $KMnO_4$ 的量计算试样中钙或氧化钙的含量，主要反应如下：

$$Ca^{2+} + C_2O_4^{2-} \longrightarrow CaC_2O_4 \downarrow$$

$$CaC_2O_4 + H_2SO_4 \longrightarrow CaSO_4 + H_2C_2O_4$$

$$5H_2C_2O_4 + 2MnO_4^- + 6H^+ \longrightarrow 2Mn^{2+} + 10CO_2 \uparrow + 8H_2O$$

此法用于含 Mg^{2+} 及碱金属的试样，其他许多金属阳离子不应存在，因为它们与 $C_2O_4^{2-}$ 容易生成沉淀或共沉淀而形成正误差。

CaC_2O_4 是弱酸盐沉淀，pH 值为 4 时，CaC_2O_4 的溶解损失可以忽略。一般采用在酸

性溶液中加入 $(NH_4)_2C_2O_4$，再滴加氨水逐渐中和溶液中的 H^+，使 CaC_2O_4 沉淀缓慢生成，最后控制溶液 pH 值在 3.5～4.5。这样，既可以使 CaC_2O_4 沉淀完全，又不致形成 $(CaOH)_2C_2O_4$ 沉淀，并能获得组成一定、颗粒粗大而纯净的沉淀。

此法不仅适于测定补钙制剂、石灰石、矿石、饲料、牲畜体、畜产品、粪尿、血液中的钙，也可以测定凡是能与 $C_2O_4^{2-}$ 定量生成沉淀的金属离子，例如测定 Th^{4+} 和稀土元素等。

【C】任务实施

5.9.1.2 钙含量的测定

A 仪器与试剂

仪器包括托盘天平、分析天平、称量瓶、烧杯、锥形瓶（250 mL）、表面皿、微孔玻璃漏斗、棕色试剂瓶、量筒（10 mL，50 mL）、滴定管（50 mL）、滤纸。

试剂包括 $KMnO_4$（s，AR）、H_2SO_4 溶液（1 mol·L^{-1}，3 mol·L^{-1}）、HCl 溶液（6 mol·L^{-1}）、甲基橙水溶液（1 g·L^{-1}）、氨水（7 mol·L^{-1}）、$(NH_4)_2C_2O_4$ 溶液（5%，0.1%）、$AgNO_3$ 溶液（0.1 mol·L^{-1}）和钙制剂。

$Na_2C_2O_4$ 基准物（s，AR）：在 105～115 ℃条件下烘干 2 h 备用。

B 0.02 mol·L^{-1} $KMnO_4$ 溶液的配制与标定

a 0.02 mol·L^{-1} $KMnO_4$ 溶液的配制

称取 1.7 g $KMnO_4$（稍高于理论计算量），加入适量煮沸冷却的蒸馏水使其溶解后，用水稀释至约 500 mL，摇匀，塞好，置于暗处 7～10 天或加热煮沸并保持微沸 1 h（由于要煮沸使水蒸发，可适当多加些水），冷却后，用微孔玻璃砂芯漏斗（或玻璃棉）（是否可以用滤纸?）将溶液中的沉淀过滤；配好的溶液 $KMnO_4$ 应于棕色瓶中暗处保存，备用。

b $KMnO_4$ 溶液的标定

差量法称取 0.2 g 左右的 $Na_2C_2O_4$ 三份（准确至 0.0001 g），分别置于 250 mL 锥形瓶中，加 40 mL H_2O 使之溶解，加入 10 mL 3 mol·L^{-1} H_2SO_4 溶液，加热至 75～85 ℃（锥形瓶口开始有冒蒸汽时），趁热用 $KMnO_4$ 溶液进行滴定。开始滴定时，速度宜慢，锥形瓶中颜色消失后再滴第二滴。待生成 Mn^{2+} 后，反应速度加快，可以适当快滴，但仍逐滴加入。直至溶液呈现微红色，30 s 内不褪色即为终点，记下终读数。滴定完毕时的温度不应低于 60 ℃（否则反应速度慢而影响终点的观察与准确性）。平行测定 3 次。根据 $Na_2C_2O_4$ 的重量和所消耗 $KMnO_4$ 溶液的体积，可以计算 $KMnO_4$ 溶液的准确浓度。相对平均偏差应在 0.2% 以内。

C 补钙制剂中钙的测定

准确称取钙制剂试样两份（每份含钙约 0.05 g），分别置于 100 mL 烧杯中，滴加少量蒸馏水润湿（为什么要用少量水润湿?），盖上表面皿，从烧杯嘴处缓慢滴加 6 mol·L^{-1} HCl 溶液 2～5 mL，同时不断摇动烧杯，用小火加热促使其溶解，待停止发泡后，小心加热煮沸 2 min。稍冷后用少量蒸馏水淋洗表面皿和烧杯内壁使飞溅部分进入溶液。加入 2～3 滴甲基橙指示剂，此时溶液呈红色，加热至 70～80 ℃，再加入 15～20 mL 5% $(NH_4)_2C_2O_4$ 溶液，在不断搅拌下以每秒 1～2 滴的速度滴加 3 mol·L^{-1} 氨水至溶液由红色变为黄色

（加入氨水的目的是什么?），再过量数滴。检查沉淀是否完全。如沉淀不完全，继续加入 $(NH_4)_2C_2O_4$ 溶液至沉淀完全（如何判定是否沉淀完全?）。继续加热 30 min 或放置过夜陈化（为什么要陈化?）。

自然冷却后用倾析法过滤及洗涤沉淀（先将上层清液倾入漏斗中，让沉淀尽可能地留在烧杯内），用冷的 0.1% $(NH_4)_2C_2O_4$ 溶液将烧杯中的沉淀洗涤 3 ~ 4 次（每次用洗涤剂 10 ~ 15 mL，用玻璃棒在烧杯中充分搅动沉淀，放置澄清，再倾析过滤），继续用冷水洗涤沉淀至洗涤液中无 Cl^-（承接洗涤液在 HNO_3 介质中以 $AgNO_3$ 检验）（沉淀为什么先用稀 $(NH_4)_2C_2O_4$ 溶液洗涤再用水洗?）。

将带有沉淀的烧杯放在上述过滤时用的漏斗下面，从漏斗上将带有沉淀的滤纸贴在原烧杯的内壁上（沉淀向杯内），并用少量 1 mol·L^{-1} H_2SO_4 溶液冲洗漏斗，洗涤液也收在烧杯中，再用 50 mL 1 mol·L^{-1} H_2SO_4 溶液仔细将滤纸上的沉淀洗入烧杯中，再用洗瓶洗 2 次，用水稀释至 100 mL，加热至 70 ~ 80 ℃，用 0.02 mol·L^{-1} $KMnO_4$ 标准溶液滴定至溶液呈粉红色，再将滤纸搅入溶液中（为什么在滴定至出现粉红色后才搅入滤纸?），用玻璃棒搅拌，若溶液褪色，则继续滴定，直至出现的粉红色 30 s 内不褪色即为终点。记录消耗的 $KMnO_4$ 体积，根据 $KMnO_4$ 标准溶液用量和试样重计算钙制剂中钙的质量分数。结果相对平均偏差不大于 0.2% 即可。

D　课后思考题

（1）沉淀 CaC_2O_4 时，为什么要在酸性溶液中加入沉淀剂 $(NH_4)_2C_2O_4$? 中和时为什么选择甲基橙指示剂指示酸度?

（2）加入 $(NH_4)_2C_2O_4$ 时，为什么要在热溶液中逐滴加入?

（3）洗涤 CaC_2O_4 时，为什么要洗至无 Cl^-?

【D】任务评价

根据实验结果，分析产生误差的原因。

【E】任务拓展

将 Ca^{2+} 沉淀为 CaC_2O_4 时，可以有两种操作顺序：

（1）先用氨水调 pH 值再加入 $(NH_4)_2C_2O_4$ 溶液；

（2）先加入 $(NH_4)_2C_2O_4$ 溶液再用氨水调 pH 值。

仔细观察这两种操作得到的沉淀有什么不同?

【F】知识拓展

钙与人体健康

钙是人体中不可缺的营养素之一，它是人体内最丰富的矿物质。钙含量在成年人身体中约占体重的 1.5%~2.0%，总钙含量达 1200 ~ 1400 g，其中 99% 以上的钙都以碳酸钙或磷酸钙的形式存在于骨骼和牙齿中，组成人体支架，成为机体内钙的储存库；余下的约 1% 存在于软组织和细胞外液中。血液中的钙含量非常少，主要以蛋白结合钙、复合钙（与阴离子结合的钙）和游离钙的形式存在。

钙元素对于骨骼的形成、人体的发育、心脏的跳动、消除疲劳、健脑益智、延缓衰老等都发挥着重要的作用。钙可以使人精力充沛，可以有效防止脑溢血、心脑血管疾病的发生，有延年益寿的作用。钙还是维持细胞生存和功能的主要因素，甚至人体衰老、疾病都与钙息息相关。如果持续的低血钙，人体将长期处于负钙平衡状态，进而导致骨质疏松和骨质增生。其他可导致疾病包括：儿童佝偻病、手足抽搐症以及高血压、冠心病、肾结石、结肠癌、阿尔茨海默病（俗称老年痴呆）等疾病。

钙主要是通过饮食摄入的，食物中的钙在小肠上段被吸收入血液。但补进去的钙不会完全被吸收，需要如维生素D、乳糖、赖氨酸、精氨酸、色氨酸等物质促进钙的吸收。另外含碱性过多的食物不利于钙的吸收。若饮食无法满足补钙需求，可以服用钙剂来补充。

通过合理饮食、合理使用钙剂以及保持良好的生活习惯，可以有效的补充钙元素。科学补钙，守护健康，享受生活。

（资料来源：东方网，科普，科学补钙，守护骨骼健康）

任务5.10　食品药品监测：维生素C制剂中主成分含量的测定

【A】任务提出

维生素C，是一种无法通过人体自身合成的必需维生素，当躯体缺乏此类维生素时将导致多种疾病，尤其是坏血病，其制剂在医疗保健各方面均发挥不可忽视的作用，因此，对各种维生素C制剂进行质量控制，对其能否更好地进入机体、发挥相应的疗效具有重要意义。

（1）预习思考题：

1）I_2 溶液和 $Na_2S_2O_3$ 溶液应分别装在何种滴定管中；

2）在碘量法中为什么使用碘量瓶而不使用普通锥形瓶；

3）标定 $Na_2S_2O_3$ 溶液，滴定到终点时，溶液放置一会儿又重新变蓝，其原因是什么？应如何处置；

4）写出 $Na_2S_2O_3$ 溶液浓度、I_2 标准溶液浓度、维生素C含量的计算公式，并设计滴定数据表格。

（2）实验目的：

1）掌握直接碘量法测定抗坏血酸的原理和方法；

2）熟悉直接碘量法滴定终点的判断；

3）掌握 $Na_2S_2O_3$ 标准溶液和 I_2 标准溶液配制与标定的原理和方法。

【B】知识准备

5.10.1　硫代硫酸钠标准溶液的配制和标定

硫代硫酸钠中往往含有杂质，如 Na_2SO_3、Na_2SO_4、Na_2CO_3、NaCl 及 S 等，同时易风化和潮解，且 $Na_2S_2O_3$ 溶液不稳定，易分解，因此不能用直接法配制标准溶液。

$Na_2S_2O_3$ 溶液不稳定，主要原因有以下几方面：

（1）碳酸的作用。$Na_2S_2O_3$ 溶液在中性或碱性溶液中较稳定，在 pH 值 9～10 范围内最为稳定，当 pH 值小于4.6时即不稳定。空气中的 CO_2 溶于水成为碳酸，它可与 $Na_2S_2O_3$

作用，促使 $Na_2S_2O_3$ 分解：

$$S_2O_3^{2-} + H_2CO_3 \longrightarrow HCO_3^- + HSO_3^- + S\downarrow$$

此反应在溶液配制后 10 天内进行。由于生成的 HSO_3^- 比 $S_2O_3^{2-}$ 还原性强，此作用相当于使 $Na_2S_2O_3$ 溶液的浓度升高。以后由于空气的氧化作用，浓度又慢慢减小。

（2）空气的氧化作用。空气可将 $Na_2S_2O_3$ 氧化为 Na_2SO_4，此作用相当于使 $Na_2S_2O_3$ 溶液的作用降低：

$$2S_2O_3^{2-} + O_2 \longrightarrow 2SO_4^{2-} + S\downarrow$$

（3）微生物的作用。这是使 $Na_2S_2O_3$ 分解的主要原因。为了减少溶解在水中的 CO_2 和杀死水中微生物，应用新煮沸后冷却的蒸馏水配制溶液并加入少量 Na_2CO_3（浓度约为 0.02%），以防止 $Na_2S_2O_3$ 分解。

（4）光线。可促使 $Na_2S_2O_3$ 分解，所以 $Na_2S_2O_3$ 溶液应储于棕色瓶中，放置暗处。基于以上原因，配制 $Na_2S_2O_3$ 溶液时，先配制成近似浓度的溶液，加入少量 Na_2CO_3，煮沸 10 min，以控制溶液的 pH 值在 9 ~ 10，除去 CO_2，抑制微生物生长。溶液贮存于棕色瓶子中放置 2 周，待浓度稳定后，过滤，再进行标定。长期使用的溶液，应定期标定，若保存得好，可每两月标定一次。如果发现溶液变浑浊或析出硫，应过滤后重新标定，或弃去再重新配制。

标定 $Na_2S_2O_3$ 溶液浓度的基准物质有 $K_2Cr_2O_7$、$KBrO_3$、KIO_3、纯铜等。国家标准 GB/T 601—2016《化学试剂　标准滴定溶液的制备》规定，$Na_2S_2O_3$ 溶液采用 $K_2Cr_2O_7$ 作基准试剂。

$K_2Cr_2O_7$ 与 $Na_2S_2O_3$ 的反应不能定量进行，故采用间接碘量法的步骤标定。在酸性介质中，$Cr_2O_7^{2-}$ 定量地将 I^- 氧化为 I_2，以淀粉为指示剂，再用 $Na_2S_2O_3$ 标准溶液滴定，溶液颜色由蓝色变为无色即为终点。根据 $K_2Cr_2O_7$ 基准物的质量和消耗的 $Na_2S_2O_3$ 标准溶液的体积，可计算 $Na_2S_2O_3$ 标准溶液的准确浓度。反应式如下：

$$Cr_2O_7^{2-} + 6I^- + 14H^+ = 2Cr^{3+} + 3I_2 + 7H_2O$$

$$I_2 + 2S_2O_3^{2-} \longrightarrow 2I^- + S_4O_6^{2-}$$

需要注意的是：在间接碘量法中，淀粉应在滴定到近终点（溶液呈浅黄色）时加入，以防止 I_2 被淀粉胶粒包裹，影响终点的确定，产生滴定误差。

由于 $Cr_2O_7^{2-}$ 和 I^- 的反应不是立刻完成，在稀溶液中反应更慢，为使反应迅速进行完全，必须按下列条件操作：

（1）加入过量酸，酸度越大，反应速率越快。但酸度太大时 I^- 易被空气中的氧气氧化，一般保持 0.4 $mol \cdot L^{-1}$ 酸度为宜。

（2）加入过量 KI，提高 I^- 浓度可加速反应，同时使 I_2 形成 I_3^- 而减少挥发。KI 用量一般为理论量的 2 ~ 3 倍。

（3）于暗处放置一段时间，在上述条件下于暗处放置 5 ~ 10 min，可使反应进行完全。

（4）用 $Na_2S_2O_3$ 溶液滴定生成的 I_2 时，应保持溶液呈微酸性或近中性。可在滴定前用水稀释降低酸度，同时还可以减少 Cr^{3+} 的绿色对终点的影响。

（5）近终点时，溶液呈黄绿色（I_2 与 Cr^{3+} 的混合色），加入淀粉指示液后（此时呈蓝色），再滴定至蓝色消失，出现 Cr^{3+} 的亮绿色即为终点。淀粉指示剂加入不能过早，否则大量的 I_2 与淀粉结合生成蓝色配合物，配合物中的 I_2 不易与 $Na_2S_2O_3$ 溶液作用。

滴定终点后，经过5～10 min，溶液又会出现蓝色，这是由于空气氧化 I^- 所引起的，属正常现象，不影响测定结果。若滴定到终点后很快又转变为蓝色，则有可能是由于酸度不足或放置时间不够使 $K_2Cr_2O_7$ 与KI的反应未完全，此时应弃去重做。

需要注意的是，碘量法的误差来源主要有两方面：一是 I_2 易挥发；二是在酸性溶液中，I^- 易被空气中氧气氧化，为此应采取适当的措施，以保证分析结果的准确度。

防止 I_2 挥发的方法：

（1）加入过量的KI（一般比理论值大2～3倍），由于生成了 I_3^-，可减少 I_2 的挥发；

（2）反应在室温下进行；

（3）滴定时不要剧烈摇动溶液，使放置时减少 I_2 的挥发损失，最好使用带有玻璃塞的锥形瓶（碘瓶或碘量瓶）。

防止 I^- 被空气氧化的方法：

（1）在酸性溶液中，用 I^- 还原氧化剂时，避免阳光照射；

（2）Cu^{2+}、NO_2^- 等将催化空气对 I^- 的氧化，应设法消除其影响；

（3）析出 I_2 后，应立即用 $Na_2S_2O_3$ 溶液滴定；

（4）滴定速度适当快些。

5.10.2 碘标准溶液的配制和标定

碘是一种紫色的固体，常含有杂质，因其升华作用及对天平的腐蚀，所以只能用间接法配制。碘几乎不溶于水，$c(I_2)=0.00133\ mol\cdot L^{-1}$，但碘能溶解在KI溶液中以 I_3^- 形式存在，而在稀KI溶液中溶解得很慢，所以配制 I_2 溶液时不能过早加水稀释，应先将 I_2 与KI混合，用少量水充分研磨，溶解完全后再稀释。I_2 和KI间存在下列平衡：

$$I_2+I^- \rightleftharpoons I_3^-$$

游离的 I_2 容易挥发损失，这是影响碘溶液稳定性的原因之一。因此在溶液中应维持适当过量的 I^-，可减少 I_2 的挥发，并提高淀粉指示剂的变色灵敏度。

空气中的氧能氧化 I^-，引起 I_2 浓度增加：

$$4I^-+O_2+4H^+ \longrightarrow 2I_2+2H_2O$$

此氧化作用很慢，但光、热及酸的作用可加速，所以一般是将碘和碘化钾溶于少量水后稀释至一定体积配成溶液并储存在棕色瓶中，冷暗处保存，并避免与橡胶等物质接触（I_2 能缓慢腐蚀橡胶和其他有机物）。

国家标准GB/T 601—2016《化学试剂　标准滴定溶液的制备》规定，可采用基准试剂 As_2O_3（俗称砒霜）或 $Na_2S_2O_3$ 标准溶液标定碘标准溶液的浓度。由于 As_2O_3 为剧毒品，实际工作中常采用 $Na_2S_2O_3$ 标准溶液标定碘标准溶液的准确浓度，两者之间发生下列反应：

$$I_2+2S_2O_3^{2-} \longrightarrow 2I^-+S_4O_6^{2-}$$

I_2 与淀粉可以生成蓝色的配合物，该反应很灵敏可逆。因此，可选用新配制的淀粉溶液作指示剂，滴定至终点时溶液的蓝色恰好消失。根据吸取的 I_2 溶液的体积和所消耗的

$Na_2S_2O_3$ 标准溶液的体积，可以计算出 I_2 溶液的准确浓度。

5.10.3 碘量瓶的使用方法

（1）检查磨口塞是否配套，即是否密合。

（2）加入试液及有关反应物：将有关试液（剂）沿碘量瓶内壁加入，用少量蒸馏水冲洗瓶口，盖上瓶塞。

（3）在瓶口加液封口：在瓶口处加少量水或其他专用试液（如KI溶液）封口，防止瓶内挥发性物质挥发损失。反应完毕后，先轻轻松动瓶塞，使瓶口的水或其他封口的溶液从瓶口慢慢流进碘量瓶内，充分吸收易挥发的气体物质，防止挥发物从瓶口逸出。并用少量水在瓶塞和瓶口的空隙处冲洗瓶塞和瓶口。

（4）摇动混匀：在滴定时，用右手中指和无名指夹住瓶塞，用摇动锥形瓶相同的方法进行摇动，但不可放下瓶塞。

（5）碘量瓶和瓶塞要保持原配，不能混用，一般不能高温加热。在较低温度加热时，要将瓶塞打开，防止瓶塞冲出或瓶子破碎。

5.10.4 维生素C含量测定的实验原理与测定

5.10.4.1 维生素C含量测定的实验原理

维生素C又称丙种维生素，为白色、略带黄色的结晶或粉末（药用维生素常制成片剂并带糖衣），有预防和治疗坏血酸、促进身体健康的作用，所以又称抗坏血酸（简称Vc），分子式为 $C_6H_8O_6$，在医药（常见剂型有片剂和注射剂）和化学上应用非常广泛。

维生素C具有还原性，可被 I_2 定量氧化，因而可用 I_2 标准溶液直接滴定。其滴定反应式为：

$$C_6H_8O_6 + I_2 \longrightarrow C_6H_6O_6 + 2I^-$$

试剂维生素C在分析化学中常用作掩蔽剂和还原剂。在空气中极易被氧化变黄。味酸，易溶于水或醇，水溶液呈酸性反应，有显著还原性，尤其在碱性溶液中更易被氧化，在弱酸（如乙酸）存在条件下较稳定。因此滴定宜在酸性介质中进行，以减少副反应的发生。考虑到 I^- 在强酸性溶液中也易被氧化，故一般选择在pH值为3~4的弱酸性溶液中进行滴定。

用直接碘量法可测定药片、注射液、饮料、蔬菜、水果等的Vc含量。

【C】任务实施

5.10.4.2 维生素C含量的测定

A 仪器与试剂

仪器包括分析天平、托盘天平、烧杯、碘量瓶（250 mL）、量筒（10 mL，50 mL，100 mL）、移液管（25 mL）、酸式滴定管（50 mL）、碱式滴定管（50 mL）、棕色试剂瓶（1000 mL 2个）。

试剂包括 $Na_2S_2O_3 \cdot 5H_2O$（固体）、基准物质 $K_2Cr_2O_7$（固体）、无水 Na_2CO_3（固体）、KI（固体）、碘（固体）、HCl溶液（$6\ mol \cdot L^{-1}$）、HAc溶液（$2\ mol \cdot L^{-1}$）、固体维生素C试样（维生素C片剂）。

$10\ g \cdot L^{-1}$ 淀粉指示液：称取1.0 g可溶性淀粉放入小烧杯中，加水10 mL，使其成糊状，在搅拌下倒入 90 mL 沸水中，微沸 2 min，冷却后转移至 100 mL 试剂瓶中，贴好标签。

B $Na_2S_2O_3$ 标准溶液的配制与标定

a $Na_2S_2O_3$ 标准溶液的配制

称取 26 g $Na_2S_2O_3 \cdot 5H_2O$（或 16 g 无水 $Na_2S_2O_3$），加入 0.2 g 无水 Na_2CO_3（加 Na_2CO_3 的目的是什么？是否可以不加?），溶于 1000 mL 蒸馏水中，缓缓加热煮沸 10 min，冷却后，保存于具有橡胶瓶塞的棕色试剂瓶中，贴上标签，在暗处放置 15 天后过滤，标定。

b $Na_2S_2O_3$ 标准溶液的标定

称取 0.15 ~ 0.18 g（称准至 0.0001 g）于 120 ℃ ± 2 ℃ 干燥至恒重的基准物质 $K_2Cr_2O_7$，置于碘量瓶中，加水 25 mL 使其溶解，加 2 g KI 固体（为什么要加 KI？加入的 KI 的量需要很精确吗？为什么?）及 20 mL 6 mol · L^{-1} HCl 溶液，立即盖上瓶塞，轻轻摇匀，瓶口加少许水密封，在暗处放置 10 min（让其反应完全）。取出，打开瓶塞，冲洗瓶塞、瓶颈及内壁，加 150 mL 水（15 ~ 20 ℃），用待标定的 $Na_2S_2O_3$ 溶液滴定，近终点时（此时溶液呈浅绿黄色）加 2 mL 10 g · L^{-1} 淀粉指示液，继续滴定至溶液由蓝色变为亮绿色（滴定终点为什么是亮绿色?），记下消耗的体积。平行测定 3 次，计算 $Na_2S_2O_3$ 溶液的准确浓度。

C I_2 标准溶液的配制与标定

a I_2 标准溶液的配制

称取 13 g I_2 及 35 g KI 于研钵中，加 10 ~ 20 mL 蒸馏水，在通风橱中研磨，待 I_2 全部溶解后（为什么要在溶液非常浓的情况下将 I_2 与 KI 一起研磨，当 I_2 和 KI 溶解后才能用水稀释？如果过早地稀释会发生什么情况?），将溶液转入棕色试剂瓶中，加蒸馏水稀释至 1000 mL，摇匀，于暗处保存。

b I_2 标准溶液的标定

准确量取 35.00 ~ 40.00 mL 配制好的碘溶液，置于 250 mL 碘量瓶中，加入 150 mL 蒸馏水（15 ~ 20 ℃），用 $Na_2S_2O_3$ 标准溶液滴定，近终点时（溶液呈浅黄色），加 2 mL 淀粉指示液，继续滴定至溶液蓝色消失，记下消耗的体积。平行测定 3 次，计算 I_2 标准溶液的浓度。

D 维生素 C 含量的测定

精密称取 20 片维生素 C 片剂，研细。准确称取维生素 C 药粉约 0.2 g（称准至 0.0001 g），放于 250 mL 锥形瓶中，加入新煮沸并冷却的蒸馏水 100 mL（溶液为什么要用新煮沸并冷却的蒸馏水?）、2 mol · L^{-1} HAc 溶液 10 mL（测定维生素 C 为什么要在 HAc 介质中进行?），轻摇使之溶解。加淀粉指示液 2 mL，立即用 I_2 标准溶液滴定至溶液恰呈蓝色并保持 30 s 不褪色为终点，记录消耗 I_2 标准溶液的体积。平行测定 3 次。

E 课后思考题

（1）标定 $Na_2S_2O_3$ 时，为什么在近终点时加淀粉指示剂？若指示剂过早加入，对标定结果有什么影响？如何判断滴定近终点？

（2）用 $Na_2S_2O_3$ 标准溶液标定 I_2 溶液的浓度时，为什么要在弱酸性条件下进行？

（3）为什么用 I_2 溶液滴定 $Na_2S_2O_3$ 溶液时应预先加入淀粉指示剂？而用 $Na_2S_2O_3$ 滴定 I_2 溶液时必须在接近终点时才能加入淀粉指示剂？

【D】任务评价

维生素C的平行测定结果的相对偏差不大于0.5%。根据实验结果，分析产生误差的原因。

【E】任务拓展

维生素C的含量测定，还可采用何种方法？比较所有方法的优缺点。

任务5.11　食品药品监测：腌制食品中亚硝酸盐含量的测定

【A】任务提出

亚硝酸盐和硝酸盐能使肉制品的颜色鲜艳。所以它是作为发色剂添加到肉制品中，同时又能抑制微生物的繁殖，起到防腐作用。但是亚硝酸盐摄入量过多会对人体产生毒害作用。因此，腌（熏）制食品中亚硝酸盐的含量一直是世界各国食物安全性的焦点之一。

（1）预习思考题：

1）了解亚硝酸盐对人体健康的危害及原因，收集近年来因误食亚硝酸盐食品，造成人员伤亡的报道；

2）本实验如何选择参比溶液。

（2）实验目的：

1）掌握盐酸萘乙二胺法测定亚硝酸盐含量的原理和方法；

2）巩固分光光度计的使用。

【B】知识准备

5.11.1　亚硝酸盐的测定原理与测定

5.11.1.1　亚硝酸盐的测定原理

样品经沉淀蛋白质，除去脂肪后，在弱酸条件下亚硝酸盐与对氨基苯磺酸重氮化后，生成的重氮化合物，再与盐酸萘乙二胺偶联成紫红色的重氮染料，产生的颜色深浅与亚硝酸根含量成正比，其最大吸收波长为550 nm，可以比色测定。反应式如下：

$$NO_2^- + 2HCl + H_2N-C_6H_4-SO_3H \xrightarrow{\text{重氮化}} N\equiv N(Cl)-C_6H_4-SO_3H + 2H_2O + Cl^-$$

$$N\equiv N(Cl)-C_6H_4-SO_3H + 2HCl \cdot H_2NH_2 \cdot CH_2CHN-C_{10}H_7 \xrightarrow{\text{偶合}}$$

$$2HCl \cdot H_2NH_2 \cdot CH_2CHN-C_{10}H_6-N=N-C_6H_4-SO_3H$$

（红色）

如果要测定硝酸盐的含量，可通过镉柱在 pH 值为 9.6 ~ 9.7 的氨性溶液中将硝酸盐还原为亚硝酸盐，然后进行测定。由测出的亚硝酸盐总量减去原亚硝酸盐的量即得硝酸盐的量。

【C】任务实施

5.11.1.2 亚硝酸盐的测定

A 仪器与试剂

仪器包括小型粉碎机、分光光度计、具塞比色管（50 mL）、具塞锥形瓶（250 mL）、移液管、容量瓶（200 mL）、洗瓶、漏斗、滤纸。

试剂包括亚铁氰化钾溶液（106 $g \cdot L^{-1}$）、$Zn(Ac)_2$ 溶液（220 $g \cdot L^{-1}$）、饱和硼砂溶液、对氨基苯磺酸溶液（4 $g \cdot L^{-1}$）、盐酸萘乙二胺溶液（2 $g \cdot L^{-1}$）、$NaNO_2$ 钠标准溶液（5.0 $\mu g \cdot mL^{-1}$）。

腌制食品（咸肉、火腿肠、熏鱼等）。

B 样品处理

准确称取约 2 g 经绞碎混匀的腌制食品样品（精确至 0.001 g），置于 250 mL 具塞锥形瓶中，加 12.5 mL 饱和硼砂溶液，加入 70 ℃左右的蒸馏水约 150 mL，混匀，于沸水浴中加热 15 min，取出置冷水浴中冷却，并放置至室温。定量转移上述提取液至 200 mL 容量瓶中，加入 5 mL 106 $g \cdot L^{-1}$亚铁氰化钾溶液，摇匀，再加入 5 mL 220 $g \cdot L^{-1}$乙酸锌溶液，以沉淀蛋白质。加水至刻度，摇匀，放置 30 min，除去上层脂肪，上清液用滤纸过滤，弃去初滤液 30 mL，滤液备用。

C 亚硝酸盐标准曲线的绘制

准确吸取 0.00 mL、0.20 mL、0.40 mL、0.60 mL、0.80 mL、1.00 mL、1.50 mL、2.00 mL、2.50 mL 亚硝酸钠标准溶液（相当于 0.0 μg、1.0 μg、2.0 μg 、3.0 μg、4.0 μg、5.0 μg、7.5 μg、10.0 μg、12.5 μg），分别置于 50 mL 具塞比色管中。分别加入 2 mL 4 $g \cdot L^{-1}$对氨基苯磺酸溶液，混匀，静置 3 ~ 5 min 后各加入 1 mL 2 $g \cdot L^{-1}$盐酸萘乙二胺溶液，加水至刻度，混匀，静置 15 min，用 1 cm 比色皿，于波长 538 nm 处测吸光度，绘制标准曲线。

D 样品中亚硝酸盐含量的测定

吸取 40.0 mL 样品滤液于 50 mL 具塞比色管中，按照标准曲线的制备程序操作。

E 课后思考题

（1）如果亚硝酸钠急性中毒，应采取什么措施？如何防止亚硝酸钠中毒？

（2）如果我们测定的样品是橙色，则最大吸收波长的范围如何确定？

【D】任务评价

国家标准 GB 2760—2014《食品安全国家标准　食品添加剂使用标准》中规定，腌制肉类中亚硝酸盐的残留量不大于 30 $mg \cdot kg^{-1}$（以亚硝酸钠计）。根据实验结果，判断所测试的样品是否符合国家标准。

【E】任务拓展

从市场上销售的可能含有亚硝酸钠食品如泡菜、熟肉制品、火腿肠等肠类熟食、腌制食品等取样检测，并分析检测结果。

【F】知识拓展

科学认识食品添加剂

食品添加剂，是指为改善食品的品质和色、香、味以及为防腐和加工工艺的需要而加入食品中的化学合成或天然的物质。我国目前批准的食品添加剂有2400多种，包括防腐剂、抗氧化剂、着色剂、增稠剂、稳定剂、营养强化剂、膨松剂、香料等。

中国有着悠久的饮食文化史，将添加剂添加到食物中的历史也非常悠久。6000年前的大汶口文化时期，人们就用酵母中的转化酶来酿酒，转化酶就是食品添加剂，属于食品用酶制剂。2000多年前就有“卤水”点豆腐，卤水就是一种食品添加剂，属于食品凝固剂；蒸馒头时加入的碱也是食品添加剂，碱属于酸碱调节剂。在南宋时期，油条配方中就有了一矾二碱三盐的配方记载；亚硝酸盐大概在800年前就被人们用于腊肉腌制；在云贵川等地区，泡菜更有着几千年的历史，人们通过食盐让泡菜口感变脆。也就是说，酿酒、腌腊肉、腌咸菜、做豆腐等食物的制作，从古至今一直存在也早就有了食品添加剂的影子。

在日常生活中，食品添加剂就在我们身边。如饮料中的二氧化碳、果酱里的山梨酸钾，都是常见的防腐剂；食用油中的维生素E是抗氧化剂；口香糖里的木糖醇、饮料中的阿斯巴甜是甜味剂；常见的色素有腐乳里的红曲红（也称红曲色素）、饮料中的焦糖色等。

食品添加剂的作用主要有以下几个方面：一是保持或提高食品本身的营养价值，如在食用油中添加抗氧化剂，可延迟或阻碍油脂氧化；二是作为某些特殊膳食用食品的必要配料或成分，比如供糖尿病人食用的食品，为降低食品的碳水化合物含量，可以添加一些无能量或低能量的高甜度甜味剂来改善口感；三是提高食品的质量和稳定性，改进食品感官特性，比如在糖果中添加着色剂使其赋予良好色泽；四是便于食品的生产、加工、包装、运输或者贮藏，像某些防腐剂对糕点具有良好的防霉变效果。

在我国，食品中添加食品添加剂应符合食品安全国家标准、食品添加剂使用标准。只要是符合标准规定的食品添加剂在标准范围内的使用，都是安全的。事实上，八角茴香、丁香、肉桂这些厨房里常见的调料也属于食品添加剂。超范围、超限量使用食品添加剂和添加非食用物质等“两超一非”的违法行为，才是导致食品安全问题发生的原因。

食品添加剂的使用提升了产品品质，丰富了食品种类，满足消费者对食品多元化的消费需求，没有食品添加剂就没有现代食品工业，消费者应理性看待食品添加剂。

（资料来源：彭拜新闻客户端，北京科协，没有食品添加剂，就没有现代食品工业；新品略财经，食品添加剂：热锅上的“金蚂蚁”[EB/OL].(2022-10-09)[2024-08-30].）

项目 6　科研创新力与横向拓展力的培养

【项目目标】 初步培养学生科研设计实验的能力。

【项目描述】 通过前面各专题的学习和训练，学生已具备了一定的理论基础和实践知识。然而，在实际生产和科研工作中还需要学生综合运用所学的各门学科理论与知识，采用多种方法去解决问题。本专题将通过部分综合实验和设计实验，进一步培养学生的综合能力和科研能力。

任务 6.1　科学问题再探索：三草酸合铁（Ⅲ）酸钾的制备及其组成测定

【A】任务提出

三草酸合铁（Ⅲ）酸钾是制备负载型活性铁催化剂的主要原料，也是一些有机反应的催化剂，具有工业生产价值。

（1）预习思考题：

1）在制备 $K_3[Fe(C_2O_4)_3]\cdot 3H_2O$ 的过程中，使用的氧化剂是什么？有什么好处？使用时应注意什么？如何保证 Fe(Ⅱ) 转化完全；

2）本实验使用何种方式析出晶体；

3）应根据哪种试剂的用量计算产率。

（2）实验目的：

1）巩固配合物的制备、定性、定量化学分析的基本操作，掌握确定化合物化学式的基本原理及方法；

2）通过综合性实验的基本训练，培养学生分析与解决较复杂问题的能力。

【B】知识准备

6.1.1　三草酸合铁（Ⅲ）酸钾的制备及其组成测定的实验原理

6.1.1.1　三草酸合铁（Ⅲ）酸钾的性质与制备

三草酸合铁（Ⅲ）酸钾 $K_3[Fe(C_2O_4)_3]\cdot 3H_2O$ 是翠绿色的单斜晶体，易溶于水（溶解度 0 ℃，4.7 g/100 g H_2O；100 ℃，117.7 g/100 g H_2O），难溶于冷的乙醇。110 ℃下可失去全部结晶水，230 ℃时分解。此配合物对光敏感，受光照射分解生成黄色产物草酸亚铁。$FeC_2O_4\cdot 2H_2O$ 在温度高于 100 ℃时分解：

$$2K_3[Fe(C_2O_4)_3] \longrightarrow 3K_2C_2O_4 + 2FeC_2O_4 + 2CO_2$$

草酸亚铁遇六氰合铁（Ⅲ）酸钾生成滕氏蓝，反应式为：

$$3FeC_2O_4 + 2K_3[Fe(CN)_6] \longrightarrow Fe_3[Fe(CN)_6]_2 + 3K_2C_2O_4$$

利用它的感光性质可制作晒图纸，同时由于它的光化学活性能定量进行光化学反应，常作为化学光量计。另外，它是制备负载型活性铁催化剂的主要原料，也是一些有机反应良好的催化剂，在工业上具有一定的应用价值。其合成工艺路线有多种。例如：可用三氯化铁或硫酸铁与草酸钾直接合成三草酸合铁（Ⅲ）酸钾，也可以铁为原料制得硫酸亚铁铵，加草酸制得草酸亚铁后，在过量草酸根存在下用过氧化氢氧化制得。

本实验以硫酸亚铁铵为原料，采用后一种方法制得本产品。

$$(NH_4)_2Fe(SO_4)_2 \cdot 6H_2O + H_2C_2O_4 = FeC_2O_4 \cdot 2H_2O \downarrow + (NH_4)_2SO_4 + H_2SO_4 + 4H_2O$$

然后在过量草酸根的存在下，用过氧化氢氧化草酸亚铁可得三草酸合铁（Ⅲ）酸钾。

$$6FeC_2O_4 \cdot 2H_2O + 3H_2O_2 + 6K_2C_2O_4 = 4K_3[Fe(C_2O_4)_3] + 2Fe(OH)_3 \downarrow + 12H_2O$$

反应生成的 $Fe(OH)_3$ 可通过加入适量的草酸转化为三草酸合铁（Ⅲ）酸钾。

$$2Fe(OH)_3 + 3H_2C_2O_4 + 3K_2C_2O_4 = 2K_3[Fe(C_2O_4)_3] + 6H_2O$$

然后加入乙醇，放置，便可得到产物 $K_3[Fe(C_2O_4)_3] \cdot 3H_2O$ 晶体。后几步的总反应方程式为：

$$2FeC_2O_4 \cdot 2H_2O + H_2O_2 + 3K_2C_2O_4 + H_2C_2O_4 = 2K_3[Fe(C_2O_4)_3] \cdot 3H_2O$$

6.1.1.2 产物的定性分析

所得配合物中 K^+、Fe^{3+}、$C_2O_4^{2-}$ 的定性分析，可根据其离子鉴定反应来判断，并可以确定它们处于配合物的内界还是外界。

K^+ 与 $Na_3[Co(NO_2)_6]$ 在中性或稀醋酸介质中，生成亮黄色的 $K_2Na[Co(NO_2)_6]$ 沉淀。

$$2K^+ + Na^+ + [Co(NO_2)_6]^{3-} \longrightarrow K_2Na[Co(NO_2)_6] \downarrow \quad (亮黄色)$$

Fe^{3+} 能与 KSCN 反应生成血红色 $[Fe(NCS)_n]^{3-n}$。

$$Fe^{3+} + nSCN^- \longrightarrow [Fe(NCS)_n]^{3-n} \quad (血红色)$$

$C_2O_4^{2-}$ 能与 Ca^{2+} 反应生成白色 CaC_2O_4 沉淀。

$$Ca^{2+} + C_2O_4^{2-} \longrightarrow CaC_2O_4 \downarrow \quad (白色)$$

6.1.1.3 产物的定量分析

该配合物的组成可用重量分析法和滴定分析法确定。结晶水含量用重量分析方法测定，草酸根含量可通过高锰酸钾氧化还原滴定法测定，铁含量可通过氧化还原滴定法测定，钾含量可以通过总量 100% 减去铁、草酸根、结晶水的质量分数而得到。进而求出草酸根、铁、钾物质的量比值，确定化合物的化学式。

（1）结晶水的测定。将一定量的 $K_3[Fe(C_2O_4)_3] \cdot 3H_2O$ 晶体在 110 ℃下干燥恒重后称量，便可计算出结晶水的含量。

（2）$C_2O_4^{2-}$ 的测定。草酸根在酸性介质中可被高锰酸钾定量氧化，反应式为：

$$5C_2O_4^{2-} + 2MnO_4^- + 16H^+ = 2Mn^{2+} + 10CO_2 \uparrow + 8H_2O$$

用已知准确浓度的 $KMnO_4$ 标准溶液滴定，由滴定时消耗 $KMnO_4$ 标准溶液的体积可计算出 $C_2O_4^{2-}$ 的含量。

（3）铁的测定。先用过量的还原剂锌粉将 Fe^{3+} 还原成 Fe^{2+}，然后将剩余的锌粉过滤掉，用 $KMnO_4$ 标准溶液滴定 Fe^{2+}，反应式为：

$$Zn + Fe^{3+} = Fe^{2+} + Zn^{2+}$$

$$5Fe^{2+} + MnO_4^- + 8H^+ = Mn^{2+} + 5Fe^{3+} + 4H_2O$$

由消耗 $KMnO_4$ 标准溶液的体积计算出铁含量。

（4）钾的测定。根据配合物中铁、草酸根、结晶水的含量便可计算出钾的含量。

由上述测定结果推断三草酸合铁（Ⅲ）酸钾的化学式

$$n(K^+):n(C_2O_4^{2-}):n(H_2O):n(Fe^{3+}) = \frac{w(K^+)}{39.10}:\frac{w(C_2O_4^{2-})}{88.02}:\frac{w(H_2O)}{18.02}:\frac{w(Fe^{3+})}{55.85}$$

6.1.1.4 产物的表征

通过对配合物磁化率的测定，可推算出配合物中心离子的未成对电子数，进而推断出中心离子外层电子的结构、配键类型。

【C】任务实施

6.1.1.5 三草酸合铁（Ⅲ）酸钾的测定

A 仪器与试剂

仪器包括磁天平、称量瓶、锥形瓶（250 mL）、水浴锅、表面皿、漏斗、布氏漏斗、抽滤瓶、干燥箱、滤纸、量筒（10 mL，50 mL）、酸式滴定管（50 mL）、分析天平、真空泵、干燥器、烧杯（100 mL，250 mL）、pH 值试纸、红外光谱仪、玻璃棒、毛笔或毛刷、感光纸或滤纸、复写纸。

试剂包括 $(NH_4)_2Fe(SO_4)_2 \cdot 6H_2O$（s）、$H_2SO_4$ 溶液（3 mol·L^{-1}）、$H_2C_2O_4$ 溶液（饱和）、$K_2C_2O_4$ 溶液（饱和）、H_2O_2 溶液（w 为 3%）、C_2H_5OH（95%）、$KMnO_4$ 标准溶液（0.02 mol·L^{-1}，自行标定）、锌粉、$Na_3[Co(NO_2)_6]$（1 mol·L^{-1}）、KSCN（0.1 mol·L^{-1}）、$CaCl_2$（0.5 mol·L^{-1}）、$FeCl_3$（0.1 mol·L^{-1}）、丙酮、$Na_2C_2O_4$ 基准试剂（105 ℃干燥 2 h 后备用）、$K_3[Fe(CN)_6]$（固体，3.5%）。

B 三草酸合铁（Ⅲ）酸钾的制备

a 制取 $FeC_2O_4 \cdot 2H_2O$

将 5 g $(NH_4)_2Fe(SO_4)_2 \cdot 6H_2O$(s) 加入 20 mL 水中，再加入 10 滴 3 mol·L^{-1} H_2SO_4 溶液酸化（为什么要加 H_2SO_4 酸化溶液?），加热使其溶解。在不断搅拌下再加入 25 mL 饱和 $H_2C_2O_4$ 溶液，然后将其加热至沸，静置，即有大量黄色 FeC_2O_4 沉淀析出。待黄色的 FeC_2O_4 沉淀完全沉降后，倾去上层清液，加入 20 mL 蒸馏水洗涤晶体，搅拌并温热，静置，弃去上清液，再加入 20 mL 蒸馏水，反复洗涤，直至洗净为止（如何检验洗净与否?），即得到黄色晶体 $FeC_2O_4 \cdot 2H_2O$。

b 制备 $K_3[Fe(C_2O_4)_3] \cdot 3H_2O$

在上述沉淀中加入 10 mL 饱和 $K_2C_2O_4$ 溶液将沉淀溶解，水浴加热至 40 ℃（为什么温度不能超过 40 ℃?），恒温下边搅拌边用滴管缓慢地滴加 15 mL 3% H_2O_2 溶液（此时有什么现象?），使 Fe^{2+} 被充分氧化为 Fe^{3+}。加完 H_2O_2 后，检验 Fe^{2+} 是否完全转化为 Fe^{3+}（如何检验是否存在 Fe^{2+}?），若氧化不完全，可补加适量 3% H_2O_2 溶液，直至氧化完全。

证实 Fe^{2+} 已氧化完全后，将溶液加热至沸并不断搅拌以除去过量的 H_2O_2（为什么要除去 H_2O_2?）。注意：加热时间不宜过长，至分解基本完全，约 2 min。

趁热加入20 mL饱和$H_2C_2O_4$溶液（控制溶液pH值为3～4），沉淀立即溶解，变为透明的翠绿色溶液。趁热过滤，滤液转入100 mL烧杯中，冷却后加入95%乙醇10 mL（若滤液浑浊，可微热使其变清），在暗处放置结晶。待结晶完全，减压过滤，抽干后用少量乙醇洗涤产品，继续抽干，取下晶体用滤纸吸干，称量，计算产率，并将晶体放在干燥器中避光保存。

注意：$K_3[Fe(C_2O_4)_3]\cdot 3H_2O$溶液未达到饱和，冷却时不析出晶体，可以继续水浴加热蒸发浓缩，直至稍冷后表面出现晶膜。

C 产物的定性分析

步骤（1）K^+的鉴定。在试管中加入少量产物，用蒸馏水溶解，再加入1 mL $Na_3[Co(NO_2)_6]$溶液，放置片刻，观察现象。

步骤（2）Fe^{3+}的鉴定。在试管中加入少量产物，用蒸馏水溶解。另取一支试管加入少量的$FeCl_3$溶液。各加入2滴0.1 mol·L^{-1} KSCN溶液，观察现象。在装有产物溶液的试管中加入3滴3 mol·L^{-1} H_2SO_4，再观察溶液颜色有何变化，解释实验现象。

步骤（3）$C_2O_4^{2-}$的鉴定。在试管中加入少量产物，用蒸馏水溶解。另取一试管加入少量$K_2C_2O_4$溶液。各加入2滴0.5 mol·L^{-1} $CaCl_2$溶液，观察实验现象有何不同。

步骤（4）用红外光谱鉴定$C_2O_4^{2-}$与结晶水。将产物在玛瑙研钵上研细，在红外光谱仪上测定红外光谱吸收光谱，并将谱图的各主要谱带与标准红外光谱图对照，确定是否含有$C_2O_4^{2-}$（C═O、C—O、O—C═O、M—O、C—C振动吸收谱带）及结晶水。

根据实验步骤（1）～（4）的结果，判断该产物是复盐还是配合物。如是配合物，其中心离子、配位体、内界、外界各是什么？

D 产物的组成分析

a 结晶水含量的测定

准确称取上述产品0.5～0.6 g，放入已在110 ℃恒重的称量瓶中。置入烘箱中，在110 ℃烘干1 h，在干燥器中冷却至室温，称重。重复上述干燥（0.5 h）→冷却→称量操作，直至恒重。根据称量结果，计算产品中结晶水的质量分数。

b 草酸根含量的测定

准确称取0.15～0.20 g干燥晶体于250 mL锥形瓶中，加入20 mL蒸馏水溶解，再加3 mol·L^{-1} H_2SO_4溶液10 mL，加热至75～80 ℃左右（即水面冒热气，不要高于90 ℃），趁热用$KMnO_4$标准溶液滴定至呈浅红色。开始反应很慢，所以第1滴滴入后，待红色褪去后，再滴第2滴，溶液红色褪去后，由于Mn^{2+}的催化作用，反应速率加快，但滴定仍需逐滴滴入，直至溶液呈浅红色且30 s不褪色为终点，平行测定3次（要求相对平均偏差不大于0.4%）。记下读数，计算产物中$C_2O_4^{2-}$的质量分数。滴定完的溶液保留待下一步分析使用。

c 铁含量的测定

向上述滴定完$C_2O_4^{2-}$的保留溶液中加入过量的还原剂Zn粉，直至黄色消失。加热溶液近沸，使Fe^{3+}还原为Fe^{2+}，趁热过滤除去多余的锌粉。滤液收集到另一干净的锥形瓶中，用5 mL蒸馏水洗涤漏斗上的锌粉，并将洗涤液定量收集在上述锥形瓶中，再用$KMnO_4$标准溶液滴定至呈浅红色且30 s内不变色为终点，记录所消耗的体积，平行测定3

次，计算出铁的质量分数。

d 钾含量的测定

由测得的 H_2O、$C_2O_4^{2-}$、Fe^{3+} 的含量可计算出 K^+ 的含量，结合6.1.1.5节C中的产物的定性分析的结果，确定配合物的化学式。

E 配合物磁化率的测定

（1）样品管的准备。洗涤磁天平的样品管（必要时用洗液浸泡）并用蒸馏水冲洗，再用酒精、丙酮各冲洗一次，用吹风机吹干（也可预先烘干）。

（2）样品管的测定。在磁天平的挂钩上挂好样品管，并使其处于两磁极的中间，调节样品管的高度，使样品管底部对准电磁铁两极中心的连线（磁场强度最强处）。在不加磁场的条件下称量样品管的质量。

开通冷却时，打开电源预热。用调节器旋钮慢慢调大输入电磁铁线圈的电流至5.0 A，在此磁场强度下测量样品管的质量。测量后，用调节器旋钮慢慢调小输入电磁铁的电流直至零为止。记录测量温度。

（3）标准物质的测定。从磁天平上取下空样品管，装入已研细的标准物 $(NH_4)_2Fe(SO_4)_2 \cdot 6H_2O$ 至刻度处（装样不均匀是测量误差的主要原因，因此需将样品一点一点地装入样品管，边装边在垫有橡皮垫的桌面上轻轻撞击样品管，并要求每个样品填装的均匀程度、紧密状况都一致）。在不加磁场和加磁场的情况下测量“标准物质+样品管”的质量（（2）“样品管的测定”完全相同的实验条件）。取下样品管，倒出标准物，按步骤（1）的要求洗净并干燥样品管。

（4）样品的测定。取产品（约2 g）在玛瑙研钵中研细，按照“标准物质的测定”的步骤及实验条件，在不加磁场和加磁场的情况下，测量“样品+样品管”的质量。测量后关闭电源及冷却水，实验数据记录于表6-1。

表6-1 磁化率的测定数据记录表

测量物品	无磁场时的称量数值	加磁场后的称量数值	加磁场后 ΔW

根据实验数据和标准物质的比磁化率 $\chi_m = 9500 \times 10^{-6}/(T+1)$，计算样品的摩尔磁化率 χ_m，近似得到样品的摩尔顺磁化率，计算有效磁矩 μ_{eff}，求出样品 $K_3[Fe(C_2O_4)_3] \cdot 3H_2O$ 中心离子 Fe^{3+} 的未成对电子数 n，判断其外层电子结构属于内轨型还是外轨型配合物，或判断此配合物中心离子的d电子构型形成高自旋还是低自旋配合物，草酸根属于强场配体还是弱场配体。

F $K_3[Fe(C_2O_4)_3] \cdot 3H_2O$ 的性质

（1）将少量产品放在表面皿上，在日光下观察晶体颜色变化，与放在暗处的晶体比较。

（2）制感光纸。按三草酸合铁（Ⅲ）酸钾0.3 g、六氰合铁（Ⅲ）酸钾0.4 g，加蒸馏水5 mL的比例配成溶液，用毛笔或毛刷涂在纸上即成感光纸。将另一张黑色的纸剪成某种图案，附在感光纸上，在日光直射下放置数秒钟，曝光部分呈蓝色，被遮盖的部分就显影出图案来。

（3）配感光液。取0.3～0.5 g三草酸合铁（Ⅲ）酸钾，加蒸馏水5 mL配成感光溶液，将此溶液涂在纸上做成感光纸。附上图案，在日光直射下放置数秒钟，曝光后去掉图案，用约3.5% $K_3[Fe(CN)_6]$ 溶液润湿或漂洗即显影出图案来。

G 课后思考题

（1）加入 H_2O_2 后为什么要趁热加入饱和 $H_2C_2O_4$，两次加入 $H_2C_2O_4$ 的目的有何不同，$H_2C_2O_4$ 过量后有何影响？

（2）制备反应中，加入乙醇的目的是什么，不加入产物会有所变化吗？

（3）在制备最后一步能否用蒸干的方法提高产率，产物中可能的杂质是什么？

（4）$C_2O_4^{2-}$、Fe^{3+} 的含量还可以用什么方法测定，写出离子方程式。

【D】任务评价

根据实验结果，分析误差原因。

【E】知识拓展

神奇蓝晒纸——万物简史的载体

按照成像原理和成像载体的不同，摄影可以分为传统摄影和数码摄影。蓝晒是第一种古典、非银盐摄影显影工艺，利用铁化合物的感光性质产生蓝底的白色影像，又叫铁氰酸盐（铁-普鲁士蓝）印相法。

这种传统工艺是由英国人约翰·赫歇尔在1842年的一次光化学实验中偶然发现的，他的好友安娜·阿特金斯使用蓝晒工艺手工制作了第一本植物摄影集，这是有史以来人们第一次利用摄影技术来进行科学研究和绘图，蓝晒也成为物影摄影的代表。后来蓝晒工艺被广泛应用于制作大型建筑和机械图纸。

蓝晒法原理是利用阳光中的紫外线照射，使涂抹在纸张上的铁化合物溶液感光而发生反应，从而显现出一种独特的普鲁士蓝，得到的普鲁士蓝附着于载体纸张纤维结构中的空隙而呈蓝色，得到蓝晒纸。这是一种能够长久保存照片的成像工艺，在过去的胶片摄影年代，这是非常普遍的照片冲洗方式。

蓝晒法又分为经典蓝晒法和新蓝晒法。经典蓝晒法是采用柠檬酸铁铵与铁氰化钾溶液在阳光照射下，短短15分钟，就可以制作出一张古典气质满满的博物艺术照。而新蓝晒法是使用草酸铁铵代替柠檬酸铁铵，更耐腐蚀，但是需要更复杂的操作。

如今蓝晒成像的载体可以是多样的。最常用的是可以被感光剂溶液浸润、表面具有丰富空隙结构的材质，比如纸张、木板、布料、陶瓷，甚至是墙面等。

当今数码技术发达、复制品泛滥的时代，蓝晒工艺带来的是让人琢磨不透的艺术效果，就像人生总是充满着惊喜和起落。每一张蓝晒法制作的图像都是独一无二的，下一张永远不会与上一张重样，充满原创性。

（资料来源：何绮婷，张皓帆. 蓝色颜料之蓝晒奇旅［J］. 大学化学，2021，36（10）：59-72.）

任务6.2 广西地方自然资源再利用：纳米碳酸钙的制备及分析

【A】任务提出

由于纳米碳酸钙粒子的超细化，其晶体结构和表面电子结构发生变化，产生了普通碳酸钙所不具有的量子尺寸效应、小尺寸效应、表面效应和宏观量子效应。故纳米碳酸钙是一种用量最大、用途最广的无机填料，广泛用作橡胶、塑料、造纸、涂料等行业。目前已有生物医学研究机构将药物载体包裹在纳米碳酸钙颗粒中，开发新型药物输送系统，这些纳米碳酸钙颗粒具有高度的生物相容性，可在体内释放药物。本实验目标是要成功制备纳米碳酸钙颗粒并对其进行表征。

（1）预习思考题：

1）制备碳酸钙的实验原理是什么？写出化学方程式；

2）计算 $CaCO_3$ 的理论产量及理论产率；

3）如何测定产品的纯度。

（2）实验目的：

1）掌握纳米碳酸钙的制备原理和方法；

2）掌握测定 $CaCO_3$ 的原理和方法；

3）学会分析表征图谱，培养综合应用基础知识的能力。

【B】知识准备

6.2.1 纳米碳酸钙的制备及分析

纳米碳酸钙又称超微细碳酸钙，标准名称为超细碳酸钙。纳米碳酸钙是20世纪80年代发展起纳米碳酸钙来的一种新型超细固体粉末材料，其粒度介于0.01 ~0.1 μm。

6.2.1.1 纳米碳酸钙的制备

纳米碳酸钙的合成有直接沉淀法、微乳液法、水热法等。

6.2.1.2 纳米碳酸钙的观察与分析方法

采用化学分析方法确定产品中碳酸钙的含量（即产品纯度），通过扫描电镜（SEM）观察纳米碳酸钙粉末三维形貌及分散情况，通过红外光谱图分析纳米碳酸钙表面的官能团及是否吸附有机成分和吸附量的多少，通过XRD分析纳米碳酸钙的组成元素，通过激光粒度仪可以分析纳米碳酸钙的粒度分布情况。

【C】任务实施

6.2.1.3 纳米碳酸钙的实验方案与表征

A 查阅相关文献，设计制备纳米碳酸钙的实验方案

实验方案包括：反应物的浓度、反应温度、表面活性剂与金属离子的投料比、反应时间对反应的影响等，制备出纳米碳酸钙。

B 对产品结构进行表征

可选用SEM、XRD、红外光谱法、激光粒度仪等。

C　纯度鉴定

对产品中碳酸钙的含量进行测定。

D　书写实验设计报告

报告内容包括：实验目的、实验原理（合成和测定原理、表征方法等）、主要仪器（写明规格型号）与试剂（具体浓度、用量以及具体的配制方法）、详细的操作步骤、结果记录与数据处理、实验注意事项、参考文献等。

E　实验总结

根据实验方法和表征结果，写一篇科技小论文，并总结设计实验的体会。

F　课后思考题

查阅文献，比较有关纳米碳酸钙的制备方法各有什么特点？

【D】任务评价

总结实验心得，分析实验成败原因。

任务6.3　纵向科研探索：重钙粉体中碳酸钙含量的测定

【A】任务提出

重钙粉体中碳酸钙，也称重质碳酸钙，可作为节能减排、绿色环保的矿物材料，由于其具有的特殊物理化学性质，以及价格低、原料广、无毒性等特点而广泛地用于造纸、塑料、橡胶、油漆涂料、胶粘剂和密封剂以及建材等行业。

（1）预习思考题：

1）写出测定碳酸钙含量的计算公式；

2）设计碳酸钙含量测定的数据记录表和处理表格。

（2）实验目的：

1）掌握测定重钙粉体中碳酸钙含量的原理和方法；

2）了解实际试样的处理方法（如过筛、溶解等），学会选择合适的分析方法、相应的试剂以及配制适当浓度的溶液；学会估算应称基准试剂的量和试样的量等。

【B】知识准备

6.3.1　重质碳酸钙的测定方法与测定

重质碳酸钙是由天然碳酸盐矿物如方解石、大理石、石灰石磨碎而成，又称研磨碳酸钙，是常用的粉状无机填料。当纯度为96%时，可用于橡胶、油漆、水性涂料、混凝土行业；当纯度大于98%以上时，可用于造纸、塑料、防火天花板、人造大理石、地板砖、饲料等行业。

测定重钙粉体中 $CaCO_3$ 的含量，可以采用酸碱滴定法、配位滴定法或氧化还原滴定法。

6.3.1.1　酸碱滴定法——返滴定法

在重钙粉体中加入已知浓度的过量HCl标准溶液，即发生下述反应：

$$CaCO_3 + 2HCl \longrightarrow CaCl_2 + CO_2\uparrow + H_2O$$

过量的HCl溶液用NaOH标准溶液返滴定，由加入HCl的物质的量与返滴定所消耗的NaOH的物质的量之差，即可求得试样中$CaCO_3$的含量。

6.3.1.2 配位滴定法——直接滴定法

在pH值为10时，铬黑T作指示剂，用EDTA标准溶液可直接测定Ca^{2+}、Mg^{2+}总量。为提高测定的选择性，可加入掩蔽剂三乙醇胺，利用配位掩蔽法排除Fe^{3+}、Al^{3+}等离子干扰。

若要测定$CaCO_3$的含量，可先加入6 mol·L^{-1} NaOH溶液，控制溶液的pH值约为12，使Mg^{2+}生成$Mg(OH)_2$沉淀，利用沉淀掩蔽法排除Mg^{2+}的干扰，再用钙指示剂作指示剂，用EDTA标准溶液滴定Ca^{2+}。根据消耗的EDTA标准溶液的浓度和体积计算蛋壳中$CaCO_3$的含量。

6.3.1.3 氧化还原滴定法——间接滴定法

先使Ca^{2+}定量生成CaC_2O_4沉淀，经过滤、洗涤后，将CaC_2O_4沉淀溶于热的稀硫酸中，再用$KMnO_4$标准溶液滴定$C_2O_4^{2-}$：

$$2MnO_4^- + 5C_2O_4^{2-} + 16H^+ \xlongequal{} 2Mn^{2+} + 10CO_2\uparrow + 8H_2O$$

根据滴定消耗的$KMnO_4$标准溶液的浓度和体积，计算重钙粉体中$CaCO_3$的含量。

【C】任务实施

6.3.1.4 重质碳酸钙的测定

A 设计实验方案

设计一种详细可操作的滴定分析实验方案来测定重钙粉体中碳酸钙的含量。

B 书写实验设计报告

报告内容包括：实验目的、实验原理（标定和测定原理、指示剂选择、滴定条件和方法、计算公式等）、主要仪器（写明规格型号）与试剂（具体浓度、用量以及具体的配制方法、基准物质的处理）、详细的操作步骤（溶液、预处理、标定、测定等）、数据处理（表格式）、实验注意事项和参考文献等。

C 实验验证

根据可行的实验设计方案进行实验，用$w(CaCO_3)$表示。

D 实验总结

根据实验方法和实验结果，写一篇科技小论文。

E 课后思考题

（1）如何确定重钙粉体的称量范围？溶解重钙粉体时应注意什么？

（2）查阅资料说明测定重钙粉体中碳酸钙含量的方法有哪些？试比较各种方法的优缺点。

【D】任务评价

根据实验结果，判断产品可应用于哪个领域。

【E】拓展阅读

火攻水淹，无机块体材料制备的万年轮回

人类从石器时代就开始烧制陶土颗粒从而得到碗、盘、罐陶瓷器具等生活用品，以及

用于建筑栖身之所的砖块等，这些材料就是无机块体材料，因此无机块体材料制备与使用已有上万年的历史。传统烧结会让陶土颗粒表面融合，但颗粒之间仍然有空隙，材料内部结构不连续，像破镜不能“严丝合缝地”重圆，最终影响材料的力学性能。

浙江大学唐睿康教授团队受生物矿化机理的启发，采用生物矿化仿生策略，通过调控无定形碳酸钙颗粒内部结构水含量和外部压力，实现无定形碳酸钙颗粒的融合，得到连续结构的无机块体材料。用这种“水辅压力法”方法可消除材料内部的缺陷和界面，提升材料结构均匀性和强度，条件温和，特别适合对热敏感的无机块体材料的制备。

唐睿康教授表示，利用“水辅压力法”与“无机离子聚合”技术，未来有望发展出“无机胶水”，用于牙齿、骨骼、文物的修复，实现破镜真正能表里如一地“重圆”。

历经万年的轮回，今天，无机块体材料制备技术从“火攻”（高温烧制成型）发展到“水淹”（水辅压力成型），赋予人工块体材料新的制备模式，有望应用在生物、医学、材料等领域。

（资料来源：张双虎．无机材料制备：从“火攻”到“水淹”[N]．中国科学报，2021-06-28（1）.）

任务 6.4　食品接触材料及制品中高锰酸钾消耗量的测定

【A】任务提出

食品接触材料是对所有可能与食品接触的材料的统称，在实际的供应链中，包括食品生产、加工、包装、运输、贮存、销售和使用过程中用于食品的包装材料、容器、工具和设备，以及可能直接或间接接触食品的油墨、黏合剂、润滑油等都可以被认为是食品接触材料。

食品接触材料作为食物链中的一环，在食品生产运输等中扮演着重要角色，对食品安全有着重要作用，世界各国都十分重视食品接触材料的质量安全问题，并通过建立和完善相应的法规、制定相关质量安全标准和开发检测技术等措施，来保障食品接触材料的质量安全，进而确保食品安全。高锰酸钾消耗量是常用的一个理化指标，常用于检测食品安全。

（1）预习思考题：

1）写出食品接触材料高锰酸钾消耗量的计算公式；

2）设计高锰酸钾消耗量测定的数据记录表和处理表格；

3）根据选定的样品的材质查找相关的食品接触材料及制品的国家标准。

（2）实验目的：

1）掌握食品接触材料高锰酸钾消耗量的原理和方法；

2）初步掌握根据国家标准要求测定实际样品的方法。

【B】知识准备

6.4.1　食品接触材料及制品中高锰酸钾消耗量的测定

《食品安全法》中对食品接触材料的定义是：用于食品的包装材料和容器，指包装、盛放食品或者食品添加剂用的纸、竹、木、金属、搪瓷、陶瓷、塑料、橡胶、天然纤维、化学纤维、玻璃等制品和直接接触食品或者食品添加剂的涂料，如油墨、黏合剂、润滑油等。不包括洗涤剂、消毒剂和公共输水设施。

高锰酸钾消耗量是指食品接触材料在一定时间、温度条件下迁移到水里面可被高锰酸钾氧化的物质总量，表明了食品接触材料中可迁移出并能被氧化的水溶性物质的总和。食品接触材料中的油墨、颜料、增塑剂、黏合剂及其他添加剂的迁出等都能导致高锰酸钾消耗量超标。如果食品包装材料的高锰酸钾消耗量检测不合格，此包装材料中有害物质就容易迁出到食品中，进入人体后可能会长时间滞留在人体内，影响人体的正常代谢，进而对人体健康造成危害。

6.4.1.1 高锰酸钾消耗量的测定

高锰酸钾消耗量测定的迁移试验条件应按照相应产品的食品安全国家标准的规定，迁移试验的前处理（采样方法、试样清洗、面积测定、浸泡方式等）按照 GB 5009.156—2016《食品安全国家标准　食品接触材料及制品迁移试验预处理方法通则》进行，测定则按照 GB 31604.2—2016《食品安全国家标准　食品接触材料及制品高锰酸钾消耗量的测定》进行。

试样先用棉球蘸酒精擦拭，再用一级水润洗。将样品裁剪成长条状，再用一级水润洗。根据样品的厚度计算试样的面积，进而计算出浸泡液的体积。将清洗好的试样长条放入浸泡液中于60 ℃烘箱中浸泡2 h。注意：在浸泡过程中要避免样条重叠，阻挡某一面的析出物，因此一般试样条弯曲折叠成一定形状（如圆形、拱形等）。

试样前处理一般选用全浸泡法。全浸泡法试样面积的计算方法：试样厚度小于或等于0.5 mm时，计算面积取试样的单面面积；试样厚度大于0.5 mm并且小于或等于2 mm时，计算面积取试样正反两面面积之和，即单面面积乘2；试样厚度大于2 mm时，计算面积取试样正反两面面积及其侧面积之和。

使用的浸泡液的体积标准为每6 dm^2 的试样用1 L一级水浸泡。

试样浸泡液在酸性条件下，用高锰酸钾标准溶液滴定，根据样品消耗高锰酸钾溶液的体积计算试样中高锰酸钾消耗量。

【C】任务实施

6.4.1.2 高锰酸钾消耗量的分析报告

A 设计实验方案

根据选定的食品接触材料（如一次性餐盒、吸管、食品包装袋等），根据相关国家标准要求，设计一个详细可操作的滴定分析实验方案来测定食品接触材料高锰酸钾消耗量。

B 书写实验设计报告

实验报告内容包括：实验目的、实验原理（标定和测定原理、指示剂选择、滴定条件和方法、计算公式等）、主要仪器（写明规格型号）与试剂（具体浓度、用量以及具体的配制方法、基准物质的处理）、详细的操作步骤（样品预处理、样品面积的计算、浸泡液体积的确定、标定、测定等）、数据处理（表格式）、实验注意事项、参考文献等。

C 实验验证

根据可行的实验设计方案进行实验。

D　实验总结

根据实验方法和实验结果，写一篇科技小论文，要求对实验结果进行分析讨论，包括实验中的有关问题及解决办法、误差来源等。

E　课后思考题

如何确定食品接触材料浸泡液的体积？

【D】任务评价

根据国家标准 GB 4806 相关的规定，高锰酸钾消耗量的限量为≤10 mg · kg^{-1}。根据实验结果与国家标准限量指标对比，分析所选的食品接触材料是否符合国家标准要求。

任务6.5　横向拓展空间：茶叶中微量元素的鉴定与定量测定

【A】任务提出

茶叶在我国有数千年的历史，是世界三大天然饮料之首。茶叶中含有多种有机成分和微量元素，如锌、铁、锗、铜、锰、镁、铝、镍、钼、硒等。这些微量元素与人体健康有着密切的联系。微量元素是人体内含量少于0.01%的化学元素，它在人体内的含量虽然极微，却具有巨大的生物学作用。

（1）预习思考题：

1）应如何选择灰化的温度；

2）设计表格进行数据记录，计算茶叶中 Ca、Mg、Fe 的含量。

（2）实验目的：

1）了解茶叶中 Fe、Al、Ca、Mg 等元素的定性鉴定和定量测定方法；

2）学会选择合适的分析方法，提高综合运用知识的能力。

【B】知识准备

6.5.1　茶叶中微量元素的鉴定方法与定量测定

茶叶为山茶科植物的叶芽，茶叶中含有多种有机物成分和微量元素，经分析鉴定含有500多种化合物和人体所必需的14种微量元素，其中 Ca、Mg 和 Fe 三种微量元素对人体起着十分重要的生理作用。Ca 元素在人体内有降低血压和减少中风的作用，脑血管病患者体内 Ca 明显降低。Mg 元素被称为人体健康催化剂，参与人体内有机转化的重要环节——三羧酸循环，缺 Mg 会使人产生疲劳，易激动，心跳加快，Mg 元素还可以刺激抗生素生成。Fe 在体内参与造血，并参与合成血红蛋白和肌红蛋白，发挥氧的转运和储存功能，Fe 还能影响多种代谢过程和 DNA 的合成。

6.5.1.1　茶叶中微量元素的鉴定方法

本实验的目的是要求从茶叶中鉴定 Fe、Al、Ca、Mg 等元素，并对 Ca、Mg、Fe 进行定量测定。

测定茶叶中的微量元素可分为两大步骤。

（1）从茶叶中提取无机离子。其方法有干法和湿法。干法操作简便，但有些元素在高温灰化时易挥发或与容器反应。湿法消解茶叶的关键之处在于如何从茶叶中最大限度地提取无机离子，影响提取的因素较多，如消解液的配比、用量、消解时间等，并且这些因素还会相互影响。

（2）采用合适的分析方法测定无机离子含量。分析茶叶中微量元素的方法较多，如原子吸收光谱法、混合胶束PNA水相光度法、离子选择电极法和伏安法等仪器分析方法。

茶叶主要由C、H、N和O等元素组成，还含有Fe、Al、Ca、Mg等微量金属元素。茶叶需先进行“干灰化”。“干灰化”即试样在空气中置于敞口的坩埚中加热，把有机物氧化分解而烧成灰烬。灰化后，经酸溶解，即可逐级进行分析。

铁、铝混合液中Fe^{3+}对Al^{3+}的鉴定有干扰。利用Al^{3+}的两性，加入过量的碱，使Al^{3+}转化为AlO_2^-留在溶液中，Fe^{3+}则生成$Fe(OH)_3$沉淀，经分离去除后，消除干扰。钙、镁混合液中，Ca^{2+}和Mg^{2+}的鉴定互不干扰，可直接鉴定，不必分离。Fe^{3+}与硫氰酸盐形成血红色配合物，Al^{3+}与铝试剂反应可产生红色絮状沉淀，Mg^{2+}与镁试剂可形成天蓝色沉淀，Ca^{2+}与草酸盐则形成白色沉淀。根据此特征反应，可分别鉴定Fe、Al、Ca、Mg元素。

A 钙、镁含量的测定——配位滴定法

在pH值为10的条件下，以铬黑T为指示剂，EDTA为标准溶液，直接滴定测得Ca、Mg总量。在pH值为12～13，使Mg^{2+}生成氢氧化物沉淀，加入钙指示剂，用EDTA标准溶液滴定，测得钙的含量。Fe^{3+}、Al^{3+}的存在会干扰Ca^{2+}、Mg^{2+}的测定，测定时可用三乙醇胺掩蔽。

B 茶叶中铁含量的测定——分光光度法测定

茶叶中铁含量较低，可用分光光度法测定。在pH值为2～9的条件下，Fe^{2+}与邻二氮菲能生成稳定的橙红色配合物。当铁为+3价时，可用盐酸羟胺还原。显色时，溶液的酸度过高，反应进行较慢；若酸度太低，则Fe^{2+}水解，影响显色。

【C】任务实施

6.5.1.2 茶叶中微量元素的定量测定

A 设计内容

（1）茶叶的灰化和试样的制备。

（2）Fe、Al、Ca、Mg元素的鉴定。

（3）茶叶中Ca、Mg总量的测定。

（4）茶叶中Fe含量的测量。

B 书写实验设计方案

设计出详细可操作性的实验方案，包括：实验目的、实验原理（标定和测定原理、指示剂选择、滴定条件和方法、计算公式等）、主要仪器（写明规格型号）与试剂（具体浓度、用量以及具体的配制方法、基准物质的处理）、详细的操作步骤（样品预处理、标定、测定等）、数据处理（表格式）、实验注意事项、参考文献等。

C 实验验证

根据可行的实验设计方案进行实验。

D 实验总结

根据实验方法和实验结果，写一篇科技小论文，要求对实验结果进行分析讨论，包括实验中的有关问题及解决办法、误差来源等。

E 课后思考题

（1）茶叶中微量元素的测定方法有哪些？各有何特点？

（2）你所设计的茶叶中 Fe、Ca、Mg 含量测定方法有何优缺点？

【D】任务评价

通过本实验，你对分析问题和解决问题方面有何收获？请谈谈体会。

【E】任务拓展

欲测定该茶叶中 Al 含量，应如何设计方案？

任务 6.6 市场拓展变废为宝：无机及分析化学实验废液初步处理

【A】任务提出

处理无机及分析化学实验废液是一个关键的环境管理问题，旨在合规、安全地处置化学废液，减少对环境的负面影响。

（1）预习思考题：

1）废水处理的一般步骤；

2）废水处理的一般原理。

（2）实验目的：

了解处理无机及分析化学实验废液的一般原理和方法。

【B】知识准备

6.6.1 无机及分析化学实验废液的处理方法与实施

在化学实验中所产生的废液，若不加以处理而随意排放，将给社会环境带来不良后果。特别是含有害、有毒成分的废液，势必造成环境污染，进而影响人的健康。因此，必须将废液处理后再排放。

6.6.1.1 无机及分析化学实验废液的处理方法

无机及分析化学实验的废液大致可分为以下几类：（1）含酸废液；（2）含碱废液；（3）含铬化合物的废液；（4）含银化合物的废液；（5）含汞、锌、铜、铅、锰等重金属化合物的废液；（6）含砷或氰化合物的（极毒）废液。

一般废液可采用以下几种方法进行处理。

A 分别处理法

（1）含稀酸和含稀碱的废液可相互中和，溶液 pH 值达到 6 ~ 8 时即可排放。

（2）对含有锌、铬、汞、锰等重金属离子的废液，可用碱液沉淀法，使这些金属离子转化为氢氧化物或碳酸盐沉淀而分离。

（3）对含铬（Ⅵ）废液，可以在酸性条件下先用硫酸亚铁或硫酸 + 铁屑还原至铬（Ⅲ）后，再转化为氢氧化物沉淀而分离。

（4）对于含砷废液，可加入 Fe（Ⅲ）盐溶液及石灰乳，使其转化为砷化物沉淀而分离。

(5) 含有氰化物的废液，可先加入混合碱液，使金属离子沉淀而分离，然后调节滤液到 pH 值为 6 ~8，再往滤液中加入过量的次氯酸钠溶液或漂白粉，充分搅拌，静置 12 h 以上，使氰化物分解。反应式如下：

$$ClO^- + CN^- \xlongequal{} OCN^- + Cl^-$$

$$2OCN^- + 3ClO^- + 2OH^- \xlongequal{} 2CO_3^{2-} + N_2 + 3Cl^- + H_2O$$

B 铁酸盐法

此法适应于处理含重金属离子的混合溶液。在废液中加入过量的 10% $FeSO_4$ 溶液（Fe^{2+} 总量与重金属离子总量摩尔比要大于 5 倍以上），然后加入 10% NaOH 溶液，使重金属离子与亚铁离子生成氢氧化物沉淀，将溶液加热并保持在 60 ℃以上，通入空气，促进氢氧化亚铁向铁酸盐转化，静置，过滤。

【C】任务实施

6.6.1.2 无机及分析化学实验废液的处理

A 设计内容（可选做或另行确定）

(1) 含铁、锌、钡、铅、铜等离子的酸性废液的处理。

(2) 含钠、镁、重铬酸根的废液的处理。

(3) 含钙、钡、镉、锌、铅、汞、锰、铬、镍等离子的废液的处理。

B 书写实验设计方案

设计出详细可操作性的实验方案，包括：实验目的、实验原理、主要仪器（写明规格型号）与试剂（具体浓度、用量以及具体的配制方法）、详细的操作步骤、实验注意事项、参考文献等。

C 实验验证

根据可行的实验设计方案进行实验。

D 实验总结

根据实验方法和实验结果，写一篇科技小论文，要求对实验结果进行分析讨论，包括实验中的有关问题及解决办法、误差来源等。

【D】任务评价

通过本实验，你对废液处理方面有何收获？请谈谈体会。

【E】知识拓展

工业废水处理简介

工业废水是指工业生产过程中产生的废水、污水和废液，其中含有随水流失的工业生产用料、中间产物和产品以及生产过程中产生的污染物。工业废水处理是对工业废水循环利用与符合标准排放进行处理的一种过程，它的目的是让废水可循环利用或排放达到标准，从而起到节约资源、减低生产成本与改善环境的作用。

工业废水处理工艺主要分为：物理处理、自然生物处理、好氧生物处理、厌氧生物处理、化学处理、物理化学处理。废水处理系统按照处理程度主要分为预处理、一级处理、二级处理（生化处理）、深度处理，分别承担起各自去污的任务。

(1) 预处理（物理处理）。主要包括调节水质、水量、温度、隔油等，通常使用调节池、格栅、筛网、隔油池、沉砂池等。

（2）一级处理（物化处理）。主要去除废水中悬浮固体和漂浮物质，同时对废水进行预处理。主要采取相应的物化法，中和、混凝沉淀，比如食品工业废水中可溶性悬浮物、油脂等，采取混凝法结合沉淀或者气浮的方式去除；化工工业废水中的生物难降解有机物，采用化学氧化法去除；电镀工业废水中的重金属，采取化学沉淀法进行去除。

（3）二级处理（生化处理）。主要去除的是废水中呈胶体和溶解状态的有机污染物质，主要方法有活性污泥法、生物膜法等好氧生物处理，厌氧生物滤池、厌氧接触法等厌氧生物处理法。一般需要结合厌氧生物和好氧生物进行，具有很高的处理效果和经济性。

（4）深度处理（物化处理）。是在一级、二级处理的基础上，对难降解的有机物、磷、氮等营养性物质进一步处理。主要包括过滤、消毒、氧化法、离子交换、膜技术等，是工业废水达到排放标准的保障，根据企业情况来设立。

（资料来源：百度百家号，漓源污水处理，为何企业必须解决工业废水问题？4个流程，3个行业废水介绍）

【技能目标】掌握科研实验的基本流程，掌握根据实际情况设计方案进行验证并得出结论。

【方法特点】综合运用知识，学有所用。

【科技前沿】

为世界添彩的量子点

量子点（quantum dot）又可称“半导体纳米晶”，由少量原子构成，是一种三个维度都在100 nm以下的纳米级半导体。这种纳米半导体拥有限制电子和电子空穴的特性，这一特性类似于自然界中的原子或分子，因而被称为量子点。量子点的大小与足球比起来，就像足球与地球的大小对比一样。

但研究发现，量子点不是“点”，而是由数千原子组成，是非常庞大的大家族。根据形貌不同，量子点可以分为箱形量子点、球形量子点、四面体量子点、柱形量子点、立方量子点、盘形量子点和外场（电场和磁场）诱导量子点；按材料组成不同，又可分为元素半导体量子点、化合物半导体量子点和异质结构量子点。

量子点内部的电子在各方向上的运动都受到限制，量子局限效应特别明显，光学和光电效应与尺寸密切相关，因而通过调节量子点的尺寸就可以控制其发出的光的颜色。由于具有激发光谱宽且连续分布，而发射光谱窄而对称，颜色可调，光化学稳定性高，荧光寿命可调等优越的荧光特性，量子点被誉为“人类有史以来发现的最优秀的发光材料”。

量子点相关技术发展至今，普通人可能最容易感知或接触到的应用莫过于它为液晶显示技术带来的提升。一些厂家应用经过量子点转化的LED（发光二极管），推出QLED电视，延长了液晶电视的“花期”。随着元宇宙、虚拟现实、增强现实等技术的发展，未来各类电子设备上大大小小的显示屏也有望在量子点技术的助力下，给人们带来更多的惊喜与更好的体验。

在医学领域，量子点稳定的发光特性使其成为很好的荧光探针，在医学诊断方面有良好应用前景，医生有望借助量子点来高效发现患者体内的肿瘤组织。

随着相关技术进一步成熟，量子点有望在更广阔领域发挥作用，比如在柔性电子产品、微型传感器、更薄的太阳能电池和加密量子通信等领域。

因此，瑞典皇家科学院宣布将2023年诺贝尔化学奖授予蒙吉·G·巴文迪（Moungi G. Bawendi）、路易斯·E·布鲁斯（Louis E. Brus）和阿列克谢·伊基莫夫（Alexei Ekimov），以表彰他们在“发现和合成量子点”方面作出的贡献。

正如诺贝尔奖官网介绍材料中所说：“我们才刚刚开始探索量子点的潜力。”未来，量子点技术将在更多领域发挥价值，为人类带来更加多彩绚丽的新视界。

（资料来源：微信公众号，广州科普，2023年诺贝尔化学奖：量子点为世界添彩；化学菜地，王虹智，张加涛. 2023年诺贝尔化学奖量子点——色彩缤纷的纳米）

参 考 文 献

[1] 南京大学《无机及分析化学实验》编写组. 无机及分析化学实验［M］. 5 版. 北京：高等教育出版社，2015.
[2] 牟华生，大连理工大学无机化学教研室. 无机化学实验［M］. 3 版. 北京：高等教育出版社，2017.
[3] 武汉大学. 分析化学实验（上册）［M］. 5 版. 北京：高等教育出版社，2011.
[4] 张国平. 基础化学实验［M］. 北京：化学工业出版社，2019.
[5] 陈艾霞，陈斌. 分析化学实验与实训［M］. 北京：化学工业出版社，2008.
[6] 屈小英，周华. 工科无机化学实验［M］. 北京：科学技术文献出版社，2008.
[7] 钟国清. 无机及分析化学实验［M］. 2 版. 北京：科学出版社，2015.
[8] 陈志等编. 工科基础化学实验汇编［M］. 重庆：重庆出版社，2018.
[9] 徐志珍，王燕，李梅君. 实验化学（Ⅰ）［M］. 北京：化学工业出版社，2016.
[10] 王燕，张敏，徐志珍，等. 大学基础化学实验（Ⅰ）［M］. 3 版. 北京：化学工业出版社，2016.
[11] 韩选利. 无机化学实验［M］. 北京：高等教育出版社，2014.
[12] 辛述元. 无机及分析化学实验［M］. 2 版. 北京：化学工业出版社，2010.
[13] 李荣. 无机及分析化学实验［M］. 北京：机械工业出版社，2014.